Grundzüge des Controlling

Lehrbuch der Controlling-Konzepte und -Instrumente

W0051688

Grundzüge des Controlling

Lehrbuch der
Controlling-Konzepte und -Instrumente

3. überarbeitete Auflage

Von: Prof. Dr. Torsten Czenskowsky
Prof. Dr. Gerhard Schünemann
Prof. Dr. Norbert Zdrowomyslaw

unter Mitarbeit von:

Elenko Elenkov	Frank Ende
Ralf Köhler	Daniel Plötz
Nico Röhrdanz	Knut Schäfer
Maxi Rothe	Martin Storck
Cem Topcu	Martin Wiener

Deutscher Betriebswirte-Verlag GmbH

Bibliografische Informationen der Deutschen Bibliothek
Die Deutsche Bibliothek verzeichnet diese Publikation in der Deutschen Natio-
nalbibliografie; detaillierte bibliografische Daten sind im Internet unter
www.ddb.de abrufbar.

© Deutscher Betriebswirte-Verlag GmbH, Gernsbach 2010
3. überarbeitete Auflage
Satz: Claudia Wild, Stuttgart
Druck: AALEXX Buchproduktion GmbH, Großburgwedel
ISBN: 978-3-88640-141-3

Abkürzungsverzeichnis

Abb.	=	Abbildung
AD	=	Außendienstmitarbeiter
AfA	=	Absetzung für Abnutzung
AG	=	Aktiengesellschaft
Aufl.	=	Auflage
AWA	=	Administrative Wertanalyse
BAB	=	Betriebsabrechnungsbogen
BDU	=	Bundesverband Deutscher Unternehmensberater e.V.
BSC	=	Balanced Scorecard
BSE	=	Bovine Spongiform Encephalopoly
BWA	=	Betriebswirtschaftliche Auswertungen
CD	=	Compact Disc
CIM	=	Computer Integrated Manufacturing
Co	=	Kapitalwert
d.h.	=	das heißt
DATEV	=	Datenverarbeitungsorganisation des steuerberatenden Berufes in der Bundesrepublik Deutschland
DB	=	Deckungsbeitrag
DBU	=	Deckungsbeitrag im Verhältnis zum Umsatz
DBW	=	Die Betriebswirtschaft (Zeitschrift)
DIN	=	Deutsche Industrie Norm
DV	=	Datenverarbeitung
€	=	Euro
EDV	=	Elektronische Datenverarbeitung
e.G.	=	eingetragene Genossenschaft
EK	=	Eigenkapital
Erfa	=	Erfahrungsgruppe
EU	=	Europäische Union
EUR	=	Euro
e.V.	=	eingetragener Verein
EWA	=	Energie-Wertanalyse
EWU	=	Europäische Währungsunion
f.	=	folgend
FAST	=	Funktionen Analyse System Technik
F&E	=	Forschung und Entwicklung
ff.	=	fortfolgende
FKO	=	Funktions-Kosten-Optimierung
FKS	=	Fertigungskostenstelle
FIBU	=	Finanzbuchhaltung
GANA	=	Gemeinkosten-Aufwand-Nutzen-Analyse
GATT	=	General Agreement on Tariffs and Trade
GE	=	Geldeinheiten
GeFak	=	Gewichtungsfaktor
GmbH	=	Gesellschaft mit beschränkter Haftung

GSE	=	Gemeinkosten-Systems-Engeneering
GuV	=	Gewinn- und Verlustrechnung
GWA	=	Gemeinkosten-Wertanalyse
GWS	=	Gemeinkosten-Frühwarnsystem
Hrsg.	=	Herausgeber
IAS	=	International Accounting Standards
incl.	=	inclusive
JIT	=	Just In Time
kalk.	=	kalkulatorische
KMU	=	kleine und mittlere Unternehmen
KT	=	Kostenträger
lfd.	=	laufend
LM	=	Lean Management
lmi	=	leistungsmengeninduziert
lmn	=	leistungsmengenneutral
LNK	=	Lohnnebenkosten
LP	=	Lineare Programmierung
m^2	=	Quadratmeter
ME	=	Mengeneinheit
Mio.	=	Millionen
MJ	=	Mannjahr
MwSt	=	Mehrwertsteuer
Nr.	=	Nummer
o.J.	=	ohne Jahr
OVA	=	Overhead Value Analysis
OWA	=	Organisations-Wertanalyse
p.a.	=	per anno, pro Jahr
PIMS	=	Profit Impact of Market Strategies
Pkw	=	Personenkraftwagen
PNK	=	Personalnebenkosten
PRA	=	Produktivitätsanalyse
RL	=	Rentabilitäts-Liquiditäts-Kennzahlensystem
RoI	=	Return on Investment
S.	=	Seite
SAP R/3	=	Systeme, Anwendungen und Programme, Realtime-System 3
SBA	=	Strategic Business Area
SBU	=	Strategic Business Unic
SCM	=	Supply Chain Management
SGF	=	Strategisches Geschäftsfeld
SKR	=	Spezialkontenrahmen
SME	=	Strategische Markteinheit
SMV	=	Stralsunder Mittelstandsvereinigung e.V.
SOFT	=	Strengths Opportunities Failures Threats
sog.	=	sogenannte
soz.	=	soziale
SPI	=	Strategic Planning Institute

St	=	Stück
SUE	=	Strategische Unternehmenseinheit
SWOT	=	Strengths Weaknesses Opportunities Threats
t	=	Zeit
TDM	=	Tausend Mark
to	=	Anfangszeitpunkt
u. a.	=	unter anderem
u. a.m.	=	und anderes mehr
US-GAAP	=	United States Generally Accepted Accounting Principles
vgl.	=	vergleiche
VoFi	=	Vollständiger Finanzplan
VU	=	Virtuelles Unternehmen
WP	=	Wirtschaftsprüfer
WPK	=	Wertschöpfungs-Personalkosten-Koeffizient
WRS	=	Verlag Wirtschaft, Recht und Steuern
WTO	=	Word Trade Organization
z. B.	=	zum Beispiel
ZBB	=	Zero Base Budgeting
ZR	=	Zahlungsreihe
ZVEI	=	Zentralverband Elektrotechnik- und Elektronikindustrie e.V.

Abbildungsverzeichnis

Vorwort

Die Einschätzung, die in vielen Unternehmen von Mitarbeitern der Position und der Person des Controllers entgegengebracht wird, ist – gelinde gesagt – oftmals verhalten bzw. kritisch.

Dabei ist der Begriff Controlling in einer Vielzahl von Organisationen in aller Munde; er ist zu einem Modewort geworden. In wirtschaftlich angespannten Situationen, bei einer unsicheren Zukunft in sich wandelnden Märkten oder bei knapper werdenden Mitteln und notwendigen Kostensenkungen erhoffen sich Führungskräfte in vielen Branchen oft wahre Wunderdinge vom Controlling. Es als letzten Rettungsanker in Krisenzeiten zu betrachten, heißt aber Illusionen zum Leistungsvermögen dieser modernen, betriebswirtschaftlichen Idee zu haben.

Das vorliegende Buch „Grundzüge des Controlling" folgt denn auch einer deutlich nüchterneren und pragmatischeren Betrachtungsweise. Es stellt die Instrumente (in dieser Arbeit synonym verwendet: Methoden, Techniken, „Tools" und Verfahren) zur Lösung von betrieblichen Problemen in den Mittelpunkt der Erörterungen. Die „Toolbox" des Controllers, d. h. seine Methoden werden systematisch für die strategische und operative Ebene hinsichtlich ihrer Zielsetzungen, ihrem Ablauf und an Beispielen geschildert. Dem Aufbau der instrumentellen Kompetenz des Lesers gilt die besondere Aufmerksamkeit dieses Buches.

Trotz dieser Vorgehensweise sei hier vor einem unreflektierten Instrumenteneinsatz gewarnt. Letztendlich müssen in Unternehmen und sonstigen Organisationen Menschen die Dinge bewegen. Instrumente sind also lediglich Hilfsmittel, um betriebliche Entscheidungen zu fundieren. Eine breite Kommunikation durch die Führungskräfte ist erforderlich, um die aus dem Einsatz der Instrumente gezogenen Schlüsse den betroffenen Mitarbeitern verständlich zu machen und in konkrete Maßnahmen umzusetzen. Ein Controller sollte deshalb im hohen Maße auch kommunikative Kompetenzen besitzen.

Wir streben ein hohes Maß an Nachvollziehbarkeit und praktischer Anwendbarkeit an. Die Darlegungen sind an der Zielgruppe der Studierenden und an interessierten Praktikern, insbesondere aus mittelständischen Unternehmen, orientiert. Aus Gründen der besseren Lesbarkeit lockern strichlistenartige Aufzählungen, Aufgaben, Checklisten und Abbildungen die Texte auf.

Als Autoren der Hochschule in der Hansestadt Stralsund sind wir in der mittelständischen Praxis und der Wissenschaft zu Hause. Die Motivation für dieses Werk beruht auf dem Bestreben, beides miteinander zu verknüpfen. Außerdem wenden sich die vorliegenden Ausführungen sowohl an Kaufleute als auch an Techniker. Mit dieser integrativen Sichtweise kommt es uns darauf an, insbesondere für das Controlling mittelständischer Unternehmen Hinweise auf den Einsatz von Instrumenten zu geben, die oftmals der Großindustrie vorbehalten erscheinen. Daher gilt unser Dank insbesondere der Stralsunder Mittelstandsvereinigung

(SMV), mit der wir seit Jahren vertrauensvoll zusammenarbeiten und bei deren Mitgliedern wir wertvolle praktische Erfahrungen erwerben konnten.

Darüber hinaus sind wir für die Unterstützung in vielerlei Hinsicht unseren Studenten, den Herren Elenko Elenkov, Frank Ende, Ralf Köhler, Daniel Plötz, Maxi Rothe, Nico Röhrdanz und Knut Schäfer zu Dank verpflichtet, die wir auf Grund ihres außergewöhnlichen Einsatzes als Mitautoren genannt haben. Unser besonderer Dank gilt auch Frau Marlies Holstein sowie Frau Angela Schubert für ihre Unterstützung beim Schreiben von Teilen des Manuskripts.

Irrtümer und Fehler wurden nach bestem Wissen und Gewissen ausgemerzt. Da sie trotzdem vorkommen können, bitten wir dafür im Fall der Fälle um Nachsicht. Unrichtigkeiten gehen allein auf das Konto der Verfasser. Wir sind Ihnen als Leser für entsprechende Hinweise und sonstige Diskussionsbeiträge jederzeit dankbar und freuen uns über jede Zuschrift. Nun wünschen wir Ihnen viel Spaß beim Lesen und Studieren des Buches.

Stralsund, im Juli 2001

Prof. Dr. Torsten Czenskowsky
Prof. Dr. Gerhard Schünemann
Prof. Dr. Norbert Zdrowomyslaw

Vorwort zur 2. Auflage

Erfreulicherweise hat sich die methodenorientierte Grundkonzeption des vorliegenden Lehrbuchs „Grundzüge des Controlling" bewährt. Deshalb ist schon nach relativ kurzer Zeit eine Neuauflage erforderlich geworden. Wegen der konzeptionellen Stimmigkeit haben wir nur einige Änderungen und kurze inhaltliche Erweiterungen vorgenommen. Zu besonderem Dank sind wir unseren Studierenden und dem Kollegen Prof. Dr. Jürgen Bischof verpflichtet, die uns wertvolle Überarbeitungshinweise gegeben haben.

Stralsund, im Februar 2004

Prof. Dr. Torsten Czenskowsky
Prof. Dr. Gerhard Schünemann
Prof. Dr. Norbert Zdrowomyslaw

Vorwort zur 3. Auflage

Gerade in wirtschaftlichen Krisenzeiten steigt die Nachfrage nach praktikablen Methoden und Instrumentarien, mit deren Hilfe Unternehmen ihre Geschäftsprozesse rasch auf Zielkurs bringen und dort – trotz der zeitweise auftretenden marktwirtschaftlichen Turbulenzen – dauerhaft halten können. Ein solches Rüstzeug unseren Studierenden sowie unternehmerischen Entscheidungsträgern auf effiziente und verständliche Weise zu vermitteln, ist das erklärte Anliegen des Lehrbuchs „Grundzüge des Controlling". Dieses möchten wir unseren Lesern nunmehr in der 3. Auflage vorlegen.

Der Anstoß zur Neuauflage kam in erster Linie von unseren Studierenden, die unsere Bemühungen durch ihre konstruktiv-kritischen Hinweise würdigten, aber auch durch das Feedback von Absolventen, denen die „Grundzüge" auch nach ihrem Start in die Wirtschaftspraxis ein wichtiger Leitfaden geblieben sind. Nicht zuletzt wurden wir zu unserem Vorhaben von Kollegen verschiedener Fachhochschulen und Universitäten ermutigt.

Neben den üblichen kleineren Verbesserungen und Präzisierungen wurden in einigen Kapiteln und Abschnitten wichtige Ergänzungen eingearbeitet. Dies betrifft z. B. die kombinierte Anwendung monetärer und nicht monetärer Kriterien bei Investitionsentscheidungen, detailliertere Ausarbeitungen zum Risikocontrolling sowie aktuelle Informationen zum Stellenwert des Berufsbildes „Controller".

Auch dieses Mal gilt unser ganz besonderer Dank unseren Studierenden, vor allem den Herren Cem Topcu, Martin Storck und Martin Wiener. Ohne deren engagierte Mitwirkung wäre diese 3. Auflage für uns technisch kaum machbar gewesen.

Stralsund und Salzgitter, im Januar 2010

Prof. Gerhard Schünemann
Prof. Norbert Zdrowomyslaw
Prof. Torsten Czenskowsky

1. Einführung

Die Kernfrage dieses ersten Abschnitts lautet: **„Wozu dieses Buch?"**

Lernziele:
- Nach Studium dieses Kapitels sind Ihnen die Spannungen um das Themenfeld Controlling geläufig.
- Sie kennen die Ursachen und Triebkräfte für die vergangene Entwicklung des Controlling und einige zukünftige Tendenzen.
- Desweiteren ist Ihnen die Zielsetzung und der inhaltlich-strukturelle Aufbau des Buches bekannt.

Controller haben heutzutage ein **Selbstverständnis** als „Zielerreichungslotsen, Steuermänner, Minenhunde für wirtschaftliche Probleme, Master of Tools (MoT), ökonomische Souffleure und betriebswirtschaftliches Gewissen" eines Unternehmens entwickelt. Dieser Auffassung ihres Berufsbildes folgend, wirken Controller als unternehmensinterne Berater in betriebswirtschaftlichen Fragen beim strategischen Aufbau von Erfolgspotenzialen und bei der operativen Ertragssteuerung. Diese Einschätzung und Selbstwahrnehmung wird von Mitarbeitern anderer Funktionsbereiche aber nicht immer geteilt.

Im Gegenteil: „Mit dem Controlling wollen die Kaufleute nur Einfluss auf meinen technischen Bereich gewinnen!" Dies ist die Aussage eines Vorstandsvorsitzenden einer Aktiengesellschaft mit immerhin rund 4.000 Beschäftigten, die sich einer der Autoren noch Mitte der neunziger Jahre des letzten Jahrtausends – als die Controlling-Idee schon gut ein Viertel Jahrhundert alt war – anhören musste. Solche, auf befürchteten Machtverlust hinauslaufende Einschätzungen sind im Arbeitsalltag des Controllers wohl immer wieder zu hören.

Daneben werden und wurden Controller oft genug als „Kreativitätsverhinderer, Bremser, Erbsenzähler, Kontrolleure, Zahlenfetischisten, -zauberer und -jongleure" tituliert und missverstanden. Preißler berichtet, dass selbst Unternehmensberater den Controller als „Sicherheitsbeauftragter", „Kontrolleur" oder „Vertrauensmann der Unternehmung" missverstehen (Preißler 1998, S. 13). Solche falschen oder gar diffamierenden Bezeichnungen, unternehmensinterne Auseinandersetzungen und Spannungen hat es im Zusammenhang mit der Verbreitung der Controlling-Idee, seinen Instrumenten und Konzepten wohl immer gegeben. Trotz dieser Bedenken und Einschätzungen hat das Controlling unbestritten in vielen Unternehmen Diskussionen um die Bedeutung und die Positionierung des kaufmännischen Denkens in Gang gesetzt.

Lange Zeit gab es im deutschen Sprachraum gegenüber dem Controlling auch wegen der Nähe zum Begriff der Kontrolle Vorbehalte. Das **Controlling**, verstanden als eine **zielorientierte Planung und Steuerung**, greift konzeptionell aber wesentlich weiter als die vergangenheitsorientierten Betrachtungen der Kontrolle. Es setzt sich im Schwerpunkt mit der Zukunft einer Organisation auseinander.

Diese ist wegen

- der wachsenden **Komplexität** der Unternehmensumwelt, der Märkte und der Unternehmen selbst (das erhöht die Anzahl und Verschiedenartigkeit von entscheidungsrelevanten Faktoren für das Management, z. B. die zunehmende Anzahl von Sicherheits- und Entsorgungsbestimmungen sowie -verordnungen des Bundes, der Länder und Kommunen für den Schutz der ökologischen Unternehmensumwelt),
- der **Dynamik** bzw. der Geschwindigkeit, mit der sich Wandlungsprozesse vollziehen (immer schneller erfolgende und sich durchsetzende technologische Innovationen, wie z. B. das Internet und die Laser-Display-Technik) und
- der **Diskontinuitäten**, d. h. der Turbulenzen bzw. der auftretenden Strukturbrüche (sie sind besonders schwer vorherzusagen, z. B. die Ölkrisen der 70er und 80er Jahre, die Öffnung Osteuropas, die BSE-Krise sowie die Ereignisse vom 11. September 2001 mit ihren Folgewirkungen).

zunehmend unsicher.

Erforderlich ist also eine systematische Auseinandersetzung mit der Zukunft. Diese kann durch den Versuch einer geistigen Vorwegnahme künftiger Umwelt-, Markt- und Unternehmensgegebenheiten erfolgen. Entsprechende Zielsetzungen zur Entwicklung einer Organisation, darauf basierende Planungen und die Steuerung des Kurses eines Unternehmens sind Ergebnis dieser Aktivitäten.

So verstanden, erlebt das Controlling seit rund dreißig Jahren einen Boom. Es gilt geradezu als Inbegriff der modernen kaufmännischen Tätigkeit in einem Unternehmen. Auf dem Arbeitsmarkt herrscht denn auch eine ständige Nachfrage nach entsprechend betriebswirtschaftlich ausgebildeten Personen. Das Controlling ist in den Unternehmen zwar ein Einsatzschwerpunkt für Kaufleute und Betriebswirte, sein Basis-Know-how wird aber auch für Techniker, wegen der zunehmenden Verflechtung von wirtschaftlichen und technischen Sachverhalten, immer wichtiger und interessanter. So nimmt z. B. im modernen Maschinen- und Anlagenbau der Anteil hochautomatisierter und entsprechend teurerer Technik einen immer höheren Stellenwert ein. Dies führt zu einer zunehmenden kaufmännischen Verantwortung auch der technischen Entscheidungsträger für Investitionen und deren Folgekosten. Eine Vielzahl von Absolventen aus Hochschulen, Akademien und Institutionen der Erwachsenenweiterbildung besetzt mittlerweile Arbeitsplätze im Bereich Controlling.

1.1 Problemstellung

Im Allgemeinen wirkt sich eine gute und neue Idee in ihrer Umgebung fruchtbar aus. Das setzt voraus, dass die Zeit reif ist für diese neuen Gedanken, d. h. es gibt Probleme, für die eine Idee Lösungsansätze bietet. Diese innovativen Gedanken bleiben dann selten statisch, sondern verhalten sich dynamisch und verbreiten sich in ihrer Umgebung. Das Wachstum trifft auch auf das Controlling zu; es entwickelt sich zur Zeit in dreierlei Richtungen:

- In gewinnorientierten Unternehmen ist eine **Dezentralisierung des Control-ling** zu bemerken.
- Das **Linienmanagement** in Firmen besinnt sich wieder zunehmend auf seine Controlling-Aufgaben.
- **Non-Profit-Organisationen** bzw. nicht erwerbswirtschaftlich orientierte Unternehmen setzen sich verstärkt mit dem Controlling auseinander.

Zum ersten erfolgt eine Dezentralisierung der Planungs- und Steuerungsaufgaben auf die verschiedenen Geschäfts- und funktionalen Organisationseinheiten eines Unternehmens. Das führt zu neuen Einsatzbereichen im Sparten- und Bereichs-Controlling. So werden in Arbeitsplatzanzeigen für Geschäftsfelder beispielsweise Pharma-, Luft- und Raumfahrt-, Telekommunikations- und für Funktionsbereiche Marketing-, Produktions-, Logistik-, Beschaffungs- und Informationstechnologie-Controller gesucht (vgl. zur Vielfältigkeit der Anwendung des Controlling beispielsweise Hering/Zeiner 1995; Borszcz/Piechota 1998).

Zum zweiten wird zunehmend wieder erkannt, dass Linienmanager Controlling-Aufgaben auch selber wahrnehmen können. Das hat weitreichende Auswirkungen auf die Zukunft des Controlling. Es macht sich als selbstständiger Funktionsbereich sozusagen selber überflüssig, wenn Manager unabhängig von ihrer Zuordnung zu technischen oder kaufmännischen Funktionen ihre ureigensten Planungs-, Steuerungs- und Koordinationsaufgaben wieder entdecken und mit der Hilfe von Controlling-Instrumenten Entscheidungen systematisch vorbereiten und fällen. Das setzt beim betroffenen Personenkreis eine Kenntnis der entsprechenden Methoden voraus.

Zum dritten findet eine Verankerung des Controlling mittlerweile auch in anderen Institutionen als erwerbswirtschaftlich betriebenen Unternehmen statt. Unter anderem haben marktwirtschaftliche Öffnungen und die ständige Knappheit öffentlicher Mittel dazu geführt, dass sich verstärkt Mitarbeiter in der Sozialarbeit, von Bädern, Theatern, Kunsthallen, Kirchen, Krankenhäusern, öffentlichen Unternehmen, Verwaltungen und sonstigen Organisationen mit diesem Thema beschäftigen.

Unabhängig vom konkreten Einsatzbereich und der Branche stehen immer wieder Instrumente im Mittelpunkt der praktischen Arbeit des Controllers. Diese Methoden laufen in der Regel in genau definierten Schritten ab, und mit ihnen soll ein Beitrag zur Lösung von praktischen, betrieblichen Problemen geleistet werden. Der Controller muss seine vielfältig bestückte „Toolbox" für strategische und operative Herausforderungen kennen, beherrschen und die jeweils passende Methode bei der Lösung des betrieblichen Problems anwenden. Daher wird vom Mitarbeiter im Controlling eine fundierte Kenntnis der Instrumente auf betriebswirtschaftlichem Gebiet erwartet. Mit dem Einsatz dieser Methoden bereitet der „Master of Tools" die strategischen und operativen Entscheidungen des Managements vor. Eine fundierte Kenntnis von Instrumenten erleichtert die Wahrnehmung der eng mit dem Controlling verbundenen Beratungs- und Unterstützungsaufgabe für die Führungskräfte. Es wird ein Beitrag zur betrieblichen Problemlösung erbracht.

1.2 Zielgruppen und Zielsetzung

Mittlerweile gibt es eine Vielzahl von allgemeinen Lehrbüchern am wissenschaftlichen Literaturmarkt zum Thema Controlling. Daher sei hier zunächst geklärt, für wen und mit welcher Absicht dieses Buch geschrieben worden ist. Die folgenden beiden **Zielgruppen** werden mit den vorliegenden „Grundzügen des Controlling" angesprochen:

- Zum einen wendet sich das Buch an **Studierende** an Hochschulen, Akademien und sonstigen Institutionen der Erwachsenenweiterbildung.
- Zum anderen sind aber auch **Praktiker** insbesondere aus kleinen und mittelständischen Unternehmen (vgl. mit ähnlicher Ausrichtung Witt/Witt 1996), aber auch aus sonstigen Organisationen und Verwaltungen angesprochen, die beim Ausbau des Controlling mitreden wollen und die über den Einsatz neuer Instrumente nachdenken.

Für diesen Personenkreis wird die Absicht verfolgt, die Grundzüge des Controlling hinsichtlich Begriffsbildung und -interpretation, historischer Entwicklung sowie organisatorischer Sachverhalte und die strategischen und operativen Instrumente anwendungsorientiert darzulegen. Das Werk hat also den Charakter einer **Einführung in das** Denken und die Anwendung des **Controlling**. Dies gilt insbesondere in instrumenteller Hinsicht. Die für die praktische Arbeit des Controllers charakteristischen Methoden, Konzepte und Vorgehensweisen werden systematisch, schrittweise und prägnant erörtert. Um es deutlich zu sagen: Die Instrumente stehen in diesem Buch im Mittelpunkt. Aufgaben, Beispiele und Anwendungsfälle erklären ihre Struktur, ihren Einsatz und ihre praktische Bedeutung.

1.3 Strukturen

Das vorliegende Buch ist zur Ansprache der Zielgruppen und zur Erreichung der Zielsetzung wie folgt aufgebaut (siehe Abbildung 1):

- Nach dieser Einführung folgt im zweiten Kapitel die Darlegung der Basis, d. h. der Definition, der Interpretation und der Historie des Controlling sowie dessen Bezug zu modernen Managementkonzepten.
- Kapitel drei hat Fragen zur praktischen Implementierung und Organisation des Controlling zum Gegenstand.
- Das vierte Kapitel systematisiert die Instrumente des Controlling und zeigt die Beziehungen zur strategischen und operativen Entscheidungsebene auf.
- Im fünften Kapitel werden die klassischen und die modernen Instrumente des strategischen Controlling geschildert.
- Das sechste Kapitel erörtert die einzelfallbezogenen und systemprägenden Methoden der operativen Ebene des Controlling.
- Kapitel sieben setzt sich mit aktuellen Tendenzen im Controlling und seiner zukünftigen Entwicklung auseinander.
- Ein umfangreiches Literatur- und Stichwortverzeichnis rundet die vorliegende Einführung in das Controlling ab.

Abb. 1: Struktur des Buches

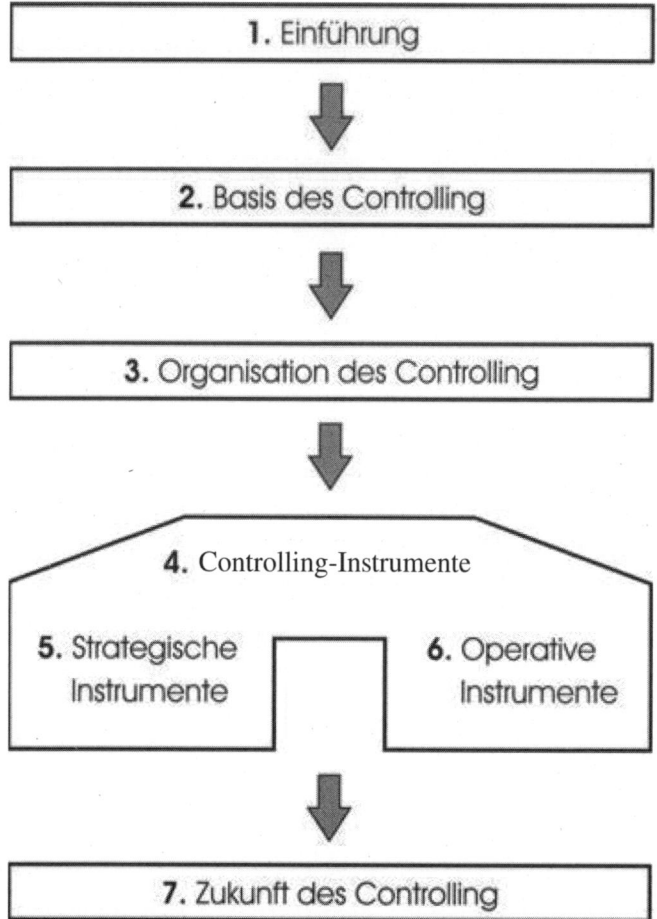

Aus didaktischen Gründen, und um Ihnen als Nutzer eine zielorientierte Arbeit zu ermöglichen, ist jeder Teil des Buches gleich aufgebaut:

- Zur Eröffnung werden Sie die Kernfrage und die Lernziele des jeweiligen Abschnitts vorfinden. Sie vergegenwärtigen sich, was Sie lernen sollen.
- Dann wird Ihnen der zu vermittelnde Stoff dargelegt. Sie vollziehen die Inhalte des Themengebietes nach.
- Abschließende Fragen ermöglichen es Ihnen, das Gelernte zu überprüfen. Sie können Ihren Wissensstand selber kontrollieren.

Die strategischen und operativen **Controlling-Instrumente** des fünften und sechsten Kapitels stellen deutlich den inhaltlichen und umfangmäßigen **Schwerpunkt dieses Buches** dar. Zum besseren Verständnis, Nachvollzug und Vergleich der Methoden wird bei ihrer Schilderung die folgende Vorgehensweise gewählt:

- Zuerst werden die wesentlichen Zielsetzungen und Fragestellungen sowie die Datenbasis des jeweiligen Verfahrens verdeutlicht.
- Dann wird der Inhalt und der Ablauf des Instruments geschildert.
- Es folgt zur Veranschaulichung der praktischen Anwendung eine Aufgabe und/oder ein Fallbeispiel.
- Gegebenenfalls werden die wesentlichen Schritte der betreffenden Technik in einer Art Bedienungs- bzw. Handlungsanweisung (Checkliste) zusammengefasst.

Fragen zum Kapitel 1:

1. Mit welchem Selbstverständnis sollte ein Controller auftreten?
2. Warum wird die Zukunftsentwicklung von Unternehmen zunehmend als unsicher eingeschätzt, und wie lässt sich damit das Controlling begründen?
3. Nennen Sie mindestens drei positive Bezeichnungen eines Controllers.
4. Welche drei Wachstumsrichtungen der Controlling-Idee kennen Sie?
5. Warum ist für Sie persönlich Controlling nützlich?

2. Basis des Controlling

Die Kernfrage dieses zweiten Kapitels heißt: **„Was steckt hinter dem Begriff Controlling?"**

Lernziele:
* Nach der Durcharbeitung des Abschnitts können Sie den Begriff Controlling definieren und von verwandten Ausdrücken abgrenzen.
* Die wesentlichen Ansätze zur Interpretation des Controlling als Philosophie und „Instrumentenbaukasten" sowie die Zusammenhänge zum Management- und Wertschöpfungsprozess sind Ihnen bekannt.
* Sie können die Entwicklung des Controlling in historische Bezüge und Abläufe einordnen und begreifen so den heutigen Stand besser.
* Außerdem sind Ihnen moderne Managementkonzepte und ihre Beziehung zum Controlling geläufig.

Aus deutscher Sicht erscheint das englische Wort **„Controlling"** zunächst etwas unglücklich gewählt, da es Assoziationen zur **„Kontrolle"** wachruft. Hier kann eine gewisse Nähe und Übereinstimmung zwischen beiden Begriffen vermutet werden, die den Zugang zu diesem Thema zunächst erschweren könnte. Und, Hand aufs Herz, wer lässt sich schon gerne kontrollieren? Aus diesem Grunde ist das Controlling bei der Neueinführung in der Unternehmenspraxis insbesondere den Mitarbeitern technisch ausgerichteter Bereiche, wie z.B. der Produktion oder der Instandhaltung, gegenüber oftmals stark erklärungsbedürftig. Es kommt dann zunächst darauf an, den Begriff zu erläutern, um die bestehenden Vorbehalte der Mitarbeiter zu beseitigen und dann die Controllinginhalte in der Organisation zu verankern.

Eine **Kontrolle** findet immer für **vergangenheitsbezogene Sachverhalte** und Daten statt. Geprüft wird beispielsweise die Richtigkeit von Rechnungen, des Materialzuganges, von Abläufen und der ihnen zugrunde liegenden Entscheidungen. Viele dieser Kontrollaufgaben sind klassischerweise funktional in einer Abteilung Revision angesiedelt. Der Begriff Kontrolle wird assoziativ oft mit den Inhalten „Fehler feststellen", „Schuldige finden" und diese „anklagen" und „bestrafen", verbunden. Damit hat das Controlling jedoch nichts zu tun! Es beinhaltet zwar auch den Kontrollaspekt, geht aber über diesen hinaus.

Glücklicherweise sind die aus dem Englischen stammenden Begriffe **„Controlling" bzw. „to control"** aber weder von der sprachlichen Bedeutung noch von der Denkweise her mit Kontrolle bzw. kontrollieren gleichzusetzen. Sie können mit
* steuern,
* regeln,
* überwachen und
* beherrschen

von Prozessen besser beschrieben werden. Die Controllingidee ist **zukunftsorientiert** und wird eher mit den Aufgaben „planen, steuern und überwachen", um in Abteilungen „Hilfe zur Selbsthilfe" zu geben, verbunden (vgl. ähnlich Auerbach 1994, S. 14 ff.).

Die Analogie zum Lotsen zeigt das Selbstverständnis des Controllers besonders deutlich: „Man könnte den Controller gleichsam als Lotse oder Navigator des betrieblichen Schiffes, nicht aber als dessen Kapitän auffassen, der in erster Linie steuert und nur insoweit kontrolliert, dass die angesteuerte Richtung des Schiffes nicht gefährdet wird – der gesuchte Hafen erreicht wird. Kontrolle soll durch Selbstkontrolle ersetzt werden. Die „Geplanten" sollten sich aufgrund der transparent gemachten Ziele durch Selbstvergleich mit den realisierten Ergebnissen selbst kontrollieren können" (Preißler 1998, S. 15).

2.1 Definitionen des Controlling

Zum Controlling existiert mittlerweile eine Vielzahl von Definitionen, die teilweise stark voneinander abweichen. Zur Einstimmung in die Begriffsbildung seien hier die Erläuterungen von zwei bundesweit akzeptierten Vordenkern des Controlling, Horváth und Reichmann, angeführt. Erstgenannter schreibt kurz: „Controlling ist die Gesamtheit der Teilaufgaben der Führung, die Planung und Kontrolle mit der Informationsversorgung zielorientiert koordiniert" (Horváth 1993, S. 112). Und an anderer Stelle ausführlicher und komplexer: „Controlling ist – funktional gesehen – dasjenige Subsystem der Führung, das Planung und Kontrolle sowie Informationsversorgung systembildend und systemkoppelnd ergebniszielorientiert koordiniert und so die Adaption und Koordination des Gesamtsystems unterstützt. Controlling stellt damit eine Unterstützung der Führung dar: es ermöglicht ihr, das Gesamtsystem ergebniszielorientiert an Umweltveränderungen anzupassen und die Koordinationsaufgaben hinsichtlich des operativen Systems wahrzunehmen" (Horváth 1996, S. 141).

Reichmann hingegen definiert wie folgt: „Controlling ist die zielbezogene Unterstützung von Führungsaufgaben, die der systemgestützten Informationsbeschaffung und Informationsverarbeitung zur Planerstellung, Koordination und Kontrolle dient; es ist eine rechnungswesen- und vorsystemgestützte Systematik zur Verbesserung der Entscheidungsqualität auf allen Führungsstufen der Unternehmung" (Reichmann 1997, S. 12 f.).

Die Definitionen beider Autoren weisen Gemeinsamkeiten auf. Wesentliche sich überschneidende Inhalte hinsichtlich des Begriffs Controlling sind:
- Es ist ein Subsystem bzw. eine Teilaufgabe der Führung.
- Es ist an Zielen orientiert.
- Im Mittelpunkt steht die Koordination der Planung und Kontrolle.

- Es findet eine systemgestützte Informationsbeschaffung, -verarbeitung und -versorgung statt.
- Die Entscheidungen und die Anpassungsfähigkeit eines Unternehmens an Umwelt- und Marktveränderungen werden verbessert.

Auf diesen wesentlichen Inhalten und Gemeinsamkeiten aufbauend, wird Controlling hier wie folgt definiert: **Controlling** ist eine **an Zielen orientierte Teilaufgabe des Managements**, bei der die **Koordination der Planungs-, Kontroll- und Steuerungsaktivitäten** eines Unternehmens **im Mittelpunkt** steht. Systemgestützt werden **passende Informationen bereitgestellt**, um die **Entscheidungsqualität des Managements** und damit die **Anpassungsfähigkeit des Unternehmens an Veränderungen zu verbessern** (vgl. zur Begriffsklärung auch Piontek 1996, S. 17 f.).

Resultierend aus obigen Überlegungen beinhaltet das Controlling dabei die Erarbeitung, Systematisierung und ständige Weiterentwicklung adäquater Instrumente zur tendenziellen Optimierung des Unternehmensprozesses. Über deren Einsatz werden dem Management aktuelle, bedarfsgerechte und entscheidungsrelevante Informationen bereitgestellt, die es in die Lage versetzen, die inhaltlich-organisatorische Gestaltung, die koordinierte Abstimmung und die zielgerichtete Bündelung der Planungs-, Kontroll- und Steuerungsaktivitäten im Unternehmen qualifiziert zu beherrschen.

2.2 Historie des Controlling

Die nur im Deutschen gebräuchliche Bezeichnung „Controlling" bezieht sich auf einen Tätigkeitsbereich, der im Englischen am ehesten dem „Controllership" entspricht oder auch mit „accounting and planning" umschrieben wird (vgl. Hering 2001, S. 3f). Zum tieferen Verständnis dessen, was Controlling (d. h. die Tätigkeit des Controllers) ausmacht, kann neben der mehr sachlogisch orientierten Definition (siehe 2.1) auch ein Überblick über die **historische Entwicklung** hilfreich sein. In Abbildung 2 werden die wichtigsten Stationen der Entwicklung des Controlling zusammenfassend dargestellt (vgl. dazu auch Horváth 1994, S. 26 ff.; Weber 1991, S. 1 ff.; Bramsemann 1993, S. 25 ff.; Peemöller 1997, S. 23 ff.; Zdrowomyslaw 1999, S. 123 ff.).

Aus historischer Sicht können insbesondere folgende Aspekte hervorgehoben werden:
- Die Controller-Tätigkeit war zunächst ausschließlich auf den staatlichen Sektor beschränkt und bezog sich auf dokumentierende und kontrollierende Aktivitäten bezüglich des Geld- und Güterverkehrs.
- Auch als ab 1880 Controller-Stellen in den ersten amerikanischen Unternehmen eingerichtet wurden, waren damit bis ca. 1920 vor allem finanzwirtschaftliche und und Revisionstätigkeiten verbunden.

Abb. 2: Stationen der historischen Entwicklung des Controlling

Zeit	1292	15. Jahrh.	1778	1880	1892
historische Situation/ Rahmenbedingungen/Tatbestände	Mittelalterliches Frankreich und Großbritannien	englischer Königshof	USA: Schaffung der Ämter „Comptroller", „Treasurer" und „Six Commissioners of Accounts" per Gesetz	USA: Einrichtung einer Comptoller-Stelle bei „Atchison Topeka & Santa Fe Railway System"; 1890 folgten vier weitere Eisenbahngesellschaften	USA: Etablierung der Stelle eines Controllers bei der „General Electric Company"
Bezeichnung der Stelle/Funktion	Countre-rollour oder Counterroller	Countroller	Comptroller	Comptroller	Controller
Tätigkeitsmerkmale bzw. -schwerpunkte	Vornahme einer zweiten (für Kontrollzwecke vorgesehene) Aufzeichnung über ein- bzw. ausgehende Güter und Gelder	Überprüfung von Aufzeichnungen über den Geld- und Güterverkehr in der staatlichen Verwaltung	Überwachung des Gleichgewichts zwischen dem Staatsbudget und der Verwendung der Staatsausgaben	Vor allem finanzwirtschaftliche Aufgaben betreffs der Verwaltung der Finanzanlagen, des Grundkapitals und der Sicherheiten der Gesellschaft	Vor allem finanzwirtschaftliche Aufgaben und Revisionstätigkeit
Bemerkungen	Bezeichnung der Tätigkeit leitet sich aus dem lateinischen „contarolatus" („Gegenrolle") ab und wird erstmals 1292 im Englischen erwähnt	Die Tätigkeit ist also zunächst ausschließlich auf den staatlichen Sektor beschränkt		Damit tritt „Controlling" erstmals in einem privatwirtschaftlichen Unternehmen auf	„Controlling" wird hier erstmals in einem Industrieunternehmen eingeführt
				Eine im obigen Sinne verstandene „Controller-Tätigkeit" war jedoch bis in die 20er Jahre des 20. Jahrhunderts hinein sehr wenig verbreitet. Dies ist auch plausibel, weil die Aufgaben der Controller jener Zeit fester Bestandteil bereits bestehender Stellen (z. B. Treasurer, General Auditor) waren	

Stationen der historischen Entwicklung des Controlling (Fortsetzung)

20er und 30er Jahre des 20. Jahrhunderts	Seit den 40er Jahren des 20. Jahrhunderts
Vor allem in den USA: • Herausbildung von Großunternehmen, die sich zunehmend mit Kommunikations- und Koordinationsproblemen konfrontiert sahen • Einschränkung der unternehmerischen Flexibilität durch automatisierungsbedingt zunehmende Fixkostenintensität • Neue, in der Praxis noch kaum bekannte Führungsinstrumente standen zur Verfügung • Volkswirtschaftliche Turbulenzen (Weltwirtschaftskrise!) schufen einen verstärkten Bedarf nach effizienten Führungsinstrumenten	Entwicklung und Rahmenbedingungen in Deutschland: • Internationale Isolierung Deutschlands nach dem Zweiten Weltkrieg, damit Abkopplung von internationalen Entwicklungstrends • In den Unternehmen war die verrichtungsorientierte Linienstruktur vorherrschend • In Anbetracht des Wirtschaftswachstums nach dem Zweiten Weltkrieg bestand weder besondere Bereitschaft noch Veranlassung, bestehende Strukturen zu ändern • Ab 1965 erste „Divisionalisierungswelle" der deutschen Industrie (ausgelöst durch Tochtergesellschaften amerikanischer Großunternehmen) • Insolvenzwelle in den 80er Jahren
Controller	Controller, daneben neuerdings auch „Biltroller"
Mit o. g. Entwicklungen vollzogen sich deutliche Wandlungen des Aufgabenfeldes für den Controller: • Während das Rechnungswesen zuvor nur zu Dokumentations- und Kontrollzwecken genutzt wurde, musste es nun zu einem Führungsinstrument zur Zukunftsbewältigung entwickelt werden. • Die Integration der Planung ermöglichte Planungsrechnungen, das Rechnungswesen wurde führungsorientiert • Die Stelle des Controllers erfuhr eine wesentliche Aufwertung	• Seit den 50er Jahren: Kostenrechnung/Kalkulation • Seit den 60er Jahren: Berichtswesen, Budgetierung und Budgetkontrolle, Soll-Ist-Vergleiche, operative Planung • Seit den 70er/80er Jahren: zusätzlich und mit wachsendem Stellenwert kommen strategische Planung sowie Mitgestaltung der Unternehmenspolitik und der Unternehmensziele hinzu. Seit den 90er Jahren: Unterstützung der ganzheitlichen Planung, Steuerung und Kontrolle von (auch unternehmensübergreifenden) Wertschöpfungsnetzwerken gewinnt zunehmend an Bedeutung; zugleich erhöht sich der Stellenwert des Risikocontrolling
Die insbesondere mit der Weltwirtschaftskrise einhergehenden Turbulenzen führten zu Unternehmenszusammenbrüchen. Dadurch wurden die Schwächen in der Führung der Unternehmen sichtbar. Mit dem Vollzug oben beschriebener Wandlungen gelang es den Unternehmen in zunehmendem Maße, auch krisenhaften Situationen erfolgreich zu begegnen.	Von 1950 an bis in die 70er Jahre hinein konnte die deutsche Wirtschaft höchste Wachstumsraten und Gewinne erzielen. Es bestand somit keine Notwendigkeit, bestehende Strukturen zu verändern. Die erste Divisionierungswelle der deutschen Industrie (ab ca. 1965) unterteilte viele deutsche Großunternehmen in dezentrale abrechnungsfähige Gewinneinheiten; deren Koordination und Steuerung bedurfte neuer Instrumente. Dies war auch für deutsche Unternehmen der Auslöser, Controlling zu implementieren. Mögliche oder reale Existenzbedrohungen (z. B. Ölkrise 1973, in den 70er u. 80er Jahren eintretende Marktsättigungen, Insolvenzwelle in den 80er Jahren) zwangen Unternehmen, sich mit strategischer Planung zu befassen und nach neuen Organisationsformen zur Gestaltung ihrer Wertschöpfungsprozesse zu suchen. Das Erkennen und Beherrschen risikobehafteter Situationen tritt stärker in den Vordergrund.

- In den 20er und 30er Jahren des 20. Jahrhunderts sahen sich (amerikanische) Unternehmen erstmals mit Bedingungen konfrontiert, die eine Integration der Planung erforderlich machten, wodurch das Rechnungswesen zu einem Führungsinstrument zur Zukunftsbewältigung weiterentwickelt werden konnte. Dadurch erfuhr zugleich die Stelle des Controllers eine wesentliche Aufwertung.
- In deutschen Unternehmen war das Controlling bis ca. 1965 weitgehend unbekannt. Die weitere Entwicklung der Umfeldbedingungen (erste Divisionalisierungswelle 1965, Ölkrise 1973, eintretende Marktsättigungen in den 70er/80er Jahren, Insolvenzwelle der 80er Jahre) stellte auch deutsche Unternehmen vor neue Herausforderungen: Um im Wettbewerb weiter bestehen zu können, mussten sie adäquate (Controlling-) Instrumente entwickeln und implementieren, nicht zuletzt auch, um risikobehaftete Situationen schneller erkennen und besser beherrschen zu können.
- Mit der weiteren Zunahme der marktwirtschaftlichen Turbulenzen müssen Unternehmen ihr Controlling-Instrumentarium stets den neuen Erfordernissen anpassen und weiterentwickeln. In den 90er Jahren erwuchs daraus u. a. die Notwendigkeit, das Controlling auch auf die Schaffung und Beherrschung neuer Managementstrukturen bis hin zu unternehmensübergreifenden Wertschöpfungsnetzwerken auszurichten.
- Mit der sich gegenwärtig vollziehenden Tendenz zur internationalen Vereinheitlichung des Rechnungswesens erlangen zugleich auch bestimmte Rechenwerke des externen Rechnungswesens (wie z. B. die Bilanz) einen höheren Stellenwert für den Controller, weshalb einige große Firmen bereits sogenannte „Biltroller"-Stellen einrichten (zusammengesetzt aus Bilanz und Controlling, siehe auch Abschnitt 3.5).
- Die aktuelle Wirtschaftskrise ist trotz aller Controllingbemühungen entstanden. Insbesondere das Risikocontrolling hat im Bankensektor offensichtlich versagt. Es scheint als hätte die menschliche Gier gegenüber einem planvollen Handeln obsiegt. Um der Krise zu begegnen, liegt das Hauptaugenmerk im Controlling z. Zt. insbesondere auf dem Thema „Kosten senken".

2.3 Controlling-Konzept und seine Interpretationen

Begriffe sind nicht nur inhaltlich festzulegen, sondern auch aus verschiedenen Blickwinkeln zu deuten. So, wie ein Diamant je nach Lichteinfall anders schimmert, können auch Bezeichnungen aus verschiedener Sicht betrachtet, d. h. interpretiert werden.

Das Controlling wird durch äußere und innere Kontextbedingungen wie beispielsweise moderne Managementkonzepte beeinflusst. Daraus ergeben sich verschiedene Modifikationen des Controlling-Konzepts. Die wesentlichen Deutungsrichtungen lassen sich der folgenden Abbildung 3 entnehmen.

Abb. 3: Controlling-Konzept und seine Interpretationen

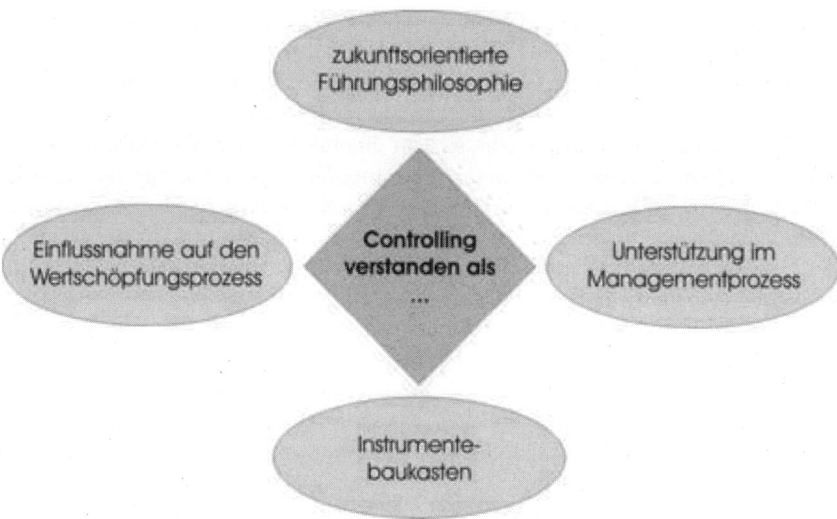

Das Controlling wird hier also mit Hilfe von **vier Ansätzen interpretiert**:

- Es ist Ausdruck einer **zukunftsorientierten Denkweise**, die von der Lernfähigkeit der Mitarbeiter einer Organisation ausgeht. Es kann daher als Führungsphilosophie, die beispielsweise dem „Management by Objectives" (Führung über Zielvereinbarungen) folgt, verstanden werden.

- Es leistet eine spezifische **Unterstützung** der wesentlichen Phasen **von Managementprozessen**. Es entlastet daher die Führungs-Mitarbeiter.

- Es stellt in einer „Toolbox", einem **Instrumentebaukasten**, bestimmte Verfahren zur Steuerung eines Unternehmens und seiner organisatorischen Einheiten zur Verfügung. Es wirkt dabei auf der strategischen und operativen Ebene.

- Es folgt dem **Wertschöpfungsprozess** eines Unternehmens, macht ihn transparent und will ihn gestaltend beeinflussen. Es konzentriert sich damit auf die wesentlichen Bereiche und kaufmännischen Fragestellungen in einer Organisation.

2.3.1 Controlling als Philosophie

Im Mittelpunkt der Auffassung, dass das Controlling eine Maxime, einen Grund- bzw. Leitsatz im Sinne einer Führungsphilosophie darstellt, steht
- zum einen die systematische Ausrichtung an der Zukunft und
- zum anderen die Auffassung von einem lernfähigen Unternehmen.

Die **Zukunftsorientierung** äußert sich in einem Unternehmen insbesondere in den zu steckenden **Zielen und** in der **Planung**. Die Verantwortung für die Ziele einer Organisation liegt als typische Führungsaufgabe in den Händen des verantwortlichen Managements. Das Controlling übernimmt die Aufgabe der Beratung der Führungskräfte bei der Zielformulierung. Diese sollten primär die Managementtechniken (siehe hierzu Abbildung 4) des Führens der Mitarbeiter mit Zielen und durch die Delegation von Verantwortung („Management by Objectives" und „by Delegation") anwenden.

Abb. 4: Management by Objectives und by Delegation

Kurzbeschreibung	Management by Objectives: Führung mit Zielvereinbarungen	Management by Delegation: Führung mit Aufgabendelegation
Absichten	• Planung und Zielabstimmung verbessern • Führungsspitze entlasten • Motivation und Eigeninitiative fördern bis hin zum „Selbstcontrolling"	• Entscheidungen auf der Ebene des Sachverstandes • Vorgesetzte entlasten • Hierarchisches Denken abbauen
Voraussetzungen	• Leistungsfähiges Planungs- und Steuerungssystem • Übereinstimmung von Zielsystem und Organisationsstruktur	• Ausgebautes Berichts- und Kontrollsystem • Delegationsbereitschaft und -fähigkeit in der Organisation

Bei der Besprechung von Abweichungen zwischen z. B. Controller und Kostenstellenleiter sollte dem „Management by Exception" gefolgt werden. Es werden nur wesentliche Soll-Ist-Abweichungen diskutiert.
Um operationale Ziele zu haben (siehe hierzu Abbildung 5), deren Erreichung gemessen werden kann, und auf die hin Strategien und Maßnahmen ausgerichtet und geplant werden können, sollten die Ziele mit Hilfe der **drei Hauptbeschreibungskriterien**
- **Zielinhalt** (konkret definierte und damit messbare betriebswirtschaftliche, technische oder personelle Größe),
- **Zielausmaß** (die Ausprägung des Zielinhalts in zahlenmäßiger Hinsicht) und
- **Zielzeit** (Zeitpunkt oder -raum bis zu dem oder in dem das Ziel erreicht werden soll)
formuliert werden.

Abb. 5: Beispiele zur Zielformulierung

Inhalt	Ausmaß	Zeit
Steigerung des Umsatzes ...	... 15 % ...	... im 1. Quartal 2010
Verringerung der Mitarbeiterzahl ...	... um 2 Techniker, 3 Schreibkräfte.	... ab dem 1.1.2010
Auslastung des Drehautomaten ...	...mit maximaler Kapazität von 1.000 Stück pro Tag...	... vom 1.4. bis 15.6.2010

Insbesondere für die Beschreibung von Zielen im Marketing können noch die Merkmale **Zielgruppe, -gebiet und -objekt** verwendet werden (vgl. hierzu näheres bei Becker 1998, S. 23 ff.; Czenskowsky/Füser/Thomas 1999, S. 192 ff.). Neben diesem „6 Z"-Ansatz kann zur Zielformulierung noch die Idee „smart" Verwendung finden. Demnach sollen Ziele sachlich, messbar, attraktiv, realistisch und terminierbar sein. Durch die Beachtung dieser Kriterien wird sichergestellt, dass eine Überprüfung der Zielerreichung stattfinden kann. Da in der Unternehmenspraxis nicht immer diesen Kriterien genüge getan werden kann, ist es für eine treffgenaue Unterscheidung angemessen, allgemeinere Erklärungen, denen eine der drei Hauptbeschreibungskriterien fehlt, als Absichten zu bezeichnen.

Auf den formulierten Zielen des Unternehmens baut die **Planung** auf. Sie ist mit der darauf basierenden Steuerung wesentliches Element des Controlling. Zu planen, bedeutet nichts anderes als die Zukunft zu durchdenken, sie geistig vorwegzunehmen, sich systematisch auf sie vorzubereiten und sich in sie hinein durch Festlegung eines Kurses zu entwickeln. Die Ergebnisse des gedanklichen Entwurfs werden in einer zumeist quantitativ-zahlenmäßigen Planung, mit in der Regel verschiedenen Fristigkeiten, den Budgets, schriftlich bzw. mit Hilfe entsprechender DV-Systeme festgehalten. Bei Abweichungen vom planerisch fixierten Kurs wird seitens des involvierten Managements steuernd eingegriffen.

Bei diesem Weg in die Zukunft wird unterstellt, dass Mitarbeiter aus begangenen Fehlern lernen können. Es besteht die Hoffnung, dass einmal gemachte und erlebte Irrtümer (in der Regel) wegen eines **Lernprozesses** nicht wiederholt werden. Die mit der Planung und Steuerung beschäftigten Personen werden sich aufgrund der Fehlleistungen über die Anpassungsnotwendigkeiten ihres Unternehmen immer sicherer, und das Management kann so bessere Entscheidungen treffen.

Das Controlling ermöglicht es dem involvierten Management, Organisationen durch eine systematische strategische und operative Planung sowie die dazu gehörige Kontrolle zielorientiert an Umwelt- und Marktveränderungen anzupassen und die dabei erforderlichen Steuerungsaufgaben wahrzunehmen. Damit ist das Controlling eine Teilaufgabe der Unternehmensführung, welche die Planung und Kontrolle mit der Informationsversorgung koordiniert und die Entscheidungsfindung unterstützt. Diese Teilaufgabe wird in der Regel an spezialisierte Mitarbeiter in einer eigenen Funktionseinheit delegiert. Dieses Controlling soll das **Management** bei der Vorbereitung, dem Treffen, der Durchsetzung und der Kontrolle von Entscheidungen **unterstützen und entlasten**.

Die Controllingphilosophie dient dem Controller als Leitlinie für das eigene Handeln. Da er als unternehmensinterner Berater in betriebswirtschaftlichen Fragen wirkt, sollte er die Philosophie beherrschen, um
* die Notwendigkeit des Controlling zu begründen,
* den Nutzen aufzuzeigen und
* es entsprechend „verkaufen" zu können (vgl. Czenskowsky/Piontek 2007, S. 35 f.).

Ihr Verständnis erleichtert im alltäglichen Managementprozess die Gesprächsführung mit den Abteilungen, die mit dem Controlling zusammenwirken (müssen).

2.3.2 Controlling und Managementprozess

Allgemeine Entscheidungsprozesse sind zur Strukturierung der typischen **Leitfragen des Managements** eines Unternehmens geeignet:
* Wo stehen wir?
* Wo könnten wir hin?
* Wo wollen wir hin?
* Wie gelangen wir hin? (vgl. Baus 1996, S. 57).

Entsprechende **Managementprozesse** können in den Phasen:
* Situationsanalyse (Wo stehen wir? Wo könnten wir hin?),
* Zielbildung (Wo wollen wir hin?),
* strategische und operativ-taktische Planung,
* Realisierung,
* Soll/Ist-Vergleich, Abweichungsanalyse sowie gegebenenfalls Gegensteuerung

ablaufen. (Die letzten drei Spiegelstriche beschäftigen sich mit der Frage: Wie kommen wir hin?) Entscheidungen in Unternehmen werden durch Berücksichtigung dieser Phasen systematisch vorbereitet und gefällt. In jeder Phase dieses Managementprozesses werden Informationen benötigt und generiert.

Was hat nun das Controlling im Managementprozess zu tun? Zum einen beinhaltet es die Aufgabe der Steuerung und Kontrolle, geht aber ohne Zweifel über sie hinaus. Im Managementprozess umfasst das Controlling eben auch die Gesichtspunkte
* Unterstützung der Situationsanalyse und der Zielbildung,
* strategische Planung, Kontrolle und Steuerung,
* operative Planung, Kontrolle und Steuerung sowie
* die Informationskoordination und -versorgung.

Zum anderen hat der Controller grundsätzlich die Aufgabe, das Management bei den eben genannten Aufgaben zu entlasten und zu unterstützen.

Daraus folgend, kann Controlling eher mit zielorientierter Planung und Steuerung als mit Kontrolle gleichgesetzt werden. Es handelt sich um eine integrierende Sichtweise, die den Grundsatz beachtet: **Steuerung und Kontrolle ohne Ziele und Planung ist unmöglich, Ziele und Planung ohne Steuerung und Kontrolle sind sinnlos!**

In der Literatur werden die Führungstätigkeiten gerne auch als Komponenten eines **Regelkreises** in unterschiedlichen Varianten diskutiert und visualisiert (vgl. z. B. Hahn 1994, S. 46 ff.). Die zentralen Größen für die Führung eines Unternehmens im Sinne eines kybernetischen Systems (Planen und Steuern in Regelkreisen) sind zweifelsohne Zielsetzung, Planung, Realisierung und Steuerung. Ihre Beziehungen zueinander stellen einen Regelkreis des Unternehmens dar. Die zentralen Bestandteile des Regelkreises können wie folgt charakterisiert werden (vgl. Hering/Zeiner 1995, S. 21 ff.):

- **Zielsetzung**: Sie ist die Voraussetzung für die Planung und leitet sich aus der Unternehmensphilosophie ab.
- **Planung**: Sie stellt den Versuch dar, zukünftige Entwicklungen gedanklich gestaltend vorwegzunehmen, und damit die Zielerreichung zu sichern. Der Planungshorizont kann in kurz- (üblicherweise bis zu einem Jahr), mittel- (bis zu drei Jahren) und langfristige Zeitabschnitte (bis zu zehn Jahren) unterteilt werden.
- **Kontrolle**: Sie ist die notwendige Ergänzung zur Planung, überwacht die Vorgaben durch einen Soll-Ist-Vergleich und untersucht die Gründe für die Nichterfüllung der Planvorgaben durch eine Abweichungsanalyse.
- **Steuerung**: Sie ist, im Gegensatz zur Planung, gegenwartsbezogen und besteht im Veranlassen, Überwachen und Sichern der Aufgabendurchführung.

Das strategische Controlling agiert im gleichen Regelkreis wie das operative Controlling (siehe Abbildung 6), allerdings mit anderen Prämissen. Während das operative Controlling gegenwartsbezogen und vergangenheitsorientiert **(Feed-back)** angelegt ist, ermöglicht das strategische Controlling auf Grund einer nach vorne gerichteten Betrachtungsweise **(Feed-forward),** rechtzeitig Chancen zu erkennen und Risiken abzuwägen.

„Beim Controlling geht es (…) um ein kybernetisches und koordinierendes Steuern des Unternehmensgeschehens. Controlling ist als Subsystem des Führungssystems bzw. als Teilbereich der Unternehmensführung zu verstehen, d.h. eine **Management-Konzeption** zur Gewinnsteuerung bzw. weiter gefasst zur Existenzsicherung" (Zdrowomyslaw/Dürig 1999, S. 277). Existenzsicherung meint dabei jedoch nicht schlechthin den Erhalt des Unternehmens um jeden Preis, sondern die Schaffung ausgewogener Entwicklungsbedingungen zur Sicherung bestehender und zur Schaffung neuer Erfolgspotenziale (vgl. auch Abschnitt 2.3.4).

Abb. 6: Regelkreis des strategischen und operativen Controlling

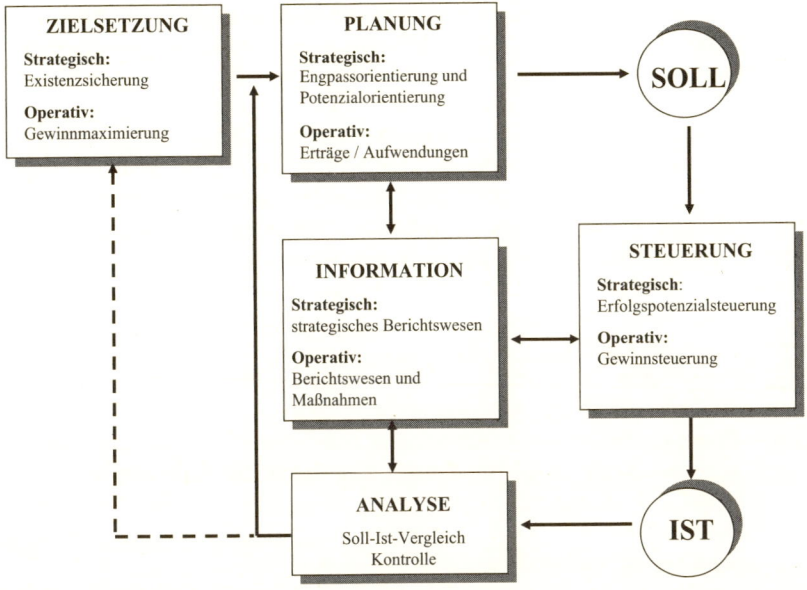

Ein Controller sollte wissen, welche Phase des Managementprozesses er jeweils mit entscheidungsorientierten Informationen unterstützen soll, und welche grundsätzlichen Aufgaben er dabei zu erledigen hat, um ein strukturiertes, nachvollziehbares Vorgehen sicherzustellen und damit ein rationales Handeln zu ermöglichen. Eine adäquate Unterstützung des Managementprozesses wird durch eine breite Kenntnis der Methoden, die im Controlling eingesetzt werden können, erleichtert.

2.3.3 Controlling und Wertschöpfungsprozess

In den folgenden Unterabschnitten werden die wesentlichen Unterstützungsmöglichkeiten für den unternehmensübergreifenden Wertschöpfungsprozess näher herausgearbeitet und erläutert. Ein besonderer Schwerpunkt wird dabei auf das Konzept der Wertschöpfungskette von Porter als Analyse- und Diagnoseinstrument gelegt (vgl. Porter 1999, S. 62 ff.).

2.3.3.1 Grundlegende Begriffe, Zusammenhänge und Gestaltungsprinzipien

Wesentliches Ziel von erwerbswirtschaftlichen Unternehmen ist die nachhaltige Gewinnerwirtschaftung. Diese setzt Kenntnisse über den Wertschöpfungsprozess und seine Gestaltungsmöglichkeiten voraus. Hier ist das Controlling in seiner Servicefunktion für das Management besonders gefordert: Es hat adäquate Instrumente zur Analyse und Gestaltung des unternehmerischen Wertschöpfungsprozesses bereitzustellen.

Dabei wird unter **Wertschöpfung (= Prozess zur Schaffung von Neuwert)** die durch den Unternehmensprozess erbrachte **Eigenleistung** verstanden. Sie stellt sich als Differenz zwischen dem Wert der abgesetzten Güter bzw. Leistungen und dem bewerteten Verbrauch der extern beschafften Produktionsfaktoren (Werkstoffe, Betriebsmittel, fremde Leistungen) zu deren Erzeugung dar. Der als Ergebnis des Wertschöpfungsprozesses geschaffene Neuwert wird in Form von Löhnen und Gehältern, Zinsen, Gewinnen und (Kosten-)Steuern verteilt (vgl. Arnold/Botta/Hoefener/Pech, 1998, S. 22). Die nach Abzug von (Gewinn-)Steuern verbleibenden Gewinne bilden zum einen die Grundlage für an die Anteilseigner (Eigenkapitalgeber) zu zahlenden Einkommen, zum anderen werden aus ihnen (ggf. unter Hinzuziehung aufgenommenen Fremdkapitals) Investitionen zur Erweiterung und Rationalisierung der Geschäftstätigkeit gespeist.

Der Gewinn ergibt sich als Differenz zwischen dem Wert der abgesetzten Güter bzw. Leistungen und den Kosten der Wertschöpfungsaktivitäten. In den Kosten sind neben dem bewerteten Verbrauch der extern beschafften Faktoren auch die bewerteten Arbeitsleistungen (ausgedrückt in den Kosten für Löhne und Gehälter), die Zinsen und die (Kosten-)Steuern enthalten. Der Wert der abgesetzten Güter und Leistungen schlägt sich in den Preisen nieder, welche die Kunden zu zahlen bereit sind. Die Zahlungsbereitschaft der Kunden hängt dabei von dem durch sie wahrgenommenen Nutzen (dem **Kundennutzen**) ab.

Zwecks Analyse der einzelnen Unternehmensprozesse oder -aktivitäten nach ihrem Beitrag zur Wertschöpfung durch das Controlling kann folgende **Klassifizierung** hilfreich sein (vgl. dazu auch Ziegenbein, 1998, S. 123):
* **unmittelbar wertschöpfende Prozesse/Aktivitäten:** Prozesse/Aktivitäten, die einen direkten Beitrag zur Erstellung des Gutes oder der Leistung bzw. zu deren Wahrnehmung durch den Kunden erbringen (z.B. Fertigung produktbezogener Teile auf den Maschinen, Montagevorgänge, produktbezogene Werbeaktivitäten);
* **mittelbar wertschöpfende Prozesse/Aktivitäten:** Prozesse/Aktivitäten, die Voraussetzung zur Durchführung der unmittelbar wertschöpfenden Prozesse/ Aktivitäten sind, diese unterstützen (z.B. Rüstvorgänge, notwendige Transporte, Schulung der Mitarbeiter, dispositive Tätigkeiten, Controlling);

- **nicht wertschöpfende Prozesse/Aktivitäten:** Prozesse/Aktivitäten, die weder unmittelbar noch mittelbar zur Schaffung von Kundennutzen beitragen. Dabei kann es sich um **Blindleistungen** (z. B. unnötige Wege beim Transport, Diskussion über irrelevante Themen auf Dienstberatungen) oder um **Fehlleistungen** (z. B. Fertigung von Ausschuss, Tätigung einer Fehlinvestition, unzulässige Belastung der Umwelt) handeln. Während sich also Blindleistungen gegenüber der Schaffung von Kundennutzen weitgehend neutral verhalten, wirken Fehlleistungen zerstörend auf bereits geschaffenen Kundennutzen, vernichten Kapital und blockieren zugleich Kapazitäten zur Schaffung künftigen Kundennutzens oder beeinflussen die Lebensverhältnisse der Gesellschaft negativ.

Diese Klassifizierung ist einerseits nicht völlig trennscharf. So können Produktionsprozesse zur unmittelbaren Erzeugung von Kundennutzen zugleich mit unvertretbaren Umweltbelastungen (und damit verbundenen Auflagen, Strafgebühren und Imageschädigungen) einhergehen. Andererseits kann es zwischen Blind- und Fehlleistungen durchaus fließende Übergänge geben. Kommt z. B. durch Umwege beim Transport (oben als Blindleistung eingestuft) die Ware beim Kunden später als vereinbart oder verdorben an, so liegt zweifellos eine Fehlleistung vor.

Gewinnsteigerungspotenziale können für ein Unternehmen prinzipiell auf folgende unterschiedliche Weisen erschlossen werden:
- Erzielung des gleichen Kundennutzens mit niedrigeren Kosten,
- Erzielung eines höheren Kundennutzens bei gleichbleibenden Kosten,
- Erzielung eines höheren Kundennutzens bei gleichzeitig sinkenden Kosten,
- Erzielung eines höheren Kundennutzens bei langsamer steigenden Kosten sowie
- gegebenenfalls Erzielung eines geringeren (jedoch akzeptierten) Kundennutzens bei stärker sinkenden Kosten.

Welchen dieser Wege ein Unternehmen im konkreten Fall beschreiten sollte, kann nur jeweils situationsbedingt entschieden werden. Bringt man die weiter oben vorgenommene Klassifizierung von Prozessen/Aktivitäten nach ihrem Wertschöpfungsbeitrag mit den soeben aufgeführten Möglichkeiten zur Erschließung von Gewinnsteigerungspotenzialen in Verbindung, so lassen sich folgende **allgemeine Prinzipien zur Prozessgestaltung** im Unternehmen ableiten:
- Unmittelbar wertschöpfende Prozesse, die im Vergleich zum Kundennutzen unvertretbar hohe Kosten verursachen, sind daraufhin zu überprüfen, ob sie mit geringeren Kosten realisiert werden können (z. B. über Rationalisierungsmaßnahmen); ansonsten sollten sie eliminiert oder ausgelagert werden.
- Unmittelbar wertschöpfende Prozesse sind stets daraufhin zu überprüfen, ob durch sie auch ein höherer Kundennutzen bei zugleich sinkenden, gleichbleibenden oder langsamer steigenden Kosten erzielt werden kann.

- Bisher im Unternehmen nicht durchgeführte, jedoch aufgrund vorhandener Kernkompetenzen und Kapazitäten kostengünstig realisierbare unmittelbar wertschöpfende Prozesse sollten in den Unternehmensprozess integriert werden.
- Mittelbar wertschöpfende Prozesse sind nur im unbedingt notwendigen Umfang mit minimal möglichen Kosten zu betreiben.
- Nicht wertschöpfende Prozesse sind zu eliminieren.

2.3.3.2 Die Wertschöpfungskette als Diagnoseinstrument

Als Diagnoseinstrument zur systematischen „Durchleuchtung" eines Unternehmens oder einer strategischen Geschäftseinheit im Hinblick auf seine Wertschöpfungsaktivitäten lässt sich das von Porter entwickelte Konzept der Wertschöpfungskette deuten (vgl. auch Kreikebaum, 1991, S. 91). Sie kann wie folgt grafisch veranschaulicht werden (siehe Abbildung 7):

Abb. 7: Wertschöpfungskette nach Porter

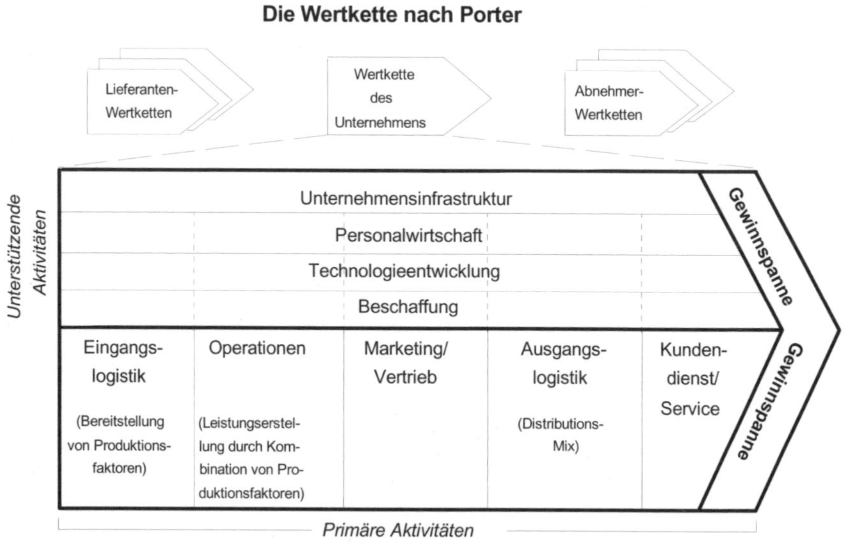

Die Wertkette nach Porter

Unter Zugrundelegung der am Markt erzielten Erlöse (des „Gesamtwerts") wird das Unternehmen als eine **Kette wertsteigernder Aktivitäten** dargestellt. Die Differenz zwischen dem Gesamtwert und den (symbolisch) aneinander gereihten Kosten der Wertschöpfung ergibt die erzielte Gewinnspanne. Der Zweck dieses Instruments liegt in einer wettbewerbs- und kundennutzenorientierten Unternehmensanalyse (vgl. Kreikebaum, 1991, S. 91 f.). Sämtliche Unternehmensaktivitäten sind hinsichtlich ihres Beitrags zur Befriedigung der Kundenbedürfnisse zu untersuchen. Daraus sollen Gestaltungsmöglichkeiten abgeleitet werden, die es gestatten, Wettbewerbsvorteile gegenüber den Konkurrenten zu erzielen (d. h. die Wertschöpfungsaktivitäten billiger und/oder besser durchzuführen als die Konkurrenz).

Entsprechend ihrem Beitrag zur Wertschöpfung werden die in der Wertschöpfungskette enthaltenen Prozesse in primäre und unterstützende Aktivitäten unterteilt (vgl. auch Orths 2003).

Primäre Aktivitäten (Nutzleistungen) sind:
- Eingangs- oder Beschaffungslogistik,
- (Produktions-) Operationen,
- Marketing und Vertrieb,
- Ausgangs- oder Absatzlogistik,
- Kundendienst, Service, Kundenberatung.

Die **unterstützenden Aktivitäten** (Stützleistungen) setzen sich zusammen aus:
- Beschaffung,
- Technologieentwicklung,
- Personalwirtschaft,
- Unternehmensinfrastruktur.

Primäre Aktivitäten können als eine auf die Unternehmensganzheit bezogene, logisch geordnete Abfolge von unmittelbar wertschöpfenden Prozessen angesehen werden. Unterstützende Aktivitäten sind mittelbar wertschöpfende Prozesse, weil sie die Voraussetzungen für den reibungslosen Ablauf der primären Wertschöpfungsprozesse schaffen. Sie sind jeweils auf die Unterstützung mehrerer oder sogar aller primären Prozessaktivitäten ausgerichtet, nehmen also Querschnittsaufgaben wahr. Dieser Sachverhalt wird in Abbildung 7 durch die weiter nach oben gezogenen senkrechten Abgrenzungslinien angedeutet. So kann z. B. die Aufgabe der Technologieentwicklung darin gesehen werden, neue, effektivere und effizientere technologische Lösungen für die Produktion, aber auch für die Beschaffungs- und Absatzlogistik sowie für den Kundendienst zu erarbeiten.

Nach Porter (vgl. Porter 1999, S. 63) können die Wertschöpfungsaktivitäten als „Bausteine von Wettbewerbsvorteilen" interpretiert werden. Dazu macht sich ein ständiger Vergleich der eigenen Lösungen mit den Bestlösungen sowohl innerhalb als auch außerhalb der Branche, d. h. ein sogenanntes Benchmarking, erforderlich. Damit die Wertschöpfungskette ihre volle Wirksamkeit als Analyse- und Gestaltungsinstrument für das Controlling erreichen kann, muss die gesamte „Prozesshierarchie" des Unternehmens **Gegenstand der Untersuchung** sein. Damit ist gemeint, dass sich jeder der oben aufgeführten neun „Kernprozesse" weiter untergliedern lässt in Teilprozesse, letztere wiederum in Teil-Teilprozesse usw. Beispielsweise könnte der gesamte Produktionsprozess unterteilbar sein in die Produktionsprozesse einzelner Produktgruppen, der Produktionsprozess einer bestimmten Produktgruppe in die Prozesse zur Herstellung der einzelnen Produktarten, der Herstellungsprozess einer Produktart wiederum in Prozesse zur Fertigung von Einzelteilen, zur Montage von Baugruppen usw.

Auf jeder Betrachtungsebene der Prozesshierarchie
* müssen die primären Aktivitäten einerseits auf ihren Beitrag zur Wertschöpfung, andererseits auf die durch sie verursachten Kosten hin untersucht werden;
* muss geprüft werden, welche unterstützenden Aktivitäten unbedingt erforderlich sind;
* müssen Blind- und Fehlleistungen identifiziert werden.

Daraus ergeben sich Anhaltspunkte, wo und auf welchen Ebenen Prozessverbesserungen vorzunehmen sind, welche Prozesse zu eliminieren oder auszulagern und welche zu integrieren sind.

Werden die Verknüpfungen zwischen den einzelnen Prozessen der Wertschöpfungskette unter Einbeziehung aller Hierarchieebenen betrachtet, so liegt ein netzartiges Beziehungsgeflecht vor, das als **Wertschöpfungsnetzwerk** bezeichnet werden kann. Ein solches Netzwerk macht insbesondere deutlich, dass jeder Prozess direkt oder indirekt mit nahezu jedem anderen Prozess gekoppelt ist. Somit beeinflusst die Art und Weise, wie ein bestimmter Prozess durchgeführt wird, mehr oder weniger auch die Kosten und den Wertschöpfungsbeitrag anderer Prozesse (vgl. auch Kreikebaum 1991, S. 92).

Derartige Überlegungen lassen es plausibel erscheinen, dass sich innerhalb eines gut funktionierenden Netzwerkes ein jeder „Vorgänger" gegenüber seinem „Nachfolger" wie ein Lieferant fühlen sollte, der seinem Kunden eine kostengünstige Leistung von hohem Nutzen liefert. Deshalb wird dieser Zusammenhang auch als **interne Lieferanten-Kunden-Beziehung** bezeichnet.

Wesentlichen Einfluss auf Effektivität und Effizienz von Wertschöpfungsnetzwerken haben die Art und Weise ihrer Organisation, die damit verbundene Logistik der Prozessabläufe sowie die dabei angewandten Koordinationsmechanismen, wobei in letzter Zeit auch **unternehmensübergreifende Netzwerke** unter Einbeziehung der Lieferanten (und deren Lieferanten) und der Kunden (und deren Kunden) zunehmend an Bedeutung gewinnen. Dementsprechend wurden in den vergangenen Jahren verschiedene neue Managementkonzepte entwickelt, die den sich verschärfenden Wettbewerbsbedingungen in adäquater Weise Rechnung tragen sollen. Aufgabe des Controlling ist es in diesem Zusammenhang, das Management bei der Einführung und Umsetzung solcher Konzepte sachkundig zu unterstützen und seine planenden, steuernden und kontrollierenden Aktivitäten sowie seine Instrumentarien an die neu strukturierten Prozessabläufe anzupassen (siehe dazu Kapitel 7).

2.3.4 Controlling als Instrumentenbaukasten

Die „Toolbox" des Controllers ist vielfältig zusammengesetzt. Wegen ihrer grundlegenden Bedeutung findet sich eine Darstellung der Controlling-Instrumente auch bei anderen Autoren. (Genannt seien beispielsweise Vollmuth 1994a, Franke/ Zerres 1994, Preißner 1999, Verlag Wirtschaft, Recht und Steuern (WRS, Hrsg.) o.J.). Dabei können einerseits eher ganzheitliche Methoden, die eine langfristige, mehrjährige Entwicklung des gesamten Unternehmens und seiner wesentlichen Teilbereiche zum Gegenstand haben, zum Einsatz kommen. Diese Methoden dienen Fragestellungen, die den Aufbau von Erfolgspotenzialen (also die Frage: Welche Märkte und welche Produkte?) und damit die langfristige Existenz eines Unternehmens betreffen, werden zumeist der **strategischen Ebene** zugeordnet.

Ebenso werden andererseits Instrumente, die zur Klärung von kurzfristigen, unterjährigen Detailproblemen in den Funktionsbereichen eines Unternehmens geeignet sind, benötigt. Damit verbundene Fragestellungen (z. B. Lösung aktueller Maschinenbelegungsprobleme, Zusammenstellung von optimalen Sortimenten) laufen auf die Ausnutzung der aufgebauten Erfolgspotenziale hinaus. Sie werden eher der **operativ-taktischen Ebene** zugeordnet.

Aus diesem Grund wird im Controlling zwischen Instrumenten unterschieden, die auf der eher
- strategischen und
- der operativ-taktischen Ebene

eingesetzt werden. Auf beiden Ebenen greift das Controlling auf eine Vielzahl von Methoden zurück, die jeweils auf genau definierten Informationen beruhen und die in bestimmten Schritten ablaufen.

Ein Controller sollte eine breite Kenntnis dieser Instrumente besitzen, um sie im Unternehmen passend zur jeweiligen Entscheidungssituation des Managements auszuwählen und einsetzen zu können und damit einen Beitrag zur Problemlösung und zur Optimierung des Wertschöpfungsprozesses zu leisten. Diese Verfahren werden in den Kapiteln 5 und 6 detailliert erörtert.

Fragen zum Kapitel 2:

1. Wie können die Begriffe Controlling und Kontrolle voneinander abgegrenzt werden?
2. Wie definieren und interpretieren Sie den Begriff Controlling?
3. Welche Führungsphilosophie wird mit dem Controlling verbunden?
4. In welchen wesentlichen Schritten hat sich das Controlling entwickelt?
5. Wie kann der Unternehmens- als Wertschöpfungsprozess charakterisiert werden, und welches Instrument eignet sich zur Diagnose?
6. Was beinhaltet die „Toolbox" des Controllers?

3. Organisation des Controlling

Die Kernfrage dieses dritten Teils lautet: **„Wie lässt sich das Controlling organisieren?"**

Lernziele:
* Nach Bearbeitung des Abschnitts kennen Sie die Probleme, die mit der Organisation des Controlling in Stab oder Linie bzw. zentral oder dezentral zusammenhängen.
* Wesentliche Sachverhalte, die bei der Einführung des Controlling zu beachten sind, und die Anforderungen an den Controller sind Ihnen geläufig.
* Ihnen ist bekannt, inwieweit sich das Controlling verbreitet hat und welche Situation in manchen Branchen und in großen sowie bei kleinen und mittelständischen Unternehmen vorzufinden ist.

Die Aufgaben des Controlling werden in vielen Unternehmen vom Management an eine oder mehrere spezialisierte Organisationseinheit(en) delegiert und dann von den Inhabern entsprechender **Controllingstellen** wahrgenommen. Sie übernehmen die Teilaufgaben aus dem Tätigkeitenkomplex des Controlling und fungieren als deren Träger. Dabei können sich – einhergehend mit der Ausdehnung der Planung und Steuerung im Unternehmen – auch personelle Controllinghierarchien bilden.

Es gibt in Theorie und Praxis keine einheitliche Meinung darüber, wie und an welcher Stelle der Controller in die **betriebliche Hierarchie** einzuordnen ist. „Man findet in der Praxis eine große Bandbreite der Einordnung des Controllers. Es gibt den Buchhalter, der einfach die Bezeichnung Controller erhielt; man findet aber auch Controlling im Vorstandsbereich angesiedelt" (Preißler 1998, S. 43).

Die konkrete Organisationsgestaltung des Controlling ist situativ abhängig von
* unternehmensinternen Faktoren (z. B. Unternehmensphilosophie, -kultur und -größe) und
* externen Einflussgrößen (z. B. Markt- und Umweltsituation).
Sie sind bei der Gestaltung der Controllingorganisation zu berücksichtigen. Vor dem Hintergrund der möglichen Vielfalt der situativen Gestaltungsfaktoren werden hier eher allgemeine Empfehlungen zum Aufbau einer Controllingorganisation gegeben.

3.1 Stab und Linie

Das Controlling kann zunächst als **Stabsfunktion** (siehe Abbildung 8) aufgebaut werden. Der Controller informiert und berät dann die Unternehmensführung in ökonomischer Hinsicht. Bei einem Neuaufbau des Controlling und der Implementierung in die Unternehmensorganisation wird oft diese Lösung angewendet. Die Kompetenzen des Controllers werden bei einer Stabsfunktion zumeist auf

- die Information,
- die Entscheidungsvorbereitung und
- die Kontrolle

begrenzt sein.

Abb. 8: Controlling als Stabsfunktion

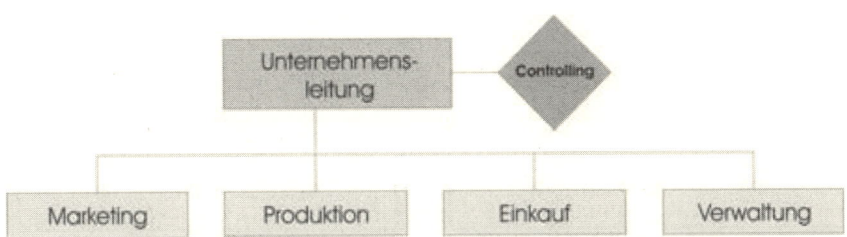

Diese Lösung hat den **Vorteil** des direkten Zuganges zur Geschäftsleitung. Diese sollte bei einer Implementierung des Controlling voll und ganz hinter dieser Idee stehen und als Förderer auftreten. Bei der Durchsetzung des Controlling ist sie als **Machtpromoter** tätig und kann Entscheidungen nach Anregung durch das Controlling und Diskussion mit den Betroffenen fällen. Der Controller erfüllt seine Aufgaben als Fachmann (**Fachpromoter**) für die Förderung des Themengebietes Controlling und kann sich frei von anderen Zuständigkeiten voll auf seine Kernaufgaben konzentrieren.

Die Einordnung als Stab in die Unternehmensorganisation weist den **Nachteil** auf, dass eine gewisse Ferne zum Tagesgeschäft in einem Unternehmen existieren kann. Außerdem fehlt eine notwendige direkte Kopplung an das Rechnungswesen als notwendiger Datenlieferant. Darüber hinaus hat der Controller es in der Praxis meist schwer sich durchzusetzen. Dies wird durch die üblicherweise vorhandene geringe Personal- und Ressourcenverantwortung noch verstärkt (vgl. Baus 1996, S. 20).

Der Controller in einer Stabsstelle kann selber keine Entscheidungen fällen. Diese Aufgabe nimmt in diesem Fall nach wie vor die Geschäftsleitung wahr. Dadurch kann das Controlling leicht in den Ruf eines „Wachhunds" geraten. Bei der Installation des Controlling als Stabsstelle sollte der Controller allen Vorstandsmitgliedern unterstellt werden. Die Zuordnung bei einem Vorstand bedingt, wegen der fehlenden Ressortneutralität, das Risiko, „dass der Controller zum ‚Büttel' eines Vorstandsmitgliedes gegen andere Vorstandskollegen wird" (vgl. Preißler 1998, S. 51).

Darüber hinaus sind im Controlling auch typische Linienaufgaben (z. B. die Betreuung der gesamten periodenbezogenen Planung und Steuerung) wahrzunehmen, die eine Einordnung in der **Linie** (siehe Abbildung 9) als selbstständiger Funktionsbereich angemessen erscheinen lassen. Insgesamt trägt der Controller durch die aktive Mitarbeit bei der Aufstellung der Ziele und Pläne (Beratungsfunktion) sowie bei deren Durchsetzung (Steuerungs- und Kontrollfunktion) eine große Verantwortung für die Entwicklung eines Unternehmens. Dadurch kann der Einfluss des Controllers auf Entscheidungen so groß werden, dass er eine echte Machtposition in der Hierarchie erringt.

Abb. 9: Controlling als Linienfunktion

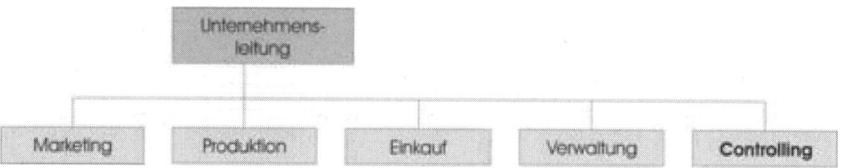

Die Einordnung des Controlling in die Linie bedeutet oftmals eine Verbindung mit dem kaufmännischen Bereich eines Unternehmens. Als **Nachteil** ist die unklare Situation des Controlling des kaufmännischen Bereichs zu betrachten. Hier entsteht die Frage: Wer übernimmt die Aufgabe des Controlling für den kaufmännischen Bereich? Die Kompetenzen des Controllers werden in der Linie neben

- der Information,
- Entscheidungsvorbereitung und
- Kontrolle
- um Entscheidungen sowie
- Anordnungen erweitert.

3.2 Zentral und dezentral

Da im Controlling auch System- und Verfahrensaufgaben (z. B. Handlungsanweisungen, Planungshandbücher) zu klären sind, kann es in einer **Zentralabteilung** organisiert werden. Die Einrichtung eines zentralen Controlling bedeutet die Übernahme des vollen Controlling-Aufgabenumfanges in einem Bereich, der die Empfänger bei der Planung und Steuerung unterstützt. Der Aufgabenumfang kann umfassen:

- Planung,
- Budgetierung,
- Berichtswesen,
- Frühwarnung,
- Budgetkontrollen,
- Spezialanalysen,
- Sonderuntersuchungen.

Bei der Existenz eines **zentralen und** eines **dezentralen Controlling** (siehe Abbildung 10) sind die Kompetenzen hinsichtlich der Entscheidungen und Anordnungen im Zentralcontrolling zumeist auf System- und Verfahrensfragen sowie besondere Mitentscheidungsrechte bei bestimmten Sachfragen begrenzt.

Abb. 10: Zentrales und dezentrales Controlling

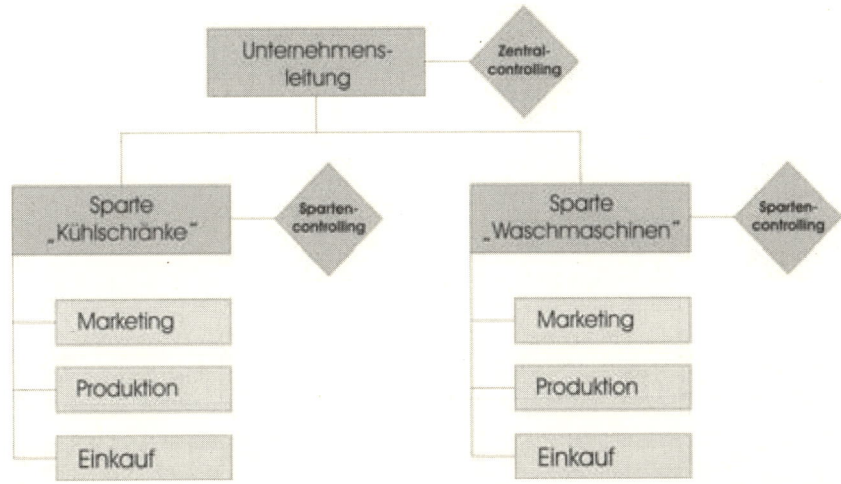

Bei einer Dezentralisierung des Controlling legt es sich quasi wie ein Netz über die Aufbauorganisation, um sie zielorientiert mit Informationen zu versorgen. Diese Daten fließen an den Knotenpunkten – den Controllingstellen – zusammen (vgl. auch Punkt 2.3.2). Ähnlich schildert Hahn: „Das dezentrale Controllingsystem, das sich wie ein zielorientiertes Nerven- bzw. Regelkreissystem durch die Unternehmung ziehen kann, dient der Aktivierung betriebswirtschaftlichen Denkens" (vgl. Hahn 1993, S. 160).

Die Einrichtung eines **dezentralen Controlling** bedeutet die Übernahme der Controlling-Aufgaben auf
• Funktionsbereichs-,
• Werks-,
• Sparten- oder
• Geschäftsfeldebene.
Bei der Dezentralisierung des Controlling bleibt das Zentralcontrolling in der Regel erhalten. Es übernimmt zumeist einen Rahmen setzende (z. B. die Herausgabe eines Planungshandbuches mit entsprechenden Richtlinien), koordinierende (beispielsweise die Zusammenführung der Pläne der verschiedenen dezentralen Einheiten) und strategische (z. B. das Erstellen von Gesamtunternehmensplänen und Portfolios) Aufgaben. „Da die controllingrelevanten Informationen vorwiegend in den Linienabteilungen der Unternehmung entstehen und nach spezifischer Aufbereitung zum Teil auch gerade dort für Entscheidungsvorbereitungen benötigt werden, besteht eine Tendenz zum kombiniert zentralen und dezentralen Controlling" (vgl. Hahn 1993a, S. 674).

Als Kernproblem existiert die **Unklarheit der Unterstellungs- und Weisungs-verhältnisse**. Als Lösungsansatz für dieses Problem existiert das sogenannte **„dotted-line-Prinzip"** (gestrichelte Linie). Es sieht eine Trennung der fachlichen und disziplinarischen Unterstellung vor. Danach kann eine fachliche Einordnung eines dezentral angesiedelten Controllers unter das Zentralcontrolling und eine personell-disziplinarische Unterstellung z. B. bei der entsprechenden Spartenleitung vorgesehen werden.

3.3 Implementierung

Eine genaue Planung der Einführung ist eine wesentliche Voraussetzung für ein erfolgreiches Controlling. Die Ablauforganisation der Implementierung kann nach dem im Management von Projekten erfolgreich erprobten Schritten (siehe Abbildung 11) vollzogen werden:

Da das Controlling neben der entsprechenden Organisation und den Methoden auch eine Einstellungs- und Verhaltensänderung der Mitarbeiter (z. B. von der Kooperationsbereitschaft über das Denken in Kosten/Nutzen-Kategorien bis hin zur Bereitschaft des Denkens in Verantwortlichkeiten) erfordert, sind bei der Implementierung folgenden Maßgaben bzw. **„Leitsätze"** zu berücksichtigen:

- Controlling ist keine „Wunderwaffe" bzw. kein „Allheilmittel" gegen alle Unternehmensprobleme.
- Controlling sollte nur eingeführt werden, wenn man von seinem Nutzen überzeugt ist und die Geschäftsleitung hinter der Idee steht.
- Controlling muss soziale und psychologische Aspekte bei den betroffenen Mitarbeitern berücksichtigen.
- Die Einführung des Controlling erzeugt in der Regel Widerstand bei den Mitarbeitern der Organisation.
- Die Eigenverantwortung der Funktionsbereiche soll durch das Controlling nicht eingeschränkt werden.
- Controlling kann nur mit und nicht gegen die Funktionsbereiche und Fachabteilungen eingeführt werden.
- Controlling ist stets ein „Maßanzug" für die Unternehmensorganisation. Es gibt kein Controlling von der „Stange".
- Controlling erfordert einen entsprechenden Führungsstil; d. h. das Management by Objectives und by Delegation (vgl. Preißler 1998, S. 71 f.).

Abb. 11: Phasen der Einführung des Controlling

1. Phase: Vorbereitung
- Bildung des Projektteams.
- Entwicklung des
  - Zeit-,
  - Kapazitäts- und
  - Kostenplanes
  für die Folgeschritte des Projektes.
- Präsentation, Diskussion und Verabschiedung des Projektes (Meilenstein).

2. Phase: Istaufnahme
- Aufnahme der vorhandenen, controllingfähigen Strukturen, Abteilungen und Mitarbeiter und Instrumente.
- Schwachstellenanalyse.
- Präsentation der Ergebnisse (Meilenstein).

3. Phase: Sollkonzept
- Entwicklung des Vorgehenskataloges und des Konzeptes (evtl. differenziert nach Grob- und Feinkonzept) mit den Inhaltsblöcken
  - Ziele,
  - Planung,
  - Steuerung,
  - Berichtswesen,
  - Organisation und
  - Datenverarbeitungsunterstützung.
- Präsentation der Ergebnisse (Meilenstein).
- Verabschiedung der künftigen Controlling-Strukturen.

4. Phase: Realisierung und Schulung
- Gestaltung des konzeptionsgerechten Sollzustandes.
- Schaffung der materiellen Voraussetzungen.
- Schulung und Motivation der Mitarbeiter.

5. Phase: Nachbereitung
- Laufende Verbesserung des Controlling.
- Regelmäßige Audits mit der Überprüfung des Zustandes des Controlling im Unternehmen.

3.4 Anforderungsprofil

Etwas burschikos ausgedrückt, sollte ein Controller folgendem Idealprofil ent-
sprechen: „Ein guter Controller ist eine eierlegende Wollmilchsau!" Bei einem
Anforderungsprofil an einen Controller stehen fachliche und persönliche Eigenschaften im Mittelpunkt. In der Regel wird er eine **betriebswirtschaftliche Ausbildung** besitzen. Dies muss aber keineswegs zwangsläufig der Fall sein. In bestimmten Branchen kommt es durchaus zu anderen Lösungen. In der Chemie
beispielsweise werden oft ausgebildete Chemiker als Controller eingesetzt. Im
Maschinen- und Anlagenbau gilt das gleiche für Ingenieure. Als Begründung für
diese Vorgehensweise ist zu hören, dass es in beiden Branchen insbesondere auf
eine genaue Kenntnis der jeweiligen Produktionsprozesse ankommt. Das Control-
ling-Personal erhält dann zumeist durch entsprechende Seminare eine betriebswirtschaftliche Zusatzausbildung.

Bei fortschreitender Dezentralisierung des Controlling muss der Controller die
persönliche Nähe zu den Managern der Bereiche suchen, die er unterstützen
soll. Ein gewisses „Sendungsbewusstsein" und der Drang sich einzumischen ist
dabei oftmals von Nöten. Das langwierige Arbeiten im „stillen Kämmerlein", um
richtige Daten zu erzeugen, gehört wegen des aus den Umwelt- und Marktveränderungen resultierenden hohen Anpassungsdruckes, dem viele Branchen unterliegen, endgültig der Vergangenheit an.

Der ökonomische Ratschlag ist vor Ort, bei den Entscheidern – und das schnell –
erforderlich. Die Schnelligkeit, mit der Informationen benötigt werden, beeinflusst auch die Arbeitsweise im Controlling. Ein noch stark von den Genauigkeits-
bedürfnissen der Buchhaltung geprägtes Verhalten ist nicht mehr zeitgemäß. Da
nach dem Pareto-Prinzip 80% der Arbeitsergebnisse in 20% der Zeit erbracht
werden, gilt heutzutage **„Schnelligkeit vor Genauigkeit"**.

Da der Controller als ökonomischer Souffleur agiert, sind folgende **persönliche
Eigenschaften** im Controlling hilfreich:
- Sachlichkeit,
- Verantwortungsbewusstsein,
- Konfliktfähigkeit,
- Durchsetzungsvermögen,
- Fähigkeit zur Teamarbeit,
- Verhandlungsgeschick,
- Kontaktfähigkeit,
- Kooperationsfähigkeit,
- Unbefangenheit,
- geistige Beweglichkeit und
- planerisch-analytische Denkfähigkeit.

Als Schwerpunkte der **fachlichen Qualifikation** kommen die Kenntnis betriebs-
wirtschaftlicher Instrumente und Vorgehensweisen für folgende Gebiete in Be-
tracht:
- Kosten-, Leistungs-, Erlös- und Deckungsbeitragsrechnung,
- Investitions- und Wirtschaftlichkeitsrechnung,
- Unternehmensplanung,
- Finanz- und Rechnungswesen,
- Organisation und
- Datenverarbeitung (SAP R/3 bzw. allgemeine Tabellenkalkulation).

Ergänzend können hinzu treten:
- Fortbildung durch Controlling-Seminare,
- Englisch- und sonstige Fremdsprachenkenntnisse,
- Moderatoren- und Präsentationsausbildung.

Die Anforderungen an das Berufsbild des Controllers werden in der Literatur ver-
schiedentlich in Form sogenannter **Musterstellenbeschreibungen** festgelegt
(vgl. hierzu beispielsweise Baus 1996, S. 24 ff.; Peemöller 1997, S. 70; Preißler
1998, S. 60 ff.; Czenskowsky/Piontek 2007, S. 71 ff.). Auf Grund seiner Kenntnisse ist der Controller in der Lage, betriebswirtschaftliche Zusammenhänge zu
erkennen, diese zu analysieren und auftretende Probleme durch systematisch und
methodisch-konzeptionell eingeführte Planungs-, Kontroll- und Steuerungssysteme zu lösen (vgl. Preißler 1998, S. 37 ff.; Vollmuth 1994b, S. 20 f.).

3.5 Empirische Situation

Die **Arbeitsmarktsituation** für Controller im weitesten Sinne ist **seit Jahren gut**.
Hinsichtlich der Ausbildung verlangen die meisten Stellenanbieter von den zukünftigen Mitarbeitern im Controlling einen akademischen Abschluss (Studium).
D.h. es werden für das Controlling und angrenzende Bereiche (z.B. Interne Revision, Treasurer, Finanz- und Rechnungswesen) zumindest bei Neueinstellungen
bevorzugt Akademiker gesucht (vgl. Peemöller 1997, S. 67).

Controller sind in den Unternehmen fest verankert, die Zeit der großen Unsicherheit bezüglich Aufgaben und Bedeutung ist mittlerweile in den meisten Betrieben
nicht mehr vorhanden. Allerdings ändern sich immer wieder die Anforderungen
und Tätigkeitsfelder der Controller. Dies kommt auch in der neuerdings in großen
Firmen installierten „Biltroller"-Stellen, eine Verknüpfung der Begriffe Bilanz
und Controlling, zum Ausdruck. Der Trend geht dahin, die bisher oft weitgehend
getrennten Rechenwerke (z.B. internes und externes Rechnungswesen) zusammenzuführen. Dabei muss sich das interne Rechnungswesen stärker den unterneh-
mensexternen Anforderungen der Finanzmärkte unterwerfen.

Allerdings muss bei betriebswirtschaftlichen Entscheidungen – und das lehrt uns
nicht zuletzt die weltweite Finanz- und Wirtschaftskrise des Jahres 2009 – bei Zu-

grundelegung von Daten des externen Rechnungswesens stets kritisch hinterfragt werden, ob sie mit „bilanziellen Verzerrungen" (z. B. Ausweis nicht realisierter Gewinne im Falle der IFRS-Anwendung) behaftet sind. Außerdem sind Controller stets angehalten, die aus dem internen Rechnungswesen bekannten **Opportunitätskosten** in adäquater Weise zu berücksichtigen, um Fehlentscheidungen nach Möglichkeit zu vermeiden.

Der Controller der Zukunft muss nicht nur mit **harten Fakten** (z. B. Kosten, Gewinne), sondern auch zusehends mit **weichen Faktoren** (z. B. Kunden- und Mitarbeiterzufriedenheit) umgehen können (vgl. Eschbach 2000, S. K 1; Mersch 2000, S. K 2). Grundsätzlich sollte aber bedacht werden, dass weiche Informationen und auch harte Zahlen gleichermaßen eine motivierende Wirkung auslösen können. Üblicherweise führt das Controlling zu höherer Leistung, solange nicht Druck auf die Mitarbeiter, sondern Transparenz des Unternehmensgeschehens im Vordergrund steht (vgl. Joppe 2000, S. K 4).

Auf Grund der Tatsache, dass gerade im Bereich Controlling Personen mit hohem Managementpotenzial angesprochen und gesucht werden, sind auch die **Verdienstaussichten**, wie Abbildung 12 zeigt, als gut bis sehr gut zu bezeichnen. Studien über die Vergütung von Controlling-Mitarbeitern belegen deutliche branchen- und länderspezifische Unterschiede, was das Grund- und Zielgehalt (plus Bonus, Provision etc.) angeht (vgl. Hofferberth 9/10 2009, S. 92 f.).

Abb. 12: Durchschnittliche Jahresgesamtbezüge* (ca.) eines Controllers

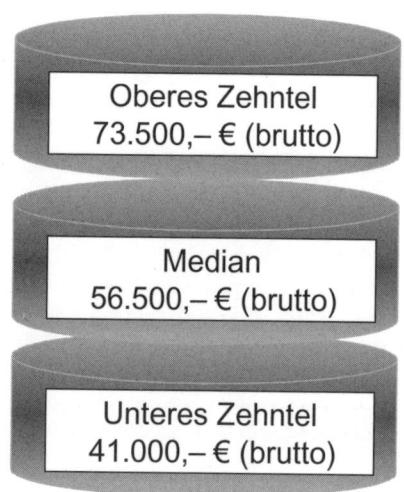

Oberes Zehntel
73.500,– € (brutto)

Median
56.500,– € (brutto)

Unteres Zehntel
41.000,– € (brutto)

*Jahresgesamtbezüge inkl. Bonus & Provision   Quelle: vgl. Watson Wyatt

Werden die Stellenangebote für Führungskräfte und Akademiker in 35 Zeitungen zugrundegelegt, so haben sich von 1997 bis 1999 die Stellenangebote für Controller (von 4.138 auf 8.045 Stellen) fast verdoppelt. Das ist der absolute Höchststand seit Beginn der Analyse vor fast zwanzig Jahren (vgl. Handelsblatt 11./ 12.02.2000, S. K 1). Controller sind weiterhin in allen Branchen gefragt. Auch nach 2010 werden Unternehmen stark in qualifizierte Fach- und Führungskräfte investieren, nicht zuletzt im Controlling.

Aber auch für den „Beruf" Controller, wie für jeden anderen auch, ist die Frage zu stellen, ob er noch seine Aufgabe erfüllt. Daraus leitet sich dann auch die Fragestellung nach ihrer Existenzberechtigung und beruflichen Zukunft ab. „Controller sollten Dienstleister des Unternehmensmanagement in betriebswirtschaftlichen Fragen sein" (vgl. Weber 2000, S. K 4). Einerseits sehen sich die Controller einem Zangenangriff ausgesetzt: „Neue Software macht viele Jobs überflüssig und interne Konkurrenten beginnen, ihnen mögliche Ausweichfelder streitig zu machen. Andererseits können sich die Controller im Mittelstand sowie durch eine Neudefinition ihrer Aufgaben neue Arbeitsmärkte erschließen (vgl. Eschbach 2000, S. K 1).

Controlling ist und bleibt einer der schillerndsten betriebswirtschaftlichen Teildisziplinen. **Den** Controller gibt es nicht. Was die Schwerpunkte und Inhalte einer Ausbildung zum Controller sein sollten, lässt sich mehr oder weniger den mittlerweile zahlreich erschienenen Büchern zum Controlling entnehmen (vgl. z. B. Veröffentlichungsreihe von Deyhle sowie die Lehrbücher von Horvath 2009, Jung 2007, Küpper 2008, Reichmann 2006, Steinle/Daum 2007, Ziegenbein 2007). Tatsache ist, dass die Arbeitsfelder und Aufgaben eines Controllers in der Wirtschaftspraxis sehr weit streuen (vgl. Weber 2009, Weber 2008).

3.6 Controlling in Abhängigkeit von Branche und Unternehmensgröße

Unternehmerische Intuition ist nützlich, reicht i.d.R. aber nicht aus, konjunkturelle und strukturelle Anpassungsprozesse objektiv zu beurteilen. Nicht Reagieren, sondern Agieren lautet das Motto der Unternehmenssteuerung und -sicherung. Eine erhöhte Entscheidungsbereitschaft und -fähigkeit ist gefragt, und zwar nicht nur für Großbetriebe, sondern auch für **kleinere und mittlere Unternehmen** (KMU). Anpassungs- und Koordinierungsprobleme, u. a. hervorgerufen durch beschleunigten Strukturwandel und sich ständig verändernde Umweltbedingungen, verzeichnen Unternehmen jeder Größenordnung. Der Einsatz des Controlling hängt daher grundsätzlich nicht von einer bestimmten Unternehmensgröße ab (vgl. Preißler 1998, S. 55 ff.).

Auch in KMU müssen Entscheidungsprozesse ermittelt, dokumentiert, geplant, gesteuert und kontrolliert werden, wofür entsprechende Informationen erforderlich sind. Oder anders ausgedrückt: Auch Kleingewerbetreibende (siehe Abbildung 13) können und werden teilweise Controlling anwenden, ohne es als solches allerdings zu bezeichnen oder zu erkennen, wie dies Preißler (1998, S. 56) am Beispiel eines Eisverkäufers, aufzeigt.

Abb. 13: Controllerfunktionen am Beispiel eines Kleingewerbetreibenden

Vorgang	Angesprochene Controllerfunktion
• Er könnte sich zum Ziel setzen, in einer Saison 10.000 Einheiten Eis zu 1 € zu verkaufen.	Zielsetzung
• Um einen Zielgewinn von 50.000 € zu erreichen, versucht er, einen Lieferanten für 50 Cent je Eiseinheit zu finden.	Planungs- und Vorgabefunktion, Kostenrechnung, Beschaffungsfunktion
• Er überlegt, wo er diese Absatzmenge verkaufen kann und findet einen Strandabschnitt mit einem Schullandheim besonders erfolgsversprechend.	Planung des Absatzweges und Absatzgebietes
• Er muss erkennen, dass die geplante Tagesmenge nicht absetzbar ist, da die Kaufkraft der Kinder nicht ausreicht.	Soll-Ist-Vergleich, Abweichungsanalyse, Potenzialüberprüfung
• Er erweitert deshalb sein Absatzgebiet auch auf andere Abnehmergruppen und -gebiete.	Korrekturentscheidung, potenzielle Zielgruppenanalyse
• Jeden Abend überprüft er nun besonders kritisch die Ergebnisse.	Kontrollfunktion
• Aufgrund der sich bald verbesserten Absatzlage stellt er sich die Frage, ob er nicht einen größeren Wagen kaufen sollte, mit dem er auch Getränke anliefern kann.	Wirtschaftslichkeits- und Investitionrechnung, Diversifikationsüberlegung
• Er spricht gelegentlich mit einem befreundeten Eisverkäufer über dessen Geschäftsgang.	Betriebsvergleich, Konkurrenzanalyse

Anhand dieses bewusst einfachen Beispiels wird klar, dass zwar Controlling keine Mindestbetriebsgröße verlangt, aber die **Betriebsgröße** bei der **Einrichtung einer Stelle** für diese Funktion **berücksichtigt** werden muss. Dies gilt vor allem dann, wenn die Frage erörtert wird, ob sich das Unternehmen eine Controllingstelle leisten kann. Häufig ist jedoch die Einrichtung eigener Controllerstellen in KMU nicht zu bewerkstelligen. „Gründe hierfür sind z. B.:
- hohes Entgelt, das für eine fachlich qualifizierte Kraft aufzubringen ist,
- relativ geringer Aufgabenumfang, der eine Controllerstelle nicht ausfüllt,
- Delegation von Controllingaufgaben auf nicht genügend qualifizierte Mitarbeiter" (Bundesverband Deutscher Unternehmensberater (BDU) 2000, S. 39).

Empirische Ergebnisse (siehe Abbildung 14) weisen darauf hin, dass Unternehmen mit einer Größenordnung **bis 300 Mitarbeiter** tendenziell eher auf ein **externes Controlling** (z. B. Steuerberater, Wirtschaftsberater) zugreifen, Unternehmen zwischen 300 und 1.000 Mitarbeitern sich extern und/oder intern orientieren und Unternehmen **über 1.000 Mitarbeiter** grundsätzlich ein **eigenes Controlling** installieren (vgl. Hummel 1995). In einer Veröffentlichung, herausgegeben vom BDU e.V., erfolgt die Grenzziehung bei 400 Mitarbeitern und der Aussage: „Obwohl ab einer Unternehmensgröße von 400 Mitarbeitern das operative Controlling in der Regel intern abgewickelt wird, gibt es den Trend, externes Controlling in den Unternehmen in Form von Zeitmanagement zu integrieren" (BDU 2000, S. 39). Controlling, unabhängig ob im Unternehmen installiert oder nur von außen zugekauft, sollte prinzipiell die Vergangenheit, Gegenwart und Zukunft eines Unternehmens im Blickfeld haben.

Abb. 14: Internes und externes Controlling in Abhängigkeit von der Unternehmensgröße

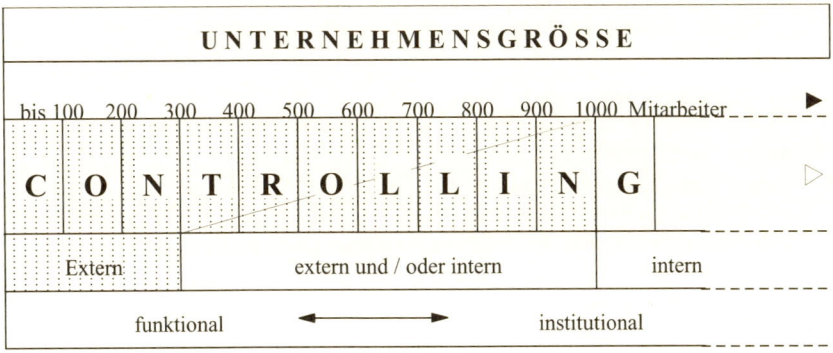

Für die Umfeld- und Unternehmensanalyse steht prinzipiell eine Vielzahl von Instrumenten zur Verfügung. Diese können nach unterschiedlichen Kriterien systematisiert werden, was allerdings Gegenstand des nachfolgenden Kapitels 4 ist. Führungs- bzw. Controlling-Instrumente müssen nach Auffassung einiger Autoren (z. B. Bussiek 1994; Mugler 1993) auf die Größe des Unternehmens abgestimmt werden. „Für Kleinbetriebe genügt oft noch das Steuerruder in der Hand des Seemanns und der direkte Blick auf das Wasser der Umgebung. Für Großbetriebe ist eine Vielzahl von Instrumenten notwendig, wie Radar und Funkkontakt. Mittelbetriebe liegen dazwischen" (Bussiek 1994, 167).

Nach Bussiek (1994, S. 167 ff.) sind folgende **Instrumente für KMU** notwendig oder geeignet:
- Buchführung,
- Kostenrechnung,
- kurzfristige Erfolgsrechnung,
- Plankostenrechnung,

- Deckungsbeitragsrechnung,
- Target Costing (Methode der Zielkostenbestimmung),
- Erfolgsrechnung,
- Break-Even-Analyse,
- quantitative Kennzahlenanalyse,
- Profildarstellungen,
- Nutzwertanalyse,
- ABC-Analyse,
- Wertanalyse,
- Produktlebenszyklus,
- Erfahrungskurve,
- Portfolio-Analyse,
- Szenariotechnik und
- außerdem die quantitativen und qualitativen Prognoseinstrumente.

Obwohl die Bedeutung und Notwendigkeit der operativen und vor allem strategischen Unternehmensplanung von einer wachsenden Anzahl von Unternehmen erkannt wird, ist die Verbreitung einer entsprechenden Planung sowie der Einsatz dafür erforderlicher Instrumente bei KMU nicht sehr ausgeprägt. Hierfür sind recht unterschiedliche Gründe verantwortlich. Wesentliche Gründe sind:
- Beharren im operativ-kurzfristigen (Gewinn-)Denken durch den Unternehmer.
- Kaum vorhandene akademisch gebildete Mitarbeiter.
- Nicht ausreichende Methodenkenntnis.

Es gibt einerseits Instrumente, die eher für spezielle Zwecke (z. B. Investitionsrechnungen) geeignet sind, und andererseits solche, die universell einsetzbar sind. Als universell einsetzbare Methoden können z. B. die ABC und die Stärken-Schwächen-Analyse angeführt werden. Instrumente wie die ABC- und Stärken-Schwächen-Analyse sind prinzipiell für alle Funktionsbereiche nutzbar und sind sowohl in Groß- als auch KMU grundsätzlich einsetzbar. Selbstverständlich muss im Hinblick auf den Einsatz bestimmter Instrumente vom Unternehmen geprüft werden, ob das Kosten-Nutzen- bzw. Kosten-Erlös-Verhältnis einen Einsatz rechtfertigt.

Fragen zum Kapitel 3:

1. Welche Vorteile sind mit dem Controlling als Stabsstelle verbunden?
2. Welche Aufgaben werden in der Regel dem Controlling zugeordnet?
3. In welchen Schritten kann ein Controlling eingeführt werden?
4. Wie sehen die persönlichen Eigenschaften des Controllers aus?
5. Was sagt Ihnen der Begriff „Biltroller"?
6. Diskutieren Sie den Aspekt, inwieweit die Installierung einer Controllingstelle abhängig von der Unternehmensgröße ist.
7. Auf welche Controlling-Instrumente sollten auch KMU auf keinen Fall verzichten?
8. Was besagt das „dotted-line-Prinzip"?

4. Controlling-Instrumente und Handlungsebenen

Die Kernfrage dieses vierten Abschnitts heißt: „**Welchen Fundus an Instrumenten stellt das Controlling für die strategische und operative Entscheidungsebene bereit?**"

Lernziele:
* Nach Bearbeitung dieses Kapitels überblicken Sie die Zwecke und den Stellenwert von Controlling-Instrumenten.
* Sie kennen die wesentlichsten Controlling-Instrumente und ihre Anwendungsbezüge.
* Eine Einordnung der Instrumente in den Kontext strategischer und operativer Entscheidungsabläufe ist Ihnen möglich.

Die zentrale Aufgabe der Unternehmensführung lautet: Erfolgsfaktoren und -potenziale des Unternehmens müssen erkannt, aufgebaut und zur Sicherung des wirtschaftlichen Erfolgs aktiviert werden. Für diese Aufgaben ist es erforderlich, die Umwelt und das Unternehmen mit Hilfe von geeigneten Instrumenten zu analysieren. Um Unternehmenssicherung bzw. Gewinnsteuerung zu betreiben, kann der Controller prinzipiell auf **zahlreiche Verfahren** zurückgreifen und diese **je nach Bedarf einsetzen**. Die zentrale Grundlage für viele Instrumente bildet hauptsächlich, aber nicht nur, das betriebliche Rechnungswesen. Mit der Erweiterung des Rechnungswesens – zunächst geprägt durch die Dokumentations- und Kontrollfunktion – um die Planungs- und Prognosefunktion einerseits und die Einbeziehung von Informationen der gesamten Umwelt des Unternehmens andererseits ist sowohl das Aufgabenfeld als auch der Instrumentenkasten des Controllers gewachsen. Dies Gedankengut kommt auf der strategischen und der taktisch-operativen Controllingebene zum Tragen.

4.1 Zweck und Stellenwert des Einsatzes von Controlling-Instrumenten

Auch wenn – verständlicherweise – die Meinungen über die Effizienz von Führungsinstrumenten auseinandergehen, besteht in Wissenschaft und Wirtschaft Einigkeit darüber, dass derjenige, der besser und schneller informiert ist und über optimale Führungsinstrumente verfügt, **im wirtschaftlichen Wettbewerb die größeren Chancen hat**. Denn es ist wohl unbestritten, dass ein reibungsloser Informationsfluss und z. B. ein aussagefähiges Kennzahlen- bzw. Berichtssystem die Voraussetzung für rationale Entscheidungen schafft und Ansatzpunkte für notwendige, detailliertere Analysen liefert, wozu das Controlling mit dem gesamten ihm zur Verfügung stehenden Instrumentarium maßgeblich beiträgt. Allerdings darf nicht in den Fehler verfallen werden, strategische Planung und Controlling für eine Art Erfolgsgarantie zu halten.

„Der Controller muss ein permanenter Innovationsmotor in betriebswirtschaftlicher Sicht sein. Nur ein ständiges Infragestellen angewandter Methoden und Verfahren in allen Unternehmensbereichen mit dem Ziel, die Rentabilität, Wirtschaftlichkeit und Kosten-Nutzen-Relation zu verbessern, ist ein Garant für erfolgreiches Controlling" (Preißler 1994, S. 84). Das strategische Controlling kann bzw. sollte so weit gehen, dass es dem Anspruch eines Frühwarnsystems gerecht wird, um Unternehmenskrisen möglichst zu verhindern. Mit dem Einsatz z. B. der Gap- (strategische Lücke), Portfolio- und der Konkurrenzanalyse usw. können durchaus aussagefähige Frühwarnsysteme installiert werden (vgl. Preißler 1994, S. 77 ff.).

Eine zu detaillierte Betrachtung einzelner Instrumente würde mehrere Seiten füllen (vgl. hierzu z. B. Zdrowomyslaw/Dürig 1999, S. 333 ff.; Hammer 1991, S. 88 ff.). Angesichts dieser Tatsache werden im Folgenden die in der Literatur vorgenommen und denkbaren Systematisierungsmöglichkeiten vorgestellt.

4.2 Systematisierungsmöglichkeiten von Instrumenten

In Büchern zur Allgemeinen Betriebswirtschaftslehre, zum Management und in funktionsorientierten Werken zur Unternehmensplanung, zum Marketing oder zum Controlling sowie sonstigen Veröffentlichungen werden Modelle, Systeme, Konzepte, Werkzeuge, Techniken, Methoden, Verfahren und Instrumente diskutiert, die zur Unterstützung der Unternehmensführung herangezogen werden können.

Die Management- bzw. Controlling-Instrumente, die in Unternehmen zum Einsatz kommen können, sind zahlreich, dienen unterschiedlichen Zwecken und sind auch methodisch sehr unterschiedlich konzipiert. „Einzelne Techniken sind ausgesprochen einfach, andere wiederum sehr komplex, d. h. sie stellen ein Konglomerat von verschiedenen einfacheren Techniken dar. Techniken wie das PIMS-Programm und die Erfahrungskurvenanalyse sind zunächst Ergebnisse empirischer Studien, die Aussagen mit gesetzesähnlichem Charakter enthalten. Sie unterscheiden sich grundsätzlich von einer Technik wie der Wertkettenanalyse, die lediglich einen Formalismus, eine Methode bereitstellt" (Bea/Haas 1997, S. 53).

Unter anderem auf Grund ihrer unterschiedlichen Anwendungsmöglichkeiten und Betrachtungsebenen können betriebswirtschaftliche Instrumente nach verschiedenen Kriterien systematisiert werden, wobei es eine **Vielzahl möglicher Ordnungsgesichtspunkte** für eine Klassifikation in Frage kommen. Eine allgemeingültige Klassifikation lässt sich demzufolge nicht vornehmen. Denkbar ist eine Einteilung der Management- bzw. Controlling-Instrumente
* nach der **Vorgehensweise bei der Aufbereitung**: Berechnungen, Schätzungen und Indikatorenquantifizierungen

- nach dem **gesteuerten Formalziel**: Ertragssteuerungs- und Liquiditätssteuerungsinstrumente
- nach der **Art der Problemlösung**: Entwicklungs-, Konsolidierungs-, Marktentwicklungs-, Wirtschaftlichkeitsprobleme, zur Krisenbewältigung und für die kontinuierliche Unternehmenssteuerung
- nach dem **Anwendungsbereich**: zum Erkennen von Sachverhalten (Analyseinstrumente), zum Beurteilen von Handlungsalternativen (Entscheidungsinstrumente), zur Darstellung (Statistiken und Berichte aller Art), zur Formulierung von Sachverhalten und für die Beurteilung an Hand von Maßstäben (Formalisierungen, Budgets, Kennzahlen), zur Kontrolle (Betriebsdatenerfassung, Soll-Ist-Analysen), zur Verständniskontrolle (Kontrolle der innewohnenden Absicht), zum Überzeugen und Motivieren, gegebenenfalls auch zum Schockieren und zur Begleitung von Strategien (vgl. Hofmeister 1993, S. 66ff.)
- nach dem **Beitrag der jeweiligen Planungstechniken** zur Zielbildung, Umweltanalyse, Unternehmensanalyse, Strategieauswahl und Strategieimplementierung (vgl. Bea/Haas 1997, S. 53)
- nach der Eignung und den **Erfordernissen** bei Berücksichtigung **der Unternehmensgröße**: Großunternehmen und KMU
- nach den generellen **Phasen des (Unternehmens-)Planungsprozesses**: Zielbildung, Problemanalyse, Alternativsuche, Prognose, Bewertung, Entscheidung, Durchsetzung, Realisation und Abweichungsanalyse (vgl. Hammer 1991, S. 87ff.)
- nach den **Techniken des Organisierens**: Ideenfindungs- (Kreativitäts-)techniken (z. B. Brainstorming, Delphi, Szenario, Betriebsvergleich, Vorschlagswesen), Bewertungs- und Entscheidungstechniken (z. B. Verbaler Vergleich, Punktbewertung und Nutzwertanalyse, Wirtschaftlichkeitsrechnung, Simulation, Optimierungsrechnungen wie Netzpläne u. a.), Überzeugungs- und Durchsetzungstechniken (z. B. Anleitung/Unterweisung, Präsentation/Moderation, Motivation, Partizipation, Gesprächsführungstechniken), Erhebungstechniken (z. B. Befragung, Beobachtung, Dokumentenanalyse, Selbstaufschreibung, statistische Methoden), Darstellungstechniken (z. B. Text, Vordruck, Schaubild wie Organigramme, Flussdiagramme usw.) und Kontrolltechniken (z. B. Checkliste, Stärken-Schwächen-Profile, Wertanalyse, Betriebsvergleich)
- nach der **Struktur der Steuerung**: strategische, operative und dispositive Instrumente (vgl. Hofmeister 1993, S. 66ff.)

Bei dem Versuch einer Systematisierung können selbstverständlich auch Kriterien in Kombination dargestellt werden. Abbildung 15 zeigt beispielhaft einen Überblick über wichtige Controlling-Instrumente, die sowohl die Zuordnung nach der Struktur der Steuerung (strategisch, operativ und dispositiv) als auch nach den Anwendungsbereichen beinhaltet. Anhand dieser Zusammenstellung wird ersichtlich, dass ein und dasselbe Instrument wie z. B. das Portfolio für unterschiedliche Anwendungsbereiche in Frage kommt (Analyse, Entscheidung, Darstellung).

Abb. 15: Controlling-Instrumente nach Anwendungsbereichen und nach der Struktur der Steuerung

Strukturierung nach dem Anwendungsbereich	nach der Struktur der Steuerung		
	strategisch	operativ	dispositiv
Analyse-Instrumente	Szenario, Portfolio, Strategische Bilanz	Bilanz, Deckungsbeitragsrechnungen, Kostenanalysen, Gemeinkosten-Wert-Analyse	Finanzflussrechnung, Kontostände, Kundenforderungen
Entscheidungs-Instrumente	Szenario, Portfolio, PIMS	Deckungsbeitragsrechnungen, Break-even-Analysen, Investitionsrechnung	Dispositionslisten aller Art
Darstellungs-Instrumente	Portfolio, Szenario-Trichter	grafische Darstellungen, Statistiken	
Beurteilungs-Instrumente	Wettbewerbsfaktoren, PIMS	Kostenrechnung, Deckungsbeitrags-Liquiditäts- und Finanzierungsrechnungen	
Kontroll-Instrumente	Frühindikatoren	Kurzfristige Erfolgsrechnung	
Verständnissicherungs-Instrumente	Unternehmensleitbild, Wettbewerbsfaktoren	Kennzahlen, Auswirkungsrechnungen von Maßnahmen	
Überzeugungs-Instrumente	grafische Ausarbeitungen	Grafiken Daten, die betroffen machen (Liquidität)	
Strategie-Begleit-Instrumente	Sensibilitätsanalysen, Feasibility-Studien, Projektkontrollen		

Auch wenn es grundsätzlich zahlreiche Möglichkeiten der Klassifizierung von Controlling-Instrumenten gibt, wird, wie bereits unter Punkt 2.3.4 erwähnt, in zahlreichen Büchern, die den Werkzeugkasten des Controllers im Blickpunkt haben, in der Regel zwischen Instrumenten unterschieden,

- die einerseits eher für die Beantwortung strategischer und
- andererseits eher für die Beantwortung operativ-taktischer Fragestellungen geeignet erscheinen.

Obwohl in der Literatur – dies gilt auch für dieses Werk – eine eindeutige Grenzziehung zwischen strategischen und operativen Instrumenten nicht durchgeführt werden kann, hat sich diese Einteilung, u. a. auch aus didaktischen und pragmatischen Gründen, durchaus bewährt. Dabei erfolgt die **Zuordnung der Instrumente** zu den strategischen bzw. operativen **nur mehr oder weniger objektiv.** Einige Beispiele mögen dies verdeutlichen:

- So ist die Stärken-Schwächen-Analyse streng genommen eine auf die Gegenwart bezogene Betrachtung. In der strategischen Planung erfordert die Stärken-Schwächen-Analyse allerdings eine langfristige Sichtweise und wird deshalb um Daten, die die zukünftige Situation in der Wettbewerbslandschaft kennzeichnen, angereichert. Deshalb wird sie u. a. üblicherweise den strategischen Instrumenten zugeordnet.
- Sowohl die Verfahren der Wertanalyse als auch das Target Costing oder die Prozesskostenrechnung können prinzipiell sowohl den operativen als auch den strategischen Instrumenten zugeordnet werden. Wir haben uns auf Grund der Tatsache, dass in beiden Fällen eine relativ tiefe Strukturanalyse des Unternehmens zur Anwendung der beiden Techniken erforderlich ist und außerdem „interne" Erfolgspotenziale ermittelt werden, für eine Zuordnung zu den strategischen Instrumenten entschieden (vgl. z. B. Horváth & Partner 2000, S. 204 ff.).
- Die Budgetierung ist eine Planungsvorschau bzw. -rechnung; sie kann sich dabei sowohl auf kurze und mittelfristige (operativ) als auch längerfristige Zeiträume (strategisch) beziehen. Wir behandeln die Budgetierung im Rahmen der operativen Instrumente, da „Budgets" sich überwiegend auf kurze Zeiträume beziehen.

Abbildung 16 zeigt in Anlehnung an Hering/Baumgärtl (2000, S. 193) ausgewählte Instrumente für das strategische und operative Controlling, die in diesem Buch behandelt werden. Das strategische Controlling dient zur langfristigen und dauerhaften Sicherung des Unternehmens. Damit die Möglichkeiten des dauerhaften Erfolgs (Erfolgspotenziale) erkannt und genutzt werden, bedarf es vor allem der Trend-, Markt-, Branchen- und Konkurrentenanalyse sowie der Feststellung der Stärken und Schwächen des eigenen Unternehmens. Das bedeutet, die Unternehmensumwelt und das Unternehmen sind genau unter die Lupe zu nehmen. Das operative Controlling soll Planungen und Entscheidungen unterstützen und somit sicherstellen, dass die festgelegten kurzfristigen Umsatz- und Ertragsziele ständig überwacht, die Abweichungen analysiert und bei Bedarf Korrekturmaßnahmen eingeleitet werden.

4.3 Betrachtungsebenen der Instrumente

Die Zuordnung von Controlling-Instrumenten zu verschiedenen Ebenen des Managements geschieht in der Wirtschaft oft in Anlehnung an Begriffe aus dem militärischen Bereich. Der preußische General Carl von Clausewitz (1780–1831) etwa definierte die beiden Ebenen Strategie und Taktik wie folgt: „Es ist also nach unserer Einteilung die Taktik die Lehre vom Gebrauch der Streitkräfte im Gefecht, die Strategie die Lehre vom Gebrauch der Gefechte zum Zweck des Krieges" (Clausewitz 1973, S. 271 (18. Aufl., 1. Aufl. 1832–1834!)). Im militärischen Bereich liegt zwischen Strategie und Taktik die Operation, die immer etwas mit der Bewegung von Truppen zu tun hat.

Abb. 16: Einige Instrumente für das strategische und operative Controlling

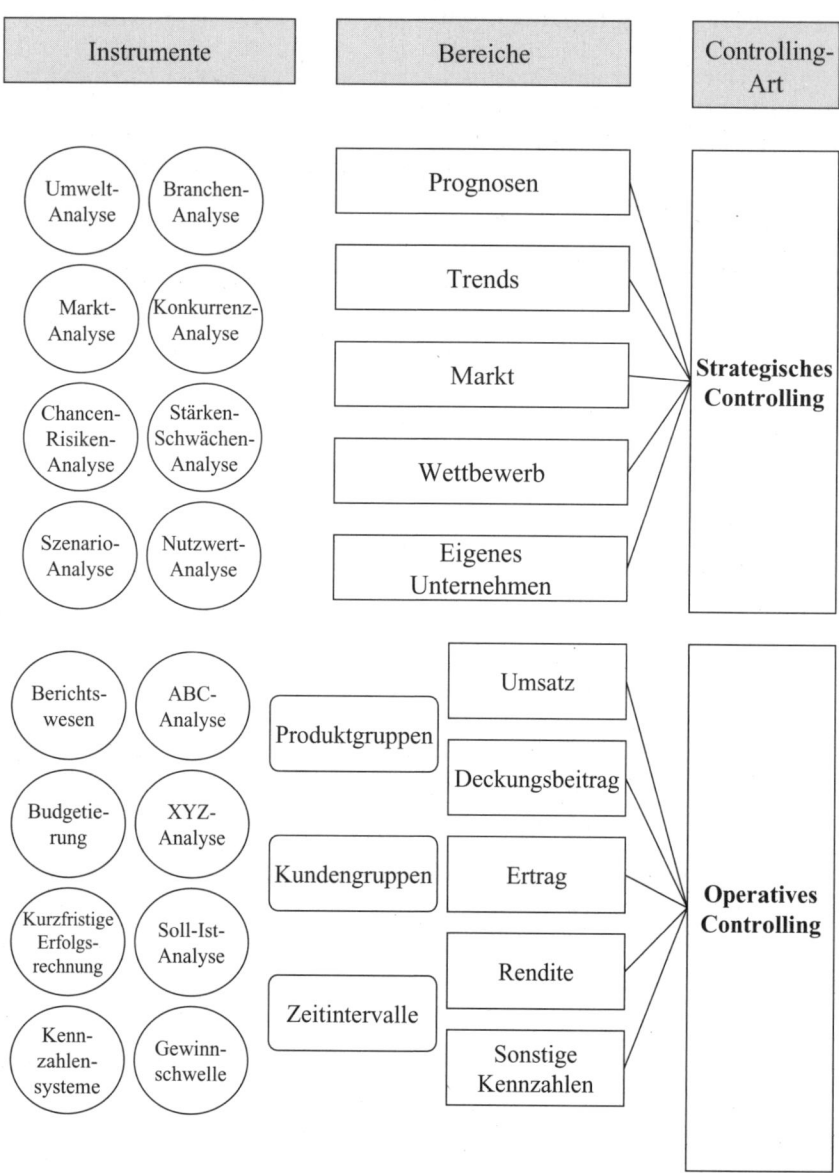

In Theorie und Praxis des Controlling bzw. der Unternehmensplanung wird zumeist auf diese Begriffe zurückgegriffen, um zu verdeutlichen, dass Entscheidungen hinsichtlich ihres „Bedeutungsrahmens" auf unterschiedlichen (Hierarchie-) Ebenen angesiedelt sind. Unstrittig ist, dass die **strategische** auch die **höchste Ebene des Controlling** darstellt (vgl. Peemöller 1999, S. 90 ff.). Demzufolge ist strategische Planung und Steuerung unbedingt „Chefsache". Sie beschäftigt sich mit der Kernfrage **„Machen wir im Unternehmen die richtigen Dinge?" (Let's do the right things)**.

Hinsichtlich der weiteren Zuordnung zwischen den beiden darunter liegenden Ebenen und den Bezeichnungen „operativ" und „taktisch" sind in der neueren Literatur unterschiedliche Auffassungen vorzufinden. Während es Auffassungen gibt, in Anlehnung an Clausewitz die Ebenen in der Reihenfolge strategisch – operativ – taktisch anzuordnen (vgl. z. B. Koch. S. 36 f.), wird von den meisten Autoren die Rangfolge strategisch – taktisch – operativ gewählt. Auf eine Erörterung der Zweckmäßigkeit der ersten bzw. der zweiten Sichtweise soll hier verzichtet werden. Wesentlich ist in jedem Fall, dass die jeweils höhere Ebene den Entscheidungs- und Handlungsrahmen für die nächst niedere Ebene festlegt, wo jedoch die Grenzen zwischen den Ebenen zu ziehen sind, ist einerseits branchen- und unternehmensspezifisch zu bestimmen und andererseits auch eine Zweckmäßigkeits- und Ermessensfrage.

Während in der Planung bezüglich des jeweils zu Grunde liegenden Bedeutungsrahmens von oben genannten drei Ebenen ausgegangen wird, hat sich in Bezug auf das Controlling in der Literatur die Zweiteilung in strategisches und operatives Controlling durchgesetzt. Dabei fließt der Bedeutungsumfang der strategischen Planung in den Begriff des strategischen Controlling ein, während die beiden darunter liegenden Planungsebenen mit ihrem Bedeutungsumfang in der Regel im operativen Controlling aufgehen. Die oben mit Bezug auf das strategische Controlling formulierte Frage könnte beim Übergang zur **operativen Planung und Steuerung** etwa in die Frage **„Machen wir die (auf der strategischen Ebene festgelegten) Dinge richtig?" (Let's do the things right.)** transformiert werden. In der folgenden Abbildung 17 wird eine Gegenüberstellung von strategischem und operativen Controlling vorgenommen (vgl. Baus 1996, S. 31).

Abb. 17: Gegenüberstellung von strategischem und operativem Controlling

Controlling / Merkmale	Strategisches Controlling	Operatives Controlling
Orientierung	Umwelt und Unternehmung: Adaption der Umweltkonstellation	überwiegend Unternehmung: Wirtschaftlichkeit der betrieblichen Prozesse
Planungsstufe	strategische Planung	taktische und operative Planung, Budgetierung
Dimension	Umwelt: Chancen/Risiken Unternehmen: Starken/Schwächen	Ertrag/Aufwand Leistungen/Kosten
Zielinhalte	Existenzsicherung	Rentabilität, Liquidität
Zielgröße	qualitativ: Erfolgspotenzial	quantitativ: Gewinn, Umsatz, Kosten

In Anlehnung an die Einteilung in strategisches und operatives Controlling soll auch die Einteilung der Controlling-Instrumente in solche, die auf der strategischen Ebene und jene, die auf der operativen Ebene angesiedelt sind, vorgenommen werden. Angemerkt sei an dieser Stelle jedoch, dass eine solche Einteilung nicht völlig trennscharf ist: Unter Umständen können Instrumente – je nach Problembezug und spezifischer Anpassung – sowohl auf der operativen als auch auf der strategischen Ebene anwendbar sein (z. B. Instrumente der Budgetierung, Scoringmodelle, Soll-Ist-Vergleiche). Im Folgenden sollen die beiden Betrachtungsebenen des Controlling näher charkterisiert werden.

4.3.1 Charakterisierung der strategischen Ebene

Die strategische Ebene im Controlling wird zunächst meist durch die **Langfristigkeit**, genauer durch mehrjährige Betrachtungen mit offenem Zeithorizont gekennzeichnet. Auf ihr wird über die Planung und Steuerung von **Strategien**, d. h. grundsätzlichen Vorgehensweisen zum **Aufbau von Erfolgspotenzialen (Märkten oder Produkten)** nachgedacht, die einen Beitrag zur langfristigen Existenzsicherung des Unternehmens leisten sollen. Hierbei werden schwerpunktmäßig Informationen aus der Umwelt-, Konkurrenz- und Marktforschung des Unternehmens benutzt.

Betroffen ist in der Regel das **Gesamtunternehmen** mit seinen wesentlichen Produkten, Produktgruppen, Kundengruppen, Sparten und Regionen. Es werden Kernfragen gestellt, wie:
- Welche Märkte sollen bedient bzw. welche Zielgruppen sollen angesprochen werden?

- Welche Produkte sind anzubieten?
- Welche Organisation ist angemessen?

Im Vordergrund der Betrachtungen steht die **Aufteilung des gesamten Geschäftsfelds** in sogenannte Strategische Erfolgs- bzw. Geschäftseinheiten (SGE). Hierfür existiert mittlerweile eine Vielzahl von anderen Bezeichnungen und entsprechenden Abkürzungen, z. B.
- Strategic Business Units (SBU),
- Strategisches Geschäftsfeld (SGF) bzw. Strategic Business Area (SBA),
- Strategische Markteinheit (SME) und
- Strategische Unternehmenseinheit (SUE).

Organisatorisch liegt die sogenannte **divisionale Organisation**, d. h. die Formung weitgehend eigenständiger Geschäftsbereiche – quasi als „Unternehmen im Unternehmen" – oft der Bildung solcher Einheiten zugrunde. Verantwortlich für die Entscheidungen über die entsprechenden Zielvorgaben, Strategien und Planungen bei der Bildung solcher Unternehmenseinheiten ist das **Topmanagement** des Unternehmens in enger Kooperation mit der zweiten Führungsebene.

Die getroffenen **Entscheidungen** haben in der Regel eine umfangreiche, Ressourcen auf **längere Dauer bindende Wirkung**. Sie sind nicht leicht zu verändern. Einen Vorgabecharakter besitzen diese Entscheidungen insbesondere hinsichtlich der **Ressourcenallokation**, d. h. bei der Investitionsmittelverteilung z. B. durch eine Konzernzentrale. Hierfür können z. B. die verschiedenen Varianten der Portfolio-Analyse (siehe hierzu 5.4) entscheidungsrelevante Informationen liefern.

Strategische Überlegungen und darauf basierende Diskussionen zum Wachstum eines Unternehmens sind durch **logische Ketten** gekennzeichnet, in deren Rahmen immer wieder die gleichen Begriffe auftauchen. Es wird z. B. wie folgt argumentiert:
- Die sich aus Umweltveränderungen ergebenden Chancen und Risiken werden unter Berücksichtigung der unternehmenseigenen Stärken und Schwächen frühzeitig zum Aufbau der zukünftigen Erfolgspotenziale (Märkte und Produkte) genutzt.
- Wird bei diesen Bemühungen ein im Verhältnis zur Konkurrenz höherer Kundennutzen der eigenen Leistungsangebote erreicht, führt das zu einer stärkeren Anziehungskraft auf die Zielgruppe.
- Dadurch steigt die Nachfrage der Kunden nach den eigenen Produkten. Dies wiederum führt zu vermehrtem Absatz und Umsatz.
- Die höheren Stückzahlen ermöglichen eine bessere Kapazitätsauslastung, führen zur Fixkostendegression, zum schnelleren Vorankommen auf der Erfahrungskurve und verbessern die Marktstellung.
- Durch die erhöhte Marktmacht können auf dem Beschaffungsmarkt bessere, d. h. günstigere Einkaufspreise realisiert werden.

- Das erhöht die Gewinne und macht das Unternehmen für Anleger attraktiv. Es bestehen bessere Chancen am Kapitalmarkt und für internationale Kooperationen.
- Dadurch wird eine Beitrag zur Verbesserung der internationalen Arbeitsteilung und zum Wohlstand der Nation erbracht.

In einem Krisenfalle geben **Frühwarnsignale** auf der **strategische Ebene**, wie das Ende von Produktlebenszyklen (siehe hierzu 5.4.1.1) oder Technologieschübe oftmals Hinweise auf eine operativ folgende Krise beim Unternehmenserfolg und der Liquidität. Interessanterweise ist das Aktivitätsniveau in der Regel während der Liquiditätskrise deutlich höher als in der frühen strategischen Krise. Deren „Frühwarnsignale" werden oft nicht ernst genommen. Die folgende Abbildung 18 zeigt die Zusammenhänge zwischen strategischer und operativer Krise auf.

Abb. 18: Phasen einer Unternehmenskrise

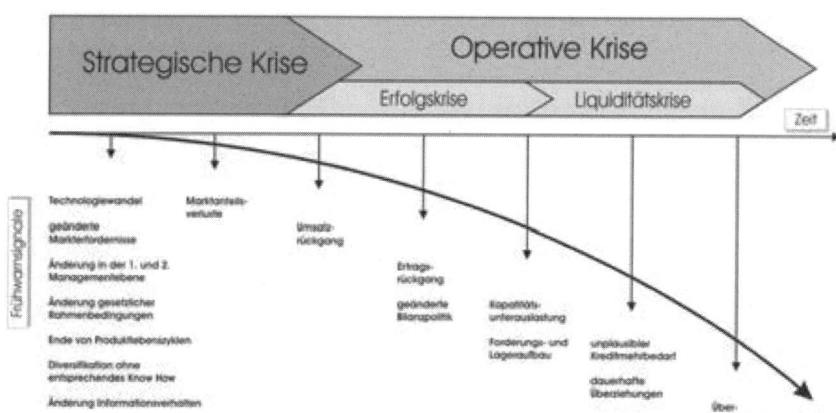

Die strategische Ebene im Controlling wird in großen Organisationen in der Regel durch ein **Zentralcontrolling** bearbeitet. Bei kleinen und mittelständischen Unternehmen kann die Geschäftsführung mit den leitenden Mitarbeitern diese Aufgabe durch regelmäßige, etwa einmal halbjährlich stattfindende strategische Controlling-Runden wahrnehmen.

Im Rahmen der eigenen **strategischen Arbeitsaufgaben** hat das Controlling selbst eine überwiegend systemprägende Funktion. Grundsatzentscheidungen über Zielsetzungs-, Planungs- und Steuerungssysteme mitsamt den die Arbeit erleichternden Datenverarbeitungssystemen müssen gefällt werden. Hierfür sind z.B. Zielsetzungs- und Planungshandbücher zu entwickeln. Dabei ist zu klären, wie das Controlling grundsätzlich funktionieren soll.

4.3.2 Charakerisierung der operativen Ebene

Die operative Führungsebene wird in der Regel durch ihre **kurze bis mittlere Fristigkeit**, d. h. eine unterjährige oder bis zu drei Jahren reichende Vorausschau gekennzeichnet. Im Mittelpunkt stehen Vorgehensweisen auf der **Maßnahmenebene** zur bestmöglichen Ausnutzung und **Ausschöpfung der** strategisch geschaffenen **Erfolgspotenziale**. Geklärt werden muss z. B. die

- optimale Zusammenstellung des eigenen Sortiments,
- Förderungswürdigkeit der Produkte,
- richtige Belegung der Maschinen und
- die Steuerung des eigenen Bereichs mit Hilfe passender Kennzahlen.

Operative Entscheidungen beziehen sich eher auf Teile, d. h. zumeist die **Funktionsbereiche** eines Unternehmens. Die Festlegungen werden durch das **Middle-Management** getroffen und bewegen sich in dem Rahmen, der durch strategische Entscheidungen vorgegeben ist. Die getroffenen Festlegungen können – im Vergleich zu den strategischen Entscheidungen – leichter und problemloser verändert werden.

Es findet eine **kurzfristige** betriebswirtschaftliche **Steuerung** zur Realisierung und Aufrechterhaltung des Gewinnkurses statt. Hierbei werden schwerpunktmäßig die Informationen aus dem **Rechnungswesen** und der unternehmensinternen **Statistik** genutzt. Relevante Steuerungsgrößen sind insbesondere die Erträge und Aufwendungen bzw. die Erlöse und Kosten sowie die aus der Differenz resultierenden Gewinne. Die Aufgaben des operativen Controlling bestehen in

- der Sicherung der Zahlungsfähigkeit des Unternehmens (Liquidität),
- einer angemessenen Verzinsung des eingesetzten Kapitals (Rentabilität) sowie
- ein optimales Kosten-Leistungsverhältnis (Wirtschaftlichkeit) (vgl. Hering/ Zeiner 1995, S. 23).

Die operative Ebene des Controlling wird in großen Organisationen zunehmend durch ein **dezentral angesiedeltes** z. B. Marketing-, Produktions-, Beschaffungs-, oder Logistik-**Controlling** in den Funktionsbereichen bzw. durch entsprechende Controllingstellen bei den Sparten wahrgenommen. In kleinen und mittelständischen Unternehmen handelt es sich um eine Aufgabe der entsprechenden Bereichsleiter, die sie neben ihren sonstigen Managementtätigkeiten zusätzlich erledigen müssen. Um diesen Verpflichtungen nachzukommen, müssen viele Führungskräfte dieser Ebene neben einer technischen zunehmend auch eine kaufmännische Kompetenz aufbauen.

Auf der **operativen Arbeitsebene** im Controlling kommt es vor allem darauf an, vorhandene Zielsetzungs-, Planungs- und Steuerungssysteme mitsamt der entsprechenden Datenverarbeitung im Unternehmen zu nutzen. Der Durchführung von unterjährigen Kontrollen, Soll-Ist-Vergleichen und Abweichungsanalysen kommt in diesem Zusammenhang eine besondere Bedeutung zu.

Fragen zum Kapitel 4:

1. Welche Möglichkeiten zur Systematisierung der Controlling-Instrumente sind Ihnen bekannt?
2. Charakterisieren Sie die beiden Betrachtungsebenen des Controlling.
3. Nehmen Sie eine nähere Charakterisierung der strategischen Ebene vor?
4. Welche Phasen einer Unternehmenskrise werden üblicherweise unterschieden?
5. Nehmen Sie eine nähere Charakterisierung der operativen Ebene vor?
6. In welcher Beziehung stehen strategische und operative Ebene des Controlling zueinander?
7. Nennen Sie die relevanten Instrumente des strategischen Controlling und des operativen Controlling.
8. Wie können strategisches und operatives Controlling miteinander verzahnt werden?

5. Strategische Instrumente

Die Kernfrage des vorliegenden fünften Abschnitts lautet: **„Wie funktionieren die Instrumente des strategischen Controlling?"**

Lernziele:
- Nach Bearbeitung dieses Teils kennen Sie die Zielsetzungen und Fragestellungen, die Datenbasis und den Ablauf der wichtigsten strategischen Controlling-Methoden.
- Sie können diese Instrumente erklären und selbständig anwenden.
- Außerdem sind Sie in der Lage, die Anwendungsmöglichkeiten und -grenzen der Verfahren kritisch zu beurteilen.
- Damit können Sie in Ihrem Unternehmen strategisch planen und steuern.

Wenn im Folgenden auch diverse einzelne Instrumente im Mittelpunkt der Erörterung stehen, so muss doch ausdrücklich betont werden, dass gerade eine **Kombination** von verschiedenen Instrumenten die wesentlichen Herausforderungen und die strategische Problemlage sowie daraus resultierende Lösungsalternativen eines Unternehmens besonders deutlich werden lassen.

In den folgenden Abschnitten wird aufgezeigt, wie Elemente der Umwelt eines Betriebes analysiert werden können. Außerdem sind die relevanten Gebiete der Unternehmensanalyse Gegenstand entsprechender Erörterungen. Die Darstellung weiterer wichtiger Verfahren des strategischen Controlling (z.B. die Szenariotechnik, die Portfolio-Analyse) rundet die Ausführungen dieses Kapitels ab.

5.1 Umweltanalyse

Unter **Analyse der Umwelt** ist zu verstehen, dass eine Organisation (Unternehmen) versucht, durch Workshops, Expertenbefragungen, Besuch von Messen oder Auswertung von Informationen aus Büchern, Zeitschriften, Datenbanken usw. sich eine Bild über die Entwicklung der Umwelt zu machen. Im Rahmen der Umweltanalyse wird in einem Unternehmen die Situation der Branche, des Marktes und das Verhältnis zur Konkurrenz untersucht, beurteilt und zur Ableitung adäquater strategischer Entscheidungen herangezogen. Dabei zeigt sich, dass insbesondere Informationen der Marktforschung die Daten des Rechnungswesens zu ergänzen haben. Sie gewinnt als strategisch orientierte Marktforschung zunehmend an Bedeutung für das Controlling (vgl. Czenskowsky 1988).

5.1.1 Basisinformationen für Strategieformulierung und Marktbearbeitung

Jede Strategieplanung – wie unterschiedlich die Vorgehensweise im einzelnen auch sein mag – setzt auf zwei Grundpfeilern auf, nämlich der Analyse und Prognose der Umwelt- bzw. Umfeldsituation, d. h. den externen Möglichkeiten und Gefahren (Chancen/Risiken), und der Analyse der internen Möglichkeiten und Grenzen einer Organisation, d. h. den Stärken und Schwächen des Unternehmens. Für die Formulierung von Strategien ist grundsätzlich von folgender Prämisse auszugehen: „Ein klares Verständnis der **Ausgangsposition** der Unternehmung, d. h. ihres gegenwärtigen Zustandes, ihrer Identität, ihres Stils und ihrer bestehenden Strategien, ist erforderlich, wenn zu einem späteren Zeitpunkt der Vergleich mit neuen alternativen Strategien durchgeführt und das Ausmaß der Neuorientierung der Unternehmung bestimmt werden soll" (Hinterhuber 1989, S. 73). Damit besitzt die **Umweltanalyse** eine zentrale Bedeutung für die **Strategieformulierung** und **Marktbearbeitung**.

Jede Organisation wird durch die **Umwelt** mitgeprägt bzw. bewegt sich in einem **Geflecht von Rahmenbedingungen**, das sie beachten muss. Denn der Erfolg des Unternehmens hängt maßgeblich davon ab, inwieweit es dem Management gelingt, die gegenwärtige Lage zu beurteilen und sich andeutende Veränderungen der Umwelt rechtzeitig zu antizipieren sowie beim Planungsprozess zu berücksichtigen. Es geht darum, schwache Signale („weak signals", vgl. hierzu Ansoff 1976 129 ff.) zu erkennen, das heißt im Moment noch kaum bemerkbare Veränderungen der Umwelt aufzuspüren, die zu Chancen oder Risiken für das Unternehmen führen können.

Ausgangspunkt jeder Strategie ist demnach die Situationsanalyse bzw. Standortbestimmung, d. h. die Beschaffung der für die strategischen Entscheidungen notwendigen Informationen. Es kommt darauf an, die relevanten Informationen über das Unternehmen und seine Umwelt (Wettbewerber, Märkte, Staat, gegenwärtige und potenzielle Lieferanten, Kunden usw.) zu erfassen. Die Analyse und Prognose der Umweltweltbedingungen und -trends bezieht sich sowohl auf jede einzelne strategische Geschäftseinheit als auch auf das Unternehmen als Ganzes. Da nicht jedes Ereignis bzw. jeder Umweltzustand für die Formulierung von Strategien von Bedeutung ist, müssen aus der Vielzahl von Einflussfaktoren diejenigen ausgewählt werden, die für das Unternehmen bzw. dessen Ziele sowie für die aktuellen oder potenziellen Strategien relevant sind.

Nicht Informationsüberflutung und Zahlenfriedhöfe sind gefragt, sondern das Herausfiltern entscheidungsrelevanter Informationen für das Management. D. h. möglichst vollständige, sichere und genaue Informationen über das betriebliche Umfeld sind möglichst schnell zur Verfügung zu stellen, um den strategischen Handlungsspielraum des Unternehmens zu bestimmen (vgl. Hinterhuber 1989, S. 76).

Sowohl die Umweltanalyse als auch die Unternehmensanalyse müssen wegen der Komplexität und Dynamik der Analysefelder als selektive Informationsverarbeitungsprozesse betrachtet werden, sind also immer unvollständig und damit risikobehaftet. Es gilt festzuhalten: Strategische Entscheidungen sind prinzipiell **Entscheidungen unter Unsicherheit**.

5.1.2 Klassifizierung von Umweltbedingungen

Um die unterschiedliche Bedeutung einzelner Umweltfaktoren für das Unternehmen bzw. bestimmte Geschäftseinheiten und deren voraussichtliche Entwicklung differenzierter analysieren zu können, sind die Umweltbedingungen zu systematisieren und verschiedene Umweltschichten voneinander zu unterscheiden.

Obwohl die Grenzen zwischen den Einflussfaktoren des engeren Systems der Organisation und der Umwelt nicht eindeutig gezogen werden können, wird bei der Analyse üblicherweise zwischen einer weiteren und engeren Unternehmensumwelt (general und task environment) unterschieden. Die erste wird auch als Umsystem II, Makro- oder globale Umwelt bezeichnet, die zweite als Umsystem I, Mikro-, aufgaben- oder unternehmensspezifische Umwelt.

Die Einordnung bzw. Strukturierung von Umweltbedingungen erfolgt – unter Einbeziehung des Unternehmens – in der Regel nach folgender Unterscheidung:
- Globale Umwelt
- Unternehmensspezifische Umwelt
- Unternehmen

Bea/Haas beispielsweise nehmen nach dem Kriterium der „Nähe zum Unternehmen" – wie Abbildung 19 zeigt – folgende Zweiteilung der Einflussfaktoren vor:
- der Markt (= aufgabenspezifische Umwelt, Wettbewerbsumwelt)
- die weitere Unternehmensumwelt (= globale Umwelt) (vgl. Bea/Haas 1997, S. 78).

Während eine Organisation auf die **generellen Umweltfaktoren** bzw. Indikatoren höchstens mittelbar Einfluss nehmen kann, können die **speziellen Umweltfaktoren** des Marktes mehr oder weniger stark beeinflusst werden. Eine Differenzierung der zahlreichen Einflussfaktoren nach der Einflussintensität bezüglich des unternehmerischen Entscheidungsprozesses lässt sich allerdings nicht allgemein, sondern lediglich für das konkrete Unternehmen bzw. ausgewählte Geschäftseinheiten vornehmen.

Abb. 19: Die Umwelt des Unternehmens

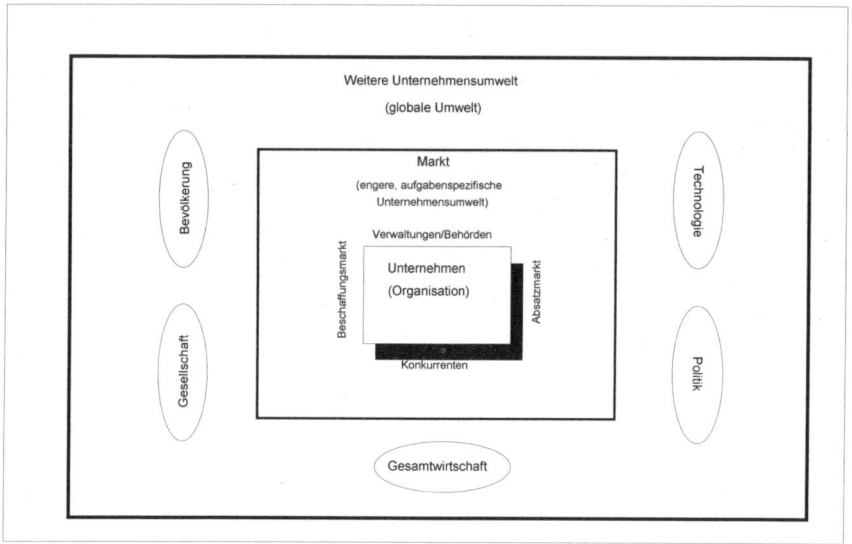

5.1.3 Segmente und Indikatoren der globalen Unternehmensumwelt

Zielsetzungen, Fragestellungen und Datenbasis:
Grundsätzlich besteht eine **Vielzahl von Möglichkeiten**, Indikatoren zur Situationsbestimmung in der globalen Umwelt ausfindig zu machen und die **Umfeldfaktoren in Gruppen zu systematisieren**. Die Analyse der weiteren Umwelt betrifft in der Regel Entwicklungen in der Gesellschaft, Ökonomie, Technologie, Politik oder Recht. Neben Beachtung dieser Indikatoren sind die Abgrenzung des Marktes sowie die Kenntnis und Vorhersage von Marktstrukturen und Wettbewerbsverhältnissen wichtige Instrumente zur Ausrichtung des eigenen Verhaltens in einem Markt bzw. in einer Branche. Bea/Haas (1997, S. 92 f., etwas anders systematisieren Kotler 1989, S. 59; Staehle 1994, S. 596 – 598.) unterscheiden in ihrer Abbildung 20 zu entnehmenden Klassifikation fünf Segmente: Gesamtwirtschaft, Bevölkerung, Technologie, Politik und Gesellschaft.

Neuerdings wird in diesem Zusammenhang auch von der so genannten PEST- bzw. PESTEL-Analyse gesprochen. Die Buchstaben beziehen sich auf die englischen Abkürzungen der wesentlichen Umweltsegmente: political, economical, social, technological bzw. ecological und legal environment.

Abb. 20: Segmente und Indikatoren der weiteren Unternehmensumwelt

Umweltsegment	Indikatoren
(1) Gesamtwirtschaftliche Entwicklungen Trends: Die gesamtwirtschaftliche Entwicklung zeichnet sich derzeit durch ein relativ hohes Niveau aus. Die Arbeitslosigkeit entwickelt sich allerdings zu einem Dauerproblem.	• Wachstum des Sozialprodukts • Entwicklung des Geldwertes • Entwicklung der Zahlungsbilanz und des Wechselkurses • Arbeitslosenzahlen
(2) Demographische Entwicklungen Trends: Das Durchschnittsalter der Deutschen hat sich im Laufe der letzten 100 Jahre stark erhöht. Heute beträgt die durchschnittliche Lebenserwartung über 70 Jahre. Es entstehen zwei neue Zielgruppen: junge Doppelverdiener und vermögende Etablierte ohne Kinder zwischen 40 und 60 Jahren.	• Geburtenrate, Sterberate • Entwicklung der Altersstruktur • Regionale Mobilität
(3) Technologische Entwicklungen Trends: Der Produktlebenszyklus verkürzt sich laufend bei kürzeren Entwicklungszeiten und steigenden F&E-Kosten. Die Prozessinnovationen sind auf die Schaffung flexibler Fertigungssysteme ausgerichtet.	• Produktinnovationen • Prozessinnovationen
(4) Veränderungen im politischen Umfeld Trends: Der Staat greift immer stärker in das Wirtschaftsgeschehen ein (z. B. Verpackungssteuer für Einweggeschirr). Politische Veränderungen (z. B. in Osteuropa und Südafrika) beeinflussen zusehends die Entwicklung von Märkten.	• Verschiebungen im Parteiengefüge • Regierungswechsel • Gesetzesinitiativen und gesetzliche Änderungen • Deregulierung im Rahmen des EU-Binnenmarktes • Kürzung der Wochenarbeitszeit • Zwischenstaatliche Abkommen (z. B. GATT/WTO, EWU)
(5) Veränderungen im gesellschaftlichen Umfeld (Wertewandel) Trends: Repräsentativbefragungen zeigen, dass sich der Umweltschutz zu einem der Hauptanliegen der Deutschen entwickelt hat. Nach einer Befragung des Bundesinnenministeriums sind 62 % der Befragten bereit, 500 € mehr für die Anschaffung eines umweltfreundlichen Autos auszugeben. Es findet eine zunehmende Individualisierung mit einer Tendenz zum selektiven Luxus statt.	• Entstehung von Bürgerinitiativen • Änderungen in der Einstellung zur Arbeit und Freizeit (Freizeitmobilität und Freizeitverhalten) • Entstehung eines ökologischen Bewusstseins • Abkehr von materiellen Werten, hin zur Pflege des persönlich-privaten Lebensbereiches wie Ehe, Familie, Freizeit, Gesundheit, persönliche Unabhängigkeit

71

Eine umfassende und gleichzeitig intensive und offensive Berücksichtigung der Unternehmensumwelt im Sinne einer Indikatorenanalyse geht vom sog. „Stakeholder-Ansatz" aus. Als Stakeholder (stake = ein mit Risiko verbundener Einsatz) gelten Bezugs-, Interessen- bzw. Anspruchgruppen, die in einer engeren oder weiteren Beziehung zum Unternehmen stehen. Eine Eingrenzung der Akteure auf Lieferanten, Abnehmer, Arbeitnehmer, Kapitalgeber und Konkurrenten wie beim klassischen mikroökonomischen Ansatz, findet beim Stakeholder-Ansatz eben nicht statt (vgl. Bea/Haas 1997, S. 90 ff.).

Schilderung des Ablaufs:
Die **Umweltanalyse** im Sinne der Erfassung der Vielzahl verschiedener Interessen- bzw. Anspruchsgruppen läuft in folgenden **vier Teilschritten** ab (vgl. Bea/Haas 1997, S. 93 f.):

1. **Scanning:** Identifikation von Anspruchsgruppen. D.h. die Umwelt wird ohne Einschränkungen nach möglichen Anspruchsgruppen abgetastet. Als Ergebnis erhält man eine sog. Stakeholder-Landkarte. Eine solche Landkarte (Stakeholder Map) beispielsweise einer Zigarettenfirma würde u. a. aus Ärzten, Krankenkassen, Tabakanbauern, Arbeitnehmern, Vertretern der Werbewirtschaft, Nichtrauchergruppen und Anteilseignern bestehen.

2. **Monitoring:** Identifikation von relevanten Trends. Es werden solche Umweltveränderungen ausfindig gemacht, die für das eigene Unternehmen bedeutsam und deren Entwicklung prognostiziert werden kann. Im Vordergrund steht die Erfassung der Ziele, Argumente und Instrumente der einzelnen identifizierten Anspruchsgruppen.

3. **Forecasting:** Hier geht es um die Ermittlung der Richtung, des Ausmaßes und der Intensität von Umweltveränderungen. Vorhanden Bedrohungspotenziale sind unter Verwendung von geeigneten Techniken wie Trendanalyse oder Szenario-Analyse oder in Form einer Expertenbefragung (z. B. durch die Delphi-Methode = Mehrfachbefragung) zu erforschen.

4. **Assessment:** Abschließend werden die Ergebnisse von Scanning, Monitoring und Forecasting einer Bewertung unterzogen. Es soll herausgefunden werden, ob und in welcher Weise die Ergebnisse auf Bedrohungen oder Chancen für das Unternehmen hinweisen und wie ihnen zu begegnen ist.

5.1.4 Chancen- und Risiken-Analyse

Ein Unternehmen – unabhängig von Größe und Branchenzugehörigkeit – ist von zahlreichen Umweltfaktoren eingerahmt, die einerseits Chancen bieten, anderseits aber auch Bedrohungen darstellen können. Vorschläge für ein differenziertes Schema zur Erfassung von Einflussfaktoren in der Literatur (vgl. z. B. Hinterhuber 1989, S. 78 f.) verdeutlichen, dass im Rahmen der Chancen-Risiken-Analyse – oftmals in Anlehnung an die Erkenntnisse von Porter (1999) – die Betrachtung des Industriesektors (Branchenanalyse) und die Stellung der Unternehmung in diesem Bereich Bestandteil der Betrachtung der Umwelt ist.

Das bedeutet, dass die Indikatoren sowohl der globalen als auch der unternehmensspezifischen Unternehmensumwelt in ein **Chancen-Risiken-Profil** einbezogen werden.

Zwei Beispiele, die sowohl Bedrohungs- als auch Chancenpotenziale beinhalten, mögen darauf aufmerksam machen, wie wichtig die konsequente Beachtung von Beziehungen eines Unternehmens zu seiner Umwelt ist. Betriebe, die Veränderungen im Umfeld nicht auswerten oder gar ignorieren, laufen Gefahr, vom Markt verdrängt zu werden (vgl. dazu ausführlichen Abschnitt 7.3).

Beispiel (Analyse des Bayerischen Brauerbundes zum Verhalten der Biertrinker): „Warum aber lassen Deutschlands und in geringerem Maße auch Bayerns Biertrinker in den letzten Jahren auffällige Schwächen im guten Zug erkennen? Abgesehen von der schlechten Wetter- und Konjunkturlage hat der bayerische Brauerbund ‚ein kritischer werdendes Verhältnis der Konsumenten zum Alkohol‘ entdeckt. Die ‚Hinwendung zu Fitneß-, Gesundheits- und Figurbewußtsein‘ scheint die Lust am Bier genauso zu beeinträchtigen wie der Rückgang der körperlichen Arbeit. Zur Angst vor dem Bierbauch kommt der ‚hohe Motorisierungsgrad‘. Was die Autokonjunktur antreibt, schadet dem Brauereiausstoß. Und dann wird da noch etwas geschluckt, was nicht recht ins Konzept der Bierbrauer passt: die Pille. Der ‚Pillenknick‘ sorgt dafür, dass die Anzahl der ‚potenziellen Biertrinker‘ schrumpft, stellen Bayerns Brauer unbefriedigt fest. Kein Wunder, dass sie spätestens 1995 die Preise erhöhen wollen" (Bea/Haas 1997, S. 95). Abbildung 21 zeigt einige ausgewählte Chancen und Risiken am Beispiel eines Automobilherstellers (vgl. Meffert 1993, S. 59).

Abb. 21: Chancen und Risiken für einen Automobilhersteller

Chancen	Risiken
• Entwicklung eines Kompaktwagens mit extrem niedrigen Benzinverbrauch • Entwicklung eines Autos mit extrem niedrigen Abgaswerten bei gleichzeitig hoher Leistung • Entwicklung eines leistungskräftigen elektrischen Autos • Attraktivitätsverlust der öffentlichen Verkehrsmittel	• Entwicklung eines Kompaktwagens mit extrem niedrigem Benzinverbrauch und Abgaswerten durch einen Konkurrenten • zunehmende Akzeptanz ausländischer Autos durch die Verbraucher • drastische Geschwindigkeitsbegrenzungen • anhaltende Treibstoffverknappung

5.1.5 Analyse des Unternehmens und seiner Umwelt – die SWOT-Analyse

Aus den bisherigen Ausführungen wird deutlich, dass die Unternehmensanalyse und -prognose die Umweltanalyse und -prognose voraussetzt. Zusammengefasst lässt sich festhalten: Aufgabe der strategischen Situationsanalyse ist es, sich Klarheit über die derzeitigen und zukünftigen internen und externen Rahmenbedingungen der Unternehmenstätigkeit zu verschaffen. Die Situationsanalyse bildet die Basis, um Stärken und Schwächen des Unternehmens gegenüber seinen Wettbewerbern zu erkennen und daraus unter Berücksichtigung der Umweltbedingungen Chancen und Risiken für das Unternehmen abzuleiten.

Die Erfassung der Ausgangssituation lässt sich grob in zwei Bereiche der Informationsbeschaffung unterteilen: **Umweltanalyse und Unternehmensanalyse**. Unternehmensanalyse und Umweltanalyse im „Paket" werden häufig kurz als

- **SWOT-Analyse** (Strengths = Stärken, Weaknesses = Schwächen, Opportunities = Chancen, Threats = Gefahren) oder

- **SOFT-Analyse** (Strengths = Stärken, Opportunities = Chancen, Failures = Fehler, Threats = Gefahren),

bezeichnet (Preißner 1996, S. 39). Abbildung 22 (Probst 2001, S. 32) zeigt ein Beispiel für eine SWOT-Analyse.

Abb. 22: SWOT-Analyse

Stärken (Strengths = S)	**Schwächen** (Weaknesses = W)
• Marktkenntnis des Inhabers • „Connections" • Erstaufträge gesichert • Unterstützung durch den Verband • Motiviertes Team	• Geringe Kapitalausstattung • wenig betriebswirtschaftliches Know-how • Mitarbeiter noch ohne Erfahrung
Chancen (Opportunities = O)	**Gefahren** (Threats = T)
• Branche boomt • Folgeaufträge angekündigt • Großauftrag Automobilindustrie in Sicht • Wettbewerber meist veraltete Technologie	• Konjunkturentwicklung der Branche auf lange Sicht unsicher • Wettbewerber aus Asien drängen auf den Markt • Hoher Investitionsaufwand für zukünftige Technologien

Wie Abbildung 23 verdeutlicht, lässt sich ein Synergieeffekt aus beiden Analysen und Prognosen, der Umweltanalyse und -prognose einerseits, der Unternehmensanalyse und -prognose andererseits, durch eine Zusammenführung der Ergebnisse in einem Chancen-Gefahren-Profil erreichen (vgl. Hammer 1991, S. 42 f.).

Abb. 23: Vorgehensweise zur Entwicklung eines Chancen-Gefahren-Profils

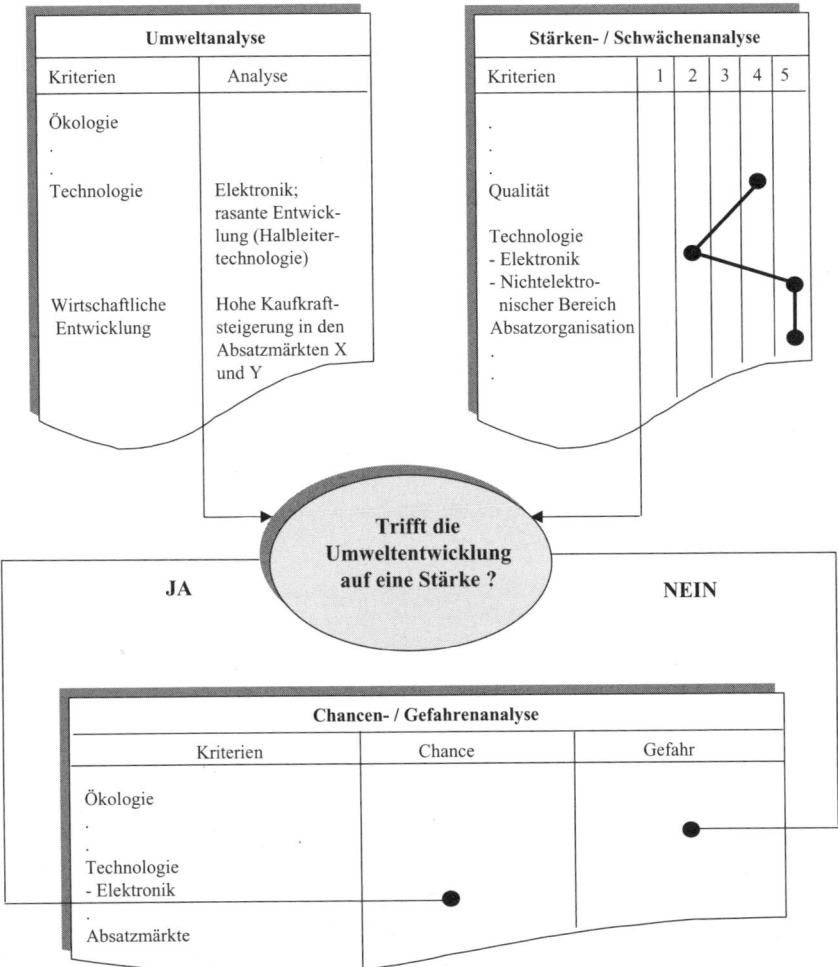

Von zentraler Bedeutung für die Strategieformulierung und Marktbearbeitung ist die Kenntnis der spezifischen ökonomischen Bedingungen, unter denen das Unternehmen agiert. Diese gilt es detailliert zu untersuchen.

5.2 Unternehmensspezifische Umwelt

Bei der Analyse der unternehmensspezifischen Umwelt stehen die Bedingungen der Branche, bzw. der Märkte, in denen das Unternehmen operiert oder operieren möchte im Mittelpunkt. Branchenstruktur-, Markt- und Konkurrentenanalyse sind damit die einzelnen Untersuchungsfelder. Sie bilden die nähere Umwelt des Unternehmens.

Um die **Marktattraktivität** unter Berücksichtigung der wichtigsten Kriterien zu ermitteln, wird meist auf zwei Techniken zurückgegriffen:
- Branchenstrukturanalyse nach (vgl. Porter 1992; Porter 1999) und
- die (traditionelle) Marktanalyse.

Beide Techniken verfolgen das Ziel, die Gewinnaussichten eines Marktes zu prognostizieren. Während die Marktanalyse an den Kriterien zur Charakterisierung eines Marktes ansetzt, handelt es sich bei der Porter'schen Branchenstrukturanalyse um eine Untersuchung des Unternehmens (siehe auch 2.3.3.2) im Hinblick auf seine Wettbewerbssituation. Im folgenden seien die beiden Ansätze separat beschrieben, auch wenn sie im Vorgehen und Ergebnis gewisse Parallelen aufweisen.

5.2.1 Branchenstrukturanalyse

Im Mittelpunkt der Erforschung der engeren Umwelt steht bei Porter, der dem Ansatz der Industrieökonomik folgt (Industrial Organization-Ansatz), die Analyse der Branche und der wichtigsten Konkurrenten. Er geht von der These aus, dass die Strukturmerkmale einer Branche die Intensität und die Dynamik des Wettbewerbs bestimmen und von diesen wiederum die **Rentabilität** abhängig ist. Zur Bestimmung der **Wettbewerbsintensität einer Branche** sind fünf strukturelle Determinanten zu analysieren, so dass dieses Konzept auch als **Branchenstrukturanalyse** bezeichnet wird. Bei der Beziehung zwischen den **fünf Wettbewerbskräften** („Triebkräften" bzw. „Driving Forces") wird die Rivalität unter den Unternehmen einer Branche als zentraler Faktor betrachtet, der sich aus dem Zusammenwirken der vier anderen Triebkräfte ergibt. Das Ausmaß dieser fünf Wettbewerbskräfte ist wiederum von einer Reihe von Einflussfaktoren (siehe Abbildung 24) der Branchenstruktur abhängig (vgl. Macharzina 1993, S. 235; Bea/ Haas 1997, S. 86ff.).

Abb. 24: Branchenstrukturanalyse

Branchenstrukturanalyse

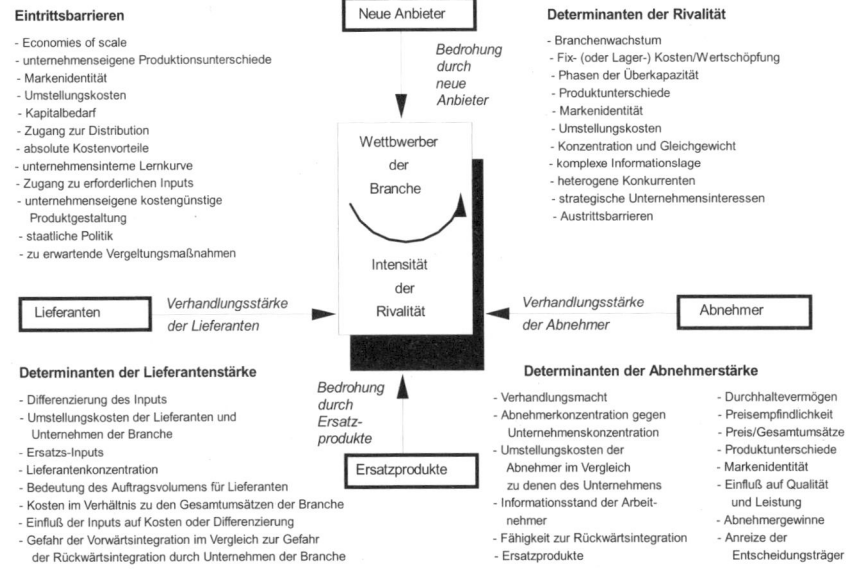

Eintrittsbarrieren

- Economies of scale
- unternehmenseigene Produktionsunterschiede
- Markenidentität
- Umstellungskosten
- Kapitalbedarf
- Zugang zur Distribution
- absolute Kostenvorteile
- unternehmensinterne Lernkurve
- Zugang zu erforderlichen Inputs
- unternehmenseigene kostengünstige
  Produktgestaltung
- staatliche Politik
- zu erwartende Vergeltungsmaßnahmen

Neue Anbieter

Bedrohung durch neue Anbieter

Wettbewerber der Branche

Intensität der Rivalität

Determinanten der Rivalität

- Branchenwachstum
- Fix- (oder Lager-) Kosten/Wertschöpfung
- Phasen der Überkapazität
- Produktunterschiede
- Markenidentität
- Umstellungskosten
- Konzentration und Gleichgewicht
- komplexe Informationslage
- heterogene Konkurrenten
- strategische Unternehmensinteressen
- Austrittsbarrieren

Lieferanten — Verhandlungsstärke der Lieferanten ▶ Rivalität ◀ Verhandlungsstärke der Abnehmer — Abnehmer

Bedrohung durch Ersatz-produkte

Ersatzprodukte

Determinanten der Lieferantenstärke

- Differenzierung des Inputs
- Umstellungskosten der Lieferanten und
  Unternehmen der Branche
- Ersatz-Inputs
- Lieferantenkonzentration
- Bedeutung des Auftragsvolumens für Lieferanten
- Kosten im Verhältnis zu den Gesamtumsätzen der Branche
- Einfluß der Inputs auf Kosten oder Differenzierung
- Gefahr der Vorwärtsintegration im Vergleich zur Gefahr
  der Rückwärtsintegration durch Unternehmen der Branche

Determinanten der Abnehmerstärke

- Verhandlungsmacht
- Abnehmerkonzentration gegen
  Unternehmenskonzentration
- Umstellungskosten der
  Abnehmer im Vergleich
  zu denen des Unternehmens
- Informationsstand der Arbeit-
  nehmer
- Fähigkeit zur Rückwärtsintegration
- Ersatzprodukte

- Durchhaltevermögen
- Preisempfindlichkeit
- Preis/Gesamtumsätze
- Produktunterschiede
- Markenidentität
- Einfluß auf Qualität
  und Leistung
- Abnehmergewinne
- Anreize der
  Entscheidungsträger

- **Rivalität unter den bestehenden Unternehmen einer Branche (Wettbe-werbern):** Diese Wettbewerbskraft resultiert aus dem Bestreben der in der Branche bereits tätigen Unternehmen, ihre Position auf dem Markt zu verbessern. Die Rivalität in einer Branche ist dann besonders hoch, wenn viele oder gleich große Unternehmen in der Branche tätig sind, wenn die Branche nur langsam wächst oder wenn aufgrund hoher Fixkosten der Zwang zur Kapazitätsauslastung besteht.
- **Bedrohung durch neue Konkurrenten (Anbieter):** Die Gefahr des Eintritts neuer Wettbewerber hängt von der Höhe der **Eintrittsbarrieren** ab. Wichtigste Eintrittsbarrieren für neue Anbieter sind Massenproduktionsvorteile der bereits in der Branche tätigen Unternehmen (Fixkostendegression, Economies of Scale), der hohe Kapitalaufwand neuer Anbieter, hohe Umstellungskosten, welche sich für die Kunden bei einem Wechsel zu einem neuen Anbieter ergeben. Der Markteintritt hängt auch von der staatlichen Regulierung ab; er kann den Marktzutritt fördern (z. B. durch Hilfen für Existenzgründungen) oder hemmen (z. B. durch Niederlassungsvorschriften oder Staatsmonopole).

- **Bedrohung durch Ersatzprodukte und -dienstleistungen:** Existieren Substitute für die Leistungen der Branche, so bestimmt ihr Preis die Preisobergrenze der Leistungen der analysierten Branche. Das Ausmaß der Bedrohung durch Ersatzprodukte und -dienstleistungen wird durch deren Kosten-Nutzen-Relation durch die latente Neigung der Abnehmer zum Umstieg und dabei insbesondere durch die bei den Abnehmern anfallenden Umstellungskosten bestimmt. Die Abwehr von Substituten kann zum einen durch gemeinsame Strategien der etablierten Wettbewerber wie Werbekampagnen, Besetzen von Vertriebswegen oder Schaffung eines einheitlichen Produktstandards (kollektives Handeln) sowie zum anderen durch individuelles Handeln einzelner Wettbewerber (Produktpolitik, Preispolitik, Werbung) erfolgen.
- **Verhandlungsstärke der Lieferanten:** Je ausgeprägter die Verhandlungsstärke der Lieferanten ist, desto geringer ist der Gewinnspielraum des Abnehmers auf der Einkaufsseite. Lieferanten können mit der Androhung von Preiserhöhungen oder Qualitätssenkungen Druck auf die Branche ausüben. Die Verhandlungsmacht der Lieferanten wird insbesondere dann hoch sein, wenn oligopolistische Lieferstrukturen bestehen, wenn es keine Substitute für die von ihnen bereitgestellten Leistungen gibt oder wenn die analysierte Branche für die Lieferanten keine allzu hohe Bedeutung besitzt. Eine mögliche Form der Gegenwehr können Kooperationen der Abnehmer darstellen (z.B. Einkaufkooperationen).
- **Verhandlungsstärke der Abnehmer:** Eine große Verhandlungsmacht der Abnehmer reduziert die Rentabilität und damit die Marktattraktivität eines Marktes. Ihre Verhandlungsmacht ist vor allem dann hoch, wenn die Abnehmer stark konzentriert sind, wenn das Abnahmevolumen einen hohen Anteil an den Gesamtkosten der Abnehmer ausmacht oder wenn die gekauften Produkte standardisiert sind. Bezogen auf Verhandlungsmacht und Abhängigkeiten sei hier z.B. auf die Problematik vieler Zulieferer von den Automobilherstellern (Umsatzeinbrüche großer Hersteller können schnell zu Konkursen von abhängigen Zulieferern führen) hingewiesen. Um die Abhängigkeit zu reduzieren, sind die Abnehmererweiterung und -streuung sowie Maßnahmen der Absatzpolitik (z.B. Diversifikation des Programms, Differenzierung) denkbar.

Von einer Branche wird üblicherweise gesprochen, wenn sich Nachfrage und Angebot auf nach Art und Verwendungszweck gleiche Sach- und Dienstleistungen richten. Allerdings ist die Abgrenzung des Branchenmarktes nicht immer eindeutig. Eine wesentliche Aufgabe des strategischen Controlling sollte es deshalb sein, die Entscheidungsträger bei dieser Abgrenzung zu beraten (vgl. Peemöller 1997, S. 108). Prinzipiell kann festgehalten werden, dass eine Branchenstrukturanalyse ein Unternehmen in die Lage versetzt, die eigenen Stärken und Schwächen im Verhältnis zu den zentralen Strukturdimensionen einer Branche zu bestimmen. Hieraus kann eine Wettbewerbsstrategie abgeleitet werden, d.h. die Wahl offensiver oder defensiver Maßnahmen, um eine „verteidigungsfähige" Position gegenüber den fünf Triebkräften aufzubauen.

5.2.2 Marktanalyse

Branchen und Märkte sind nicht als statische sondern als sich wandelnde Systeme zu sehen. Den marktdynamischen Prozess fassen Bea/Haas (1997, S. 82) in folgende Worte: „Mit der **Dynamik von Märkten** ist die Erkenntnis verbunden, dass Märkte nicht objektiv gegeben, sondern einer unternehmerischen Gestaltung zugänglich sind. Unternehmen schaffen Märkte, und mit diesem kreativen Vorgang wird die Dynamik der Märkte und damit auch die Verwischung bisheriger Branchengrenzen gefördert."

5.2.2.1 Abgrenzung und Determinanten

Vergegenwärtigt man sich, dass ein Markt die Gesamtheit der wirtschaftlichen Beziehungen zwischen tatsächlichen und potenziellen Anbietern und Nachfragern eines bestimmten Gutes darstellt und berücksichtigt ferner, dass beispielsweise der „Markt für Gesundheitsgüter" eine Vielzahl von Teilmärkten umfasst, die sich von der Art der Produkte und Dienstleistungen sowie in den Angebots-, Nachfrage- und Preisbildungsstrukturen her teilweise stark unterscheiden, so wird bereits hieran die Problematik einer **Marktabgrenzung** offensichtlich. Legt man außerdem zugrunde, dass letztlich alle Produkte und damit alle Unternehmen mehr oder weniger in einer Konkurrenzbeziehung stehen und sich – mit aktiver Rolle der Unternehmen – ständig Veränderungen des Marktes in quantitativer und qualitativer Hinsicht vollziehen, so kann auch eine Branche (Wirtschaftszweig) nicht als statische Größe angesehen werden.

Die **Marktanalyse** ermittelt einmalig oder in bestimmten Intervallen alle einen Markt kennzeichnenden Faktoren. Als wesentliche, die Höhe der Rendite auf einem Markt bestimmende Determinanten der **(traditionellen) Marktanalyse**, werden vor allem das **Marktpotenzial** (Marktgröße bzw. -volumen, -wachstum und -anteil), die **Marktstruktur** (Wettbewerber, Lieferanten, Abnehmer) und die **Beschaffenheit des Gutes** (z.B. materielle Produkte oder immaterielle Dienstleistungen) betrachtet (vgl. Bea/Haas 1997, S. 83 ff.). Die aufgeführten Begriffe sollen im Folgenden kurz erläutert werden:
- Wie Abbildung 25 zu entnehmen ist, wird als **Marktpotenzial** die **überhaupt mögliche Aufnahmefähigkeit eines Marktes** für ein Produkt (Produktgruppe) oder eine Dienstleistung bezeichnet. Es gibt an, wieviel Einheiten eines Produktes auf einem Markt abgesetzt werden könnten, falls ein bewusstes Kaufbedürfnis vorhanden und das erforderliche Einkommen verfügbar wäre. Das Marktpotenzial wird vor allem durch die Faktoren Zahl potenzieller Nachfrager, Bedarfsintensität, Markttransparenz und Marktsättigung sowie die Marketingaktivitäten der Anbieter bestimmt (vgl. Weis 1995, S. 51 ff.).

- Bei der **Marktgröße** bzw. dem **Marktvolumen** handelt es sich um **realisierte** oder **prognostizierte Absatzgrößen** (Mengen- oder Wertgrößen) einer Güter- oder Dienstleistungsart pro Periode in einem abgegrenzten Markt. In enger Beziehung zu den beiden vorherigen Begriffen steht der Begriff Marktwachstum.
- Das **Marktwachstum** (absolute bzw. prozentuale Veränderung des Marktvolumens) liefert u. a. Hinweise darauf, in welcher Phase des Marktzyklus sich ein Produkt oder eine Branche gegenwärtig oder künftig bewegen.

Abb. 25: Elemente der Marktanalyse

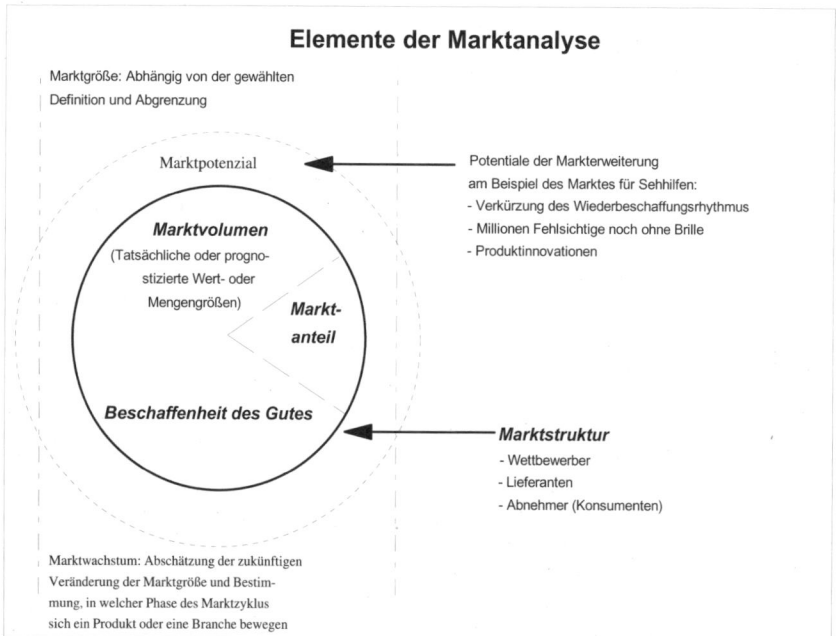

- Der **Marktanteil** gibt den prozentualen Anteil des in Mengen- oder Wertgrößen gemessenen Marktabsatzes eines Unternehmens am gesamten Marktvolumen eines Marktes an. Anhand des Marktanteils eines Unternehmens lässt sich feststellen, wie stark die Position des Unternehmens im Vergleich zu anderen Unternehmen auf einem bestimmten Markt ist. Marktwachstum, Marktanteil und Marktattraktivität (die sich aus mehreren Determinanten der Umwelt zusammensetzt; vgl. Hinterhuber 1989, S. 114) sind zentrale Orientierungsparameter für die Beurteilung von Produkten und Märkten, z. B. dargestellt anhand von Portfolios (Marktwachstum-Marktanteil-Portfolio der Boston Consulting Group und Marktattraktivität-Wettbewerbsvorteil-Portfolio von McKinsey).

80

- Als **Marktstruktur** kann die Distributionskette vom Anbieter (Industrie, Großhandel, Einzelhandel) zum Nachfrager (Konsumenten) einschließlich bestehender Wettbewerbsstrukturen (Konkurrenten) bezeichnet werden. So ist auf der **Beschaffungsseite** die Qualität eines Marktes wesentlich von der Störanfälligkeit gegenüber Lieferanten, der Verhandlungsstärke der Lieferanten sowie der Entwicklung der Faktorpreise bestimmt. Von der **Absatzseite** wird das Gewinnniveau eines Marktes über die Zahl und Größe der Abnehmer, die Verhaltensstruktur der Abnehmer (Bindung des Käufers an das Produkt eines Anbieters) und die Preissensitivität beeinflusst. Befinden wir uns auf der Endverbraucherstufe, den privaten Haushalten bzw. einzelnen Käufern, spielen insbesondere das verfügbare Einkommen und Verhalten der Verbraucher eine entscheidende Rolle.
- Der **Beschaffenheit eines Gutes** wird im Rahmen der Marktanalyse Beachtung geschenkt, weil der Grad der Homogenität eines Gutes Einfluss auf die Transparenz eines Marktes nimmt. In der Tendenz heißt dies: Eine hohe Markttransparenz (z. B. Benzin) verringert die Rendite, eine niedrige Transparenz (Dienstleistungen im Gesundheitswesen) verschafft einen größeren Spielraum.

5.2.2.2 Charakterisierung und Segmentierung von Märkten sowie Kriterien zur Durchführung der Marktanalyse

Die Charakterisierung und die Segmentierung von Märkten sind wichtige Voraussetzungen und Erkenntnisse im Rahmen der Branchenstruktur- bzw. Marktanalyse, um insbesondere Marketingstrategien zu formulieren und Märkte konsequent bearbeiten zu können (vgl. auch Kloss 2003).

Zwei Kriterien für die Einordnung von Branchen bzw. Produkten seien hier herausgestellt:
- **Nach Faktoren der Wettbewerbsintensität**: Beispiele für Branchen, Märkte sowie Produkte unter Zugrundlegung der fünf Faktoren der Wettbewerbsintensität nach Porter weist Abbildung 26 aus (vgl. Preißner 1996, S. 47 f.).
- **Zuordnung zur Phase im Marktzyklus** (vgl. Abbildung 27 nach Bea/Haas 1997, S. 84).

Abb. 26: Einordnung von Branchen und Produkten nach Faktoren der Wettbewerbsintensität

---

Markteintrittsbarrieren:
Branchen mit hohen Eintrittsbarrieren sind etwa Luftverkehr, Mineralöl oder
Taxibetriebe (Konzessionen). Geringe Eintrittsbarrieren gibt es bei Anwen-
dungssoftware oder im Handel.

Rivalität unter den bestehenden Wettbewerbern:
Märkte mit hoher Rivalität sind z. B. Personal Computer, Personenkraftwagen,
Printmedien und Versicherungen. Geringe Rivalität findet man etwa im Hand-
werk und bei den staatlichen Bildungseinrichtungen.

Gefahr durch Ersatzprodukte:
Substitution der Typenschreibmaschine durch Kugelkopf, dann Typenrad-
schreibmaschine, schließlich durch Textsysteme und Personal Computer.
Substitution des Fernschreibers durch Telefaxgeräte zunächst mit Thermopa-
pier, dann mit Normalpapier.
Substitution von Schallplatten durch Compact Discs.
Partielle Substitution von Naturfasertextilien durch atmungsaktive Kunstfaser-
textilien.
Partielle Substitution von (neuen) weißem Schreibpapier durch Recyclingpapier.
Partielle Substitution von gedruckten Nachschlagewerken durch CD ROM.

Verhandlungsstärke von Kunden:
Hohe Verhandlungsstärke liegt beim Lebensmittel-Einzelhandel und bei den
Automobilherstellern vor (als Abnehmer von Produkten/Handelsware).

Verhandlungsstärke von Lieferanten:
Geringe Verhandlungsstärke liegt umgekehrt dagegen bei den Lieferanten des
Lebensmittel-Einzelhandels und den Automobilherstellern vor.

Abb. 27: Beispiele von Branchen und Produkten in verschiedenen Marktphasen

Entstehung	Wachstum	Stagnation	Degeneration
Multimedia (Zusammen-wirken von Computer, Kommunikationstechnik und Unterhaltungstechnik) Datenautobahn	Kunststoffverarbeitung Informationstechnologie Mobilfunk Freizeitindustrie Finanzdienstleistungen Tourismus Biologische Lebensmittel Isogetränke Fort- und Weiterbildung Gentechnologie Medizintechnik "Gesundheitsbranche"	Maschinenbau Brauereien Stromversorger Hausgeräte (z. B. Kühl-schränke, Waschmaschi-nen) Automobil Echtschmuck Grundnahrungsmittel	Kohle Stahl Verteidigungstechnologie Schallplatten Schwarz-Weiß-Fernseh-geräte Pelzwaren

Bei der Marktanalyse kommt nicht nur dem Gesamtmarkt eine Bedeutung zu, sondern es geht vor allem auch um die Untersuchung der Eigenschaften **abgegrenzter Märkte, Teilmärkte oder Marktsegmente**. Differenzierungs- und Spezialisierungsstrategien beruhen auf dem Prinzip der Marktsegmentierung.

Der Begriff des Marktsegments ist eng zu verstehen und bezeichnet eine homogene Gruppe von Kunden bzw. Käufern. Die Marktsegmentierung kann nach unterschiedlichen Kriterien erfolgen, wobei die Kriterien selbstverständlich auch miteinander kombiniert werden. Segmentierungsvariablen können in sozio-ökonomische (z.B. Einkommen, Familienstand, Stadt/Land), psychografische (z.B. Lebensstil, Interessen, Motive, Kaufabsichten) und verhaltensorientierte Merkmale (z.B. Preisklasse, Art und Zahl de Medien, Betriebsformen, Markenwahl/ -treue) unterteilt werden (vgl. Bodenstein/Spiller 1998, S. 105 ff.).

Abb. 28: Kriterien zur Durchführung der Marktanalyse

Zu vergleichendes Produkt/Produktgruppe _____

Teilmarkt/Teilsegment_____

Untersuchungsobjekte	eigenes Unternehmen	Wettbewerber		
		Unternehmen A	Unternehmen B	Unternehmen C
Marktvolumen				
Marktwachstum				
Marktanteil				
erwartete Veränderung des Marktanteils in den nächsten 3 Jahren)				
Preis				
erwartete Preisentwicklung (in den nächsten 3 Jahren				
weitere Marketinginstrumente: - Produktqualität - Verpackung - Werbung - Service - Lieferzeit - Vertriebswege - Lieferbedingungen				

In Abbildung 28, die checklistenartig eine mögliche Zusammenstellung von Kriterien zur Durchführung einer Marktanalyse zeigt, wird deutlich, dass die Marktanalyse – ebenso wie die nachfolgende Konkurrentenanalyse – zur Erhebung externer Umweltbedingungen dient und sich sowohl mit der Konkurrentenanalyse als auch der Stärken- und Schwächen-Analyse Verknüpfungen ergeben (vgl. Kreikebaum 1991, S. 66, 69).

5.2.3 Konkurrentenanalyse

Zielsetzungen, Fragestellungen und Datenbasis:
Die Konkurrentenanalyse ist auch zentraler Bestandteil der Branchenstrukturanalyse (zur engeren Konkurrentenanalyse siehe z.B. Graumann/Weismann 1998, Kreikebaum 1991, S. 61 ff., Vollmuth 1994, 234 ff.). Bei der Konkurrentenanalyse handelt es sich um ein Instrument, das als eine der Voraussetzungen der Stärken-Schwächen-Analyse angesehen werden kann, da bei letzterer diejenigen Potenziale u.a. an den Daten der Konkurrenten gemessen werden.

Prinzipiell werden diejenigen Daten über die relevanten Konkurrenten, die auch Gegenstand der Ressourcen-/Potenzialanalyse oder Stärken-Schwächen-Analyse innerhalb des eigenen Unternehmens sind. Viele der erforderlichen Informationen sind allerdings nur schwer und auf indirektem Weg zu erhalten. Zwar sind die Voraussetzungen für die Gewinnung von Daten über Konkurrenzunternehmen – zumindest für Unternehmen, die der Publizitätspflicht unterliegen – im Laufe der Jahre günstiger geworden, aber vielfach müssen Daten erhoben werden (primäre Marktforschung). Informationen müssen regelmäßig und systematisch erfragt werden. Deshalb empfiehlt es sich in der Praxis, ebenso wie bei der Marktanalyse, bei der Durchführung der Konkurrentenanalyse sog. **Checklisten bzw. Arbeitsblätter** (siehe Abbildung 29) zu verwenden. Üblich ist unter Verwendung von Formblättern die Beobachtung der Konkurrenten durch den Vertrieb (Außenmitarbeiter) oder das Messebesuche ausgewertet werden (vgl. Graumann/Weissmann 1998, S. 156 ff.; Preißler 1998, S. 245 ff.; Vollmuth 1994, S. 236).

Von der richtigen Einschätzung der Konkurrenten hängt oft der eigene Erfolg am Markt ab. Generell soll abgeschätzt werden:
- auf welchen Prämissen, Selbsteinschätzungen und Beurteilungen der Branche die voraussichtlichen Strategien des Konkurrenten beruhen,
- welche Strategien relevante Konkurrenten verfolgen und wie erfolgreich sie am Markt operieren und
- über welche Stärken und Schwächen die Konkurrenten verfügen (Peemöller 1997, S. 110).

Schilderung des Ablaufs:
Die wichtigen Eckpfeiler der Konkurrentenanalyse lassen sich wie folgt skizzieren:
- **Beurteilungskriterien festlegen**: Die relevanten Konkurrenten müssen genau unter die Lupe genommen werden. Was und nach welchen Kriterien erhoben werden soll, ist gut vorzubereiten; dann sind die Informationen zu beschaffen. Dabei reicht es nicht aus, lediglich die vorhandenen Ressourcen der Konkurrenten zu ermitteln. Mindestens genauso wichtig, sind Informationen über die verfolgten Absichten, die bisherigen und zukünftigen Unternehmensstrategien, die angestrebten Ziele usw. (vgl. Kreikebaum 1991 S. 63).

- **Datenbeschaffung**: Zunächst sind die wichtigsten Konkurrenten zu ermitteln und in ihrer allgemeinen Marktposition zu beschreiben, wobei der stärkste Wettbewerber auf jeden Fall in die Analyse mit einbezogen werden sollte. Ein Vergleich mit dem Marktführer ist sehr aussagefähig, weil schnell deutlich wird, dass der „Marktprimus" bei bestimmten Kriterien einfach besser als das eigene Unternehmen ist (vgl. Vollmuth 1994, S. 237).
- **Mitwirkende Personen bei der Datenerhebung**: Bei der Konkurrenzanalyse sollten möglichst die Führungskräfte des Unternehmens mitwirken. Sie können in der Regel auf Grund ihrer Branchenkenntnis die Produkte und Strategien des Marktführers und der anderen Konkurrenten gut einordnen und bewerten. Dazu gehören insbesondere Mitarbeiter in den Verantwortungsbereichen Marketing und Vertrieb, Produktion sowie Forschung und Entwicklung. Damit die Beurteilung möglichst objektiv und spontan ausfällt, ist es in der Regel sinnvoll, dass die Formulare ohne Nennung des Namens der Mitarbeiter abgegeben werden.
- **Ressourcenvergleich und Bestimmung kritischer Erfolgsfaktoren**: Es sind die kritischen Erfolgsfaktoren, die für den Markterfolg entscheidend sind, zu ermitteln. Dabei sollte das strategische Controlling insbesondere Daten über Produkte, Art des Vertriebs, Marketingaktivitäten, finanzielle Stärke u. ä. zusammenstellen. Diese primär gegenwarts- bzw. vergangenheitsbezogenen Informationen müssen um zukunftsbezogene Betrachtungen erweitert werden, um ein aussagefähiges Bild der Konkurrenzlandschaft zu erhalten. Adäquate Instrumente zur Antizipation der künftigen Entwicklung sind z. B. Prognoseverfahren, die Szenario-Technik und die Gap-Analyse. Hiermit kann die Zukunft gedanklich erfasst, der Eintritt von möglichen Änderungen abgeschätzt und deren Relevanz für das eigene Unternehmen beurteilt werden.

Abb. 29: Formblatt zur Durchführung einer Konkurrentenanalyse

Objektbereich	Wettbewerb		
	Unternehmen A	Unternehmen B	Unternehmen C
Produktbereich			
Produktionsbereich			
F&E-Bereich			
Absatzbereich			
Personalbereich			
Finanzbereich			
Organisation und Verwaltung			
– EDV-Einsatz – Führungsformen			
Planungssystem – Absichten – Strategien – Ziele – Entwicklungs- stand			

Abschließend kann festgehalten werden: Mit dem Erkennen der geschäftlichen (aktuellen und potenziellen) Betätigungsfelder der relevanten Konkurrenten sowie daraus resultierender Chancen und Risiken für das eigene Unternehmen wird die Basis für die Formulierung eigener Strategien gelegt.

5.3 Unternehmensanalyse

Während die Umweltanalyse das externe Umfeld des Unternehmens unter die Lupe nimmt, richtet sich die **Unternehmensanalyse** auf die **interne Ressourcensituation** ("innere Umwelt"). Sie untersucht die internen Gegebenheiten eines Unternehmens, um den Erfolgsbeitrag einzelner Bereiche oder Tätigkeiten beurteilen zu können und um **Potenziale sowie Stärken und Schwächen** vor allem gegenüber der Konkurrenz deutlich zu machen. Die Bewertung der eigenen Stärken und Schwächen kann nur sinnvoll durch einen **Vergleich** erfolgen, der in unterschiedlichen Formen durchführbar ist (vgl. Zdrowomyslaw/Brunk 24/1996, S. 885 ff.).

Entscheidend ist vor allem, dass die Ergebnisse entsprechender Vergleiche genutzt werden, ein Erfahrungsaustausch stattfindet und die Erkenntnisse Eingang in die strategische Planung finden. Heute spricht man im Rahmen der strategischen Stärken- und Schwächenanalyse von

- **Potenzial- und Lückenanalyse**, wenn der Vergleich mit einem strategischen Idealziel gesucht wird;
- **Konkurrenzvergleich** oder **Stärken- und Schwächenanalyse** im engeren Sinne, wenn ein Vergleich mit wichtigen Konkurrenten angestrebt wird;
- **Benchmarking**, wenn ein Vergleich betrieblicher Funktionen mit der jeweils besten zugänglichen Unternehmung, auch von außerhalb der eigenen Branche, angestrebt wird.

Es gibt unterschiedliche **Methoden zur Bestimmung und Bewertung von Schwachstellen und Erfolgsfaktoren.** Die klassischen Methoden sind Checklisten, Kennzahlen und die Befragung von Kunden. Sehr gute Ergebnisse liefern im Handwerk der Workshop, eine Kartenabfrage und die Erfolgsfaktoren-Analyse (vgl. Zdrowomyslaw/Dürig 1999, S. 168 ff.). Abbildung 30 zeigt eine Zusammenstellung einiger im Rahmen der Unternehmensanalyse zu beurteilender Sachverhalte in Form einer Checkliste.

Die **Aufgabe** der **Unternehmensanalyse** aus strategischer Sicht ist die Beschreibung und vor allem die Bewertung der Ressourcenposition des Unternehmens mit dem Ziel, aus den ermittelten Stärken und Schwächen Ansatzpunkte für die Schaffung strategischer Wettbewerbsvorteile aufzuzeigen (vgl. Steinmann/ Schreyögg 1997, S. 177 f.). Abbildung 30 zeigt ein Beispiel für eine Checkliste zur Unternehmensanalyse.

Abb. 30: Checkliste zur Unternehmensanalyse

Allgemeine Unternehmens-entwicklung	• Umsatzentwicklung • Cash-Flow-Entwicklung • Entwicklung des Personalbestandes • Entwicklung der Kosten (fixe Kosten, variable Kosten)
Marketing	• Marketingleistung (Sortiment, vor allem Breite, Tiefe und Bedürfniskonformität des Sortiments, Qualität der Hauptleistungen, vor allem Konstanz und Individualität der Leistungen sowie Fehlerarten; Qualität der Nebenleistungen, zum Beispiel Anwendungsberatung, Garantieleistungen und Lieferservice; Qualitätsimage) • Preis (allgemeines Preisniveau; Rabatte; Zahlungskonditionen) • Marktbearbeitungsaktivitäten (Werbung; Verkauf; Verkaufsförderung; Öffentlichkeitsarbeit; Markenpolitik; Imagepflege) • Distribution (inländische Absatzorganisation; Exportorganisation; Lieferbereitschaft; vor allem Lagerbewirtschaftung und Transportwesen)
Produktion	• Produktionsprogramm • Produktionstechnologie (Zweckmäßigkeit, Modernität und Automatisierungsgrad der Anlagen) • Vertikale Integration • Produktionskapazitäten • Produktivität • Produktionskosten • Einkauf und Versorgungssicherheit
F & E	• Leistungsfähigkeit der F & E (gegenwärtige Aktivitäten sowie geplante Investitionen) hinsichtlich Verfahrens-, Produkt- und Softwareentwicklung; F & E-Know-how, Patente und Lizenzen
Finanzen	• Kapitalvolumen und Kapitalstruktur (Finanzierungspotential; Working Capital) • Kapitalumschlag (Gesamtkapitalumschlag; Lagerumschlag; Debitorenumschlag) • Stille Reserven • Liquidität • Investitionsintensität
Personal	• Qualitative Leistungsfähigkeit der Mitarbeiter (Leistungswille; Betriebsklima; Teamgeist; Unite de doctrine) • Entgeltpolitik und Sozialleistungen
Führung und Organisation	• Entwicklungsstand des PuK-Systems • Qualität der Führungskräfte (Entscheidungsgüte und –geschwindigkeit) • Strategie-Struktur-Fit • Know-how (bezüglich Kooperation; Akquisitionen)
Innovations-fähigkeit	• Einführung neuer Marktleistungen • Erschließung neuer Märkte • Erschließung neuer Absätze

5.3.1 Ressourcen- bzw. Potenzialanalyse

Unter der Potenzialanalyse wird in der Regel die Untersuchung der **Ressourcen** eines Unternehmens unter dem Gesichtspunkt ihrer **Verfügbarkeit für strategische Entscheidungen** verstanden (vgl. Kreikebaum 1991, S. 41). Der Gegenstand der Potenzialanalyse setzt also auf den Ressourcen des Unternehmens auf und wird deshalb üblicherweise funktionsbezogen (z. B. Produktions-, F&E-, Marketing-, Personal- und Finanzbereich) definiert. Allerdings sollte die Erfassung der Potenziale beispielsweise in den Bereichen Organisation, Unternehmensplanung oder Informationstechnik heutzutage nicht unberücksichtigt bleiben. Zu erfassende Potenziale z. B. im Funktionsbereich „Personal" können sein: Altersstruktur der Belegschaft, vorhandene Fähigkeiten, Ausbildungsstand, Motivation und Arbeitsfreude (vgl. Kreikebaum 1991, S. 43).

Für jedes Unternehmen lassen sich neben zahlreichen **allgemeinen kritischen Erfolgs-** bzw. **potenziellen Engpassfaktoren** auch spezielle Kriterien der jeweiligen Branche (z. B. Bäcker, Augenoptiker, Hersteller von Medizingeräten, Konsumgüterproduzenten) festlegen. Eine allgemeingültige Systematik wird es nicht geben. In der Literatur erfolgt teilweise eine Gleichsetzung von Potenzial- und der im Folgenden zu behandelnden Stärken-Schwächen-Analyse (z. B. Hering/ Zeiner 1995, S. 94).

5.3.2 Stärken-Schwächen-Analyse

Die **Stärken-Schwächen-Analyse** ist eine **universell einsetzbare Methode**, die es gestattet, Stärken und Schwächen bestimmter Untersuchungsgegenstände zu ermitteln, d. h. die Ressourcen des Unternehmens zu bewerten. Streng genommen ist die Stärken-Schwächen-Analyse nur eine auf die Gegenwart bezogene Betrachtung. Ihr Ziel ist es, erkannte Stärken weiter auszubauen und bemerkte Schwächen möglichst schnell zu beseitigen, und zwar mit einer langfristigen (strategischen) Ausrichtung. Zur Beurteilung des Unternehmens werden geeignete **quantitativ fassbare** (z. B. Preise), vor allem aber **qualitative Merkmale** (z. B. Dekoration) als Maßstäbe herangezogen.

Die Stärken- und Schwächen-Analyse kann dabei grundlegend in zwei Teilperspektiven gegliedert werden:
* **wertschöpfungszentrierte Analyse**, d. h. die **von innen nach außen** gerichtete Betrachtung der Unternehmensressourcen, die relativ zur Konkurrenz bzw. genereller zum Wettbewerbsumfeld vorzunehmen ist;
* **kundenzentrierte Analyse**, d. h. die **von außen nach innen** gerichtete Betrachtung, also die Bestimmung der erfolgskritischen Ressourcen aus der Sicht des Marktes, insbesondere aus der Sicht der (potenziellen) Kunden.

Die Stärken-Schwächen-Analyse wird in zwei Varianten durchgeführt: als **Stärken-Schwächen-Profilanalyse** und als **Stärken-Schwächen-Nutzwert-Analyse**. Der Stärken-Schwächen-Analyse in beiden Varianten gehen entsprechende Informationsbeschaffungs- und -verarbeitungsprozesse voraus.

5.3.2.1 Stärken- und Schwächen-Profil

Zielsetzungen, Fragestellungen und Datenbasis:
Um Chancen und Risiken oder Stärken und Schwächen deutlich und vergleichbar darzustellen, hat sich das **Profil** (die sog. Fieberkurve) bewährt. Mit Hilfe der Stärken-Schwächen-Profil-Analyse ist es möglich, die Meinungen und Ansichten von Personen zu einem Sachverhalt bzw. Untersuchungsobjekt (Branche, Konkurrenten, eigenes Unternehmen, einzelne Bereiche und Abteilungen) unter Verwendung ausgewählter Kriterien grafisch darzustellen.

Schilderung des Ablaufs:
Um ein Branchen-, Unternehmensprofil u. a.m. zu erstellen, sind folgende Schritte erforderlich:

- Zunächst werden die **kritischen Ressourcen** ermittelt. Der zu untersuchende Sachverhalt wird so beschrieben, dass er mit ausgewählten Kriterien beurteilt werden kann. Es werden zuerst Hauptkriterien (Oberkriterien) gesucht, nach denen eine Beurteilung vorgenommen werden kann. Als nächstes sucht man für diese Oberkriterien einzelne Teilkriterien. Diese können quantitativer (z. B. Marktanteil) oder qualitativer (z. B. Bedienungsfreundlichkeit) Art sein. In einer Auflistung werden die Beurteilungsmerkmale untereinander aufgeführt.
- Es ist eine **Skalierung** festzulegen und neben die Beurteilungskriterien zu platzieren, in der die Beurteilung eingetragen wird. Die Punkteskala kann beispielsweise eine bestimmte Spanne umfassen (z. B. 0–10) Jedes Teilkriterium wird je nach Erfüllungsgrad mit Punkten bewertet (zum Beispiel 0 Punkte „sehr schwach" und 10 Punkte „sehr gut").
- Werden die **Beurteilungskriterien** in die Zeilen, die **Bewertungen** in die Spalten geschrieben und die Bewertungspunktzahlen grafisch miteinander verbunden (Polygonzug), so erhält man für jedes Untersuchungsobjekt typische Profile, an denen sich die Stärken und Schwächen erkennen lassen.
- Da absolute Noten wenig aussagen, ist ein **Vergleich** mit anderen gleichartigen Objekten (z. B. Profil des eigenen Unternehmens mit dem stärksten Konkurrenten) vorzunehmen.
- Die **Profildarstellungen** sind auszuwerten und danach zu bewerten, wo Ansatzpunkte der Verbesserung bzw. gefährliche Entwicklungen erkennbar sind oder welche Stärken noch besonders gefördert werden sollten.

Die hier vorgestellte Stärken-Schwächen-Profil-Analyse (siehe Abbildung 31) und das Beispiel (vgl. Wirtschaftsprüfer Handbuch 1992, S. 233) dokumentieren, dass es sich um eine sehr aussagefähige Problemanalysetechnik handelt, auf die kein Unternehmen verzichten sollte. Probleme liegen zweifelsohne in der Auswahl der Kriterien sowie der Beschaffung aussagefähiger Informationen, speziell über potenzielle Konkurrenten. Ferner lassen sich auch bei der Beurteilung von Profilen subjektive Einflüsse nicht völlig ausschließen.

Abb. 31: Stärken-Schwächen-Profil und Chancen/Gefahren-Ausblick

Bewertungsmaß / kritische Ressourcen	Anmerkungen	Aktuelle Stärken/Schwächen im Vergleich zum stärksten Konkurrenten (schlecht mittel gut) (-8 -7 -6 -5 -4 -3 -2 -1 0 1 2 3 4 5 6 7 8)	Anmerkungen	Chancen	weder noch	Gefahren
Produktlinie X	ausgereift		Verbesserungen notwendig	X		
Absatzmärkte (Marktanteile)	harter Wettbewerb		Wachstum	X		
Marketingkonzept	veraltet		Neues Konzept	X		
Finanzsituation	schlecht		Verschlechterung		X	
Forschung und Entwicklung	hoher Aufwand der nicht genutzt wird		Ressourcenabbau	X		
Produktion	hohe Kapazität		Kapazitätsabbau			X
Versorgung mit Rohstoffen und Energie	ungünstig wegen Finanzsituation		bleibt schwierig		X	
Standort			Verbesserung der Infrastruktur	X		
Kostensituation, Differenzierung			Personalkosten			X
Qualität der Führungskräfte	Mittelmaß		Teilweise ersetzen	X		
Führungssysteme	schlecht		erneuern		X	
Steigerungspotential der Produktivität	nicht ausreichend		verbessern	X		

●——● Krisenunternehmen   ◆——◆ stärkster Konkurrent

5.3.2.2 Stärken-Schwächen-Nutzwert-Ermittlung – Scoringmodelle

Zielsetzungen, Fragestellungen und Datenbasis:
Die Stärken-Schwächen-Nutzwert-Ermittlung (Nutzwertanalyse, Scoringmodelle) setzt auf dem gleichen Prinzip, welches der Stärken-Schwächen-Profil-Analyse zugrunde liegt, auf. Die Nutzwertanalyse dient aber dem **Vergleich unter mehreren Alternativen**, zwischen denen das Management eine Entscheidung treffen muss. Derartig unterschiedliche Möglichkeiten tauchen auf bei verschiedenen Investitionsprojekten, Fragen der Rechtsform-, Standort-, Produktwahl usw. Bei solchen Entscheidungen werden nicht nur Mengen und Werte, sondern auch qualitative Aspekte (z. B. bei der Standortwahl die Marktnähe, Arbeitskräftesituation) zu beurteilen sein (vgl. Bussiek 1994, S. 187).

91

Schilderung des Ablaufs:
Die Kriterien werden bei der Nutzwertanalyse entsprechend ihrer Bedeutung gewichtet und anschließend bewertet. Das Produkt aus Gewicht und Punktzahl ergibt den Einzelnutzwert für jedes Kriterium. Die Summe aller Einzelnutzwerte ergibt einen Gesamtnutzwert. Das untersuchte Objekt mit dem höchsten Gesamtnutzwert ist das beste. Allgemein geht man bei einer Nutzwertanalyse in **folgenden sechs Schritten** vor:

1. Aufstellen eines Kriterienkatalogs;
2. Gewichtung der Kriterien zueinander, wenn ihnen bei der Gesamtbeurteilung eine unterschiedliche Bedeutung für die Entscheidung zugemessen wird;
3. Bewertung der Kriterien an Hand einer vorbestimmten Skala;
4. Errechnung der Einzelnutzwerte für jedes Kriterium als Produkt aus dem Gewicht und der Bewertungszahl;
5. Berechnung des Gesamtnutzwertes als Summe der Einzelnutzwerte.
6. Wird eine ideale Alternative mitgeführt, die jeweils die höchsten Einzelnutzwerte erhält und somit auch den höchsten Gesamtnutzwert repräsentiert, dann kann ermittelt werden, welches Untersuchungsobjekt zu wieviel Prozent der idealen Lösung am nächsten kommt. Zu diesem Zweck dividiert man den errechneten Gesamtnutzwert durch den idealen Gesamtnutzwert und multipliziert das Ergebnis mit 100.

Je nach Gewichtung eines Kriteriums schwankt der jeweilige Einzelnutzwert erheblich, so dass sich bei anderer Gewichtung das Nutzwertprofil verschieben wird. Weiterhin kann es vorkommen, dass sich auch der Gesamtnutzwert wesentlich verändert. Deshalb muss die Wahl der **Gewichtungen besonders sorgfältig** vorgenommen werden. Ein Beispiel für ein Scoringmodell wird im Rahmen der Behandlung der Instrumente der strategischen Investitionsplanung vorgestellt (vgl. Abschnitt 5.9.2.2).

5.3.3 Strategische Bilanz

Zielsetzungen, Fragestellungen und Datenbasis:
Vergleichbar der SWOT-Analyse können die Ergebnisse aus der Umwelt- und Unternehmensanalyse in einer sogenannten strategischen Bilanz (Aktiva = Stärken und Passiva = Schwächen) einander gegenübergestellt werden. Diese „Bilanz", die von Mann entwickelt wurde, soll Veränderungen zwischen Unternehmen und Umwelt, die für die Zukunft Chancen oder Risiken bedeuten können, signalisieren. Auch hier handelt es sich um ein sehr anschauliches Darstellungsinstrument, das auf einer Zusammenstellung eines Katalogs von Bestimmungsgrößen des Erfolgspotenzials bzw. der Erfolgspotenziale des Unternehmens beruhen (vgl. Peemöller 1997, S. 113). Die strategische Bilanz ist ein Instrument, das die Aufgabe hat, **strategische Engpässe zu identifizieren** und dem Management die notwendige Konzentration auf den Minimumfaktor zu ermöglichen (vgl. Elbing/Kreuzer 1994, S. 170).

In seinem Konzept bildet Mann zur Systematisierung bzw. Strukturierung der Bestimmungsgrößen fünf „Produktionsfaktoren": Kapital, Personal, Material, Absatz und Know-how. (vgl. Peemöller 1997, S. 114). Grundsätzlich kann eine Gegenüberstellung zukünftiger Stärken und Schwächen selbstverständlich für verschiedene Strategiebereiche durchgeführt werden.

Schilderung des Ablaufs:
Die Entstehung der strategischen Bilanz vollzieht sich in folgenden Schritten:
- Die verschiedenen **Bestimmungsfaktoren** (siehe Abbildung 32) werden mit Hilfe einer Checkliste auf ihre wichtigsten Abhängigkeiten hin **untersucht.** Die Bewertungsfaktoren werden dann in eine **Bilanz eingeordnet**: Aktive Abhängigkeiten sind auf der Aktivseite zu erfassen, passive entsprechend auf der Passivseite. Als aktiv werden Abhängigkeiten dann angesehen, wenn Andere (z. B. in der Umwelt angesiedelte Geschäftspartner oder Konkurrenten) von der Unternehmung abhängig sind; ist hingegen das Unternehmen in bestimmter Hinsicht von der Umwelt abhängig (z. B. als Zulieferer in der Automobilindustrie), so wird diese Abhängigkeit auf der Passivseite vermerkt. Die mit diesen Abhängigkeiten verbundenen Wirkungen können mit solchen Begriffen wie **Stärken**, Chancen, Vorteile, Nützlichkeit u.ä. in Verbindung gebracht und auf der **Aktivseite** registriert werden. Demgegenüber werden auf der **Passivseite** die **Schwächen**, Risiken u.ä. dokumentiert.
- Die **Faktoren** werden dann in einer **Bilanz** einander **gegenübergestellt** und einer **Bewertung unterzogen**. Auf einer Skala von 0 % (vollständige Unabhängigkeit) bis 100 % (vollständige positive oder negative Abhängigkeit) auf beiden Seiten der Bilanz werden die zukünftigen Zustände nach dem erwarteten Eintritt von zu treffenden Maßnahmen erfasst. Es ergibt sich auch in diesem Fall eine prägnante Profildarstellung (siehe Abbildung 33).
- Nach Erfassung, Bewertung und Visualisierung der Stärken und Schwächen des Unternehmens in seiner Umwelt folgt die **Suche nach strategischen Engpässen** der betrachteten Strategiebereiche. Ein kritischer Engpass liegt vor, wenn die Entfernungspunkte zwischen jeweils einem Aktiv- und Passivwert unter 100 liegen. D.h. alle Summen kleiner 100 deuten auf eine Abhängigkeit im jeweiligen Strategiebereich, alle Summen, die größer 100 sind, deuten auf eine Stärke hin. Der kleinste skalierte Abstand ist als dominanter Engpass zu klassifizieren. Die Summe aller Abstände kann (nach dem Vorbild einer Energiebilanz) als Indikator für die Existenzfähigkeit des Unternehmens angesehen werden, wobei für die zukünftige Lebensfähigkeit mindestens die Hälfte der gesamten Punktzahl zu erreichen sind.

Beispiel:
Folgendes Beispiel (Abb. 33) nach Ziegenbein (1998, S. 314ff.), basierend auf sechs Funktionsbereichen (Absatz, F&E, Produktion, Beschaffung, Personal und Finanzen) und der entsprechenden Skalierung auf der Aktiv- und Passivseite, verdeutlicht, dass die Beschaffung als kritischer Engpass zu betrachten ist. Mit dem Gesamtwert von 740 (maximal 1.200) ist die Existenzfähigkeit des Unternehmens positiv zu bewerten. Genauere Aussagen über eine mögliche Existenzbedrohung

des Unternehmens bzw. der strategischen Geschäftseinheiten erlauben jedoch erst ein Zeitvergleich bzw. weitere Analysen.

Abb. 32: Stärken- und Schwächenbeurteilung verschiedener Funktionsbereiche

Funktionsbereich	Stärken	Schwächen
Absatz	• Kundentreue • Ausgebautes Distributions- und Kunden- dienstnetz	• Abgrenzung von Konkurrenz- produkten • Kleinaufträge
F&E	• Kurze Projektbearbeitungsdauern • Schutzfähigkeit des technischen Know-how	• Lösung von Kundenproblemen auf relativ niedriger Ableitungsstufe • Produktionsicherheit/-haftung
Produktion	• Moderne Verfahrenstechnologien • Flexible Produktionsstrukturen	• Auftragsabhängige Fertigung (Lieferzeiten) • Überkapazitäten
Beschaffung	• Standardisierung von Teilen und Baugruppen • Effiziente Logistik	• Abhängigkeit von Lieferanten • Importverbote/-beschränkungen
Personal	• Wettbewerbsfähige Entlohnungsstruktur • Ausbildungsstand der Mitarbeiter	• Fluktuation und Absentismus • Altersstruktur der Mitarbeiter
Finanzen	• Unausgeschöpfte Kreditlinien • Kunden zahlen termingerecht	• Eigenkapitalbeschaffung von außen • Selbstfinanzierungskraft

Abb. 33: Strategische Bilanz

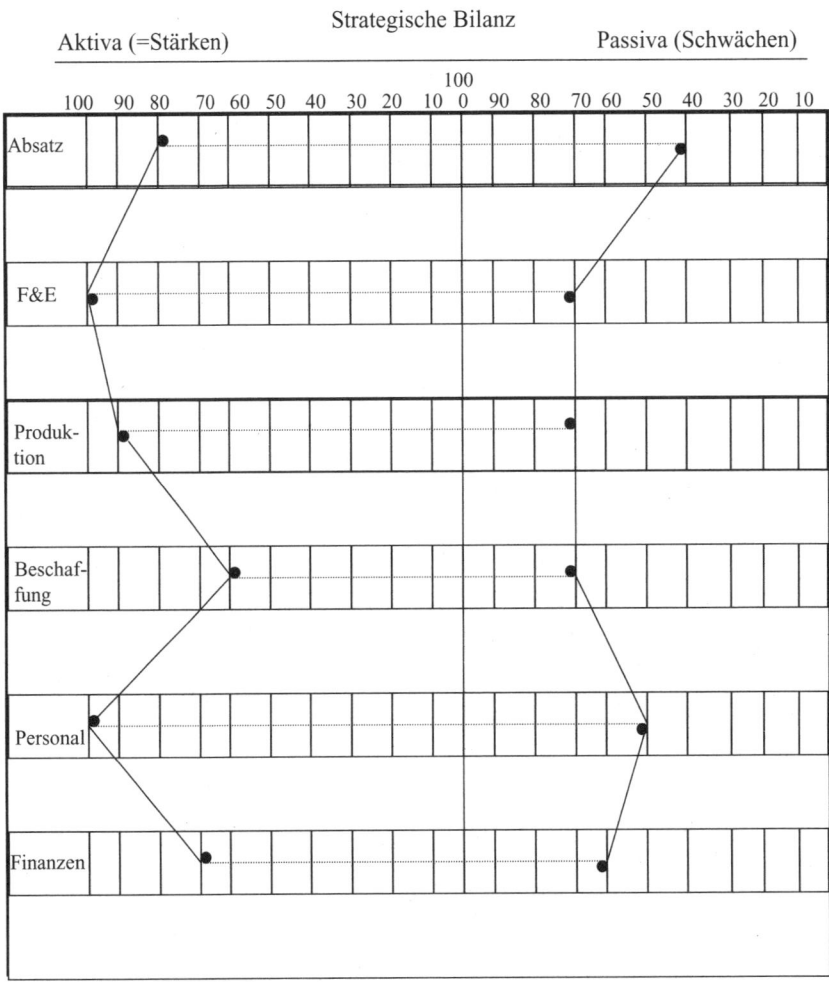

Natürlich hat auch dieses Instrument gewisse Schwachstellen und Einschränkungen, unverkennbar bringt aber die Anwendung dieser Methode folgende **Vorteile** mit sich:

- Die strategischen (zukünftigen) Stärken und vor allem die Schwächen von Unternehmen werden visualisiert (aber auch Projektbewertungen sind möglich).
- Die qualitativen Ausprägungen von verschiedenen Strategiebereichen werden in eine Rangordnung gebracht und damit ordinal skaliert.
- Die Unternehmensentwicklung kann durch eine periodische Analyse im Zeitablauf dargestellt werden.

- Das herkömmliche Bilanzverständnis (Zeitpunktorientierung) wird, gleichsam für das gesamte übliche Controllingverständnis, um Aspekte strategischer Unternehmensführung erweitert.
- Aus der Identifikation des strategischen Engpasses lassen sich unmittelbare Konsequenzen für die Ressourcenallokation ableiten (Elbing/Kreuzer 1994, S. 173 f.).

Eine Erweiterung des Anwendungsfeldes dieses Instruments kann in Verbindung mit der Szenario-Technik (vgl. Abschnitt 5.6) gesehen werden: Während im obigen Beispielfall die strategische Bilanz als Ergebnis eines bestimmten Maßnahmebündels dargestellt wurde, ist es auch denkbar, Szenarien zu untersuchen, die sich unter Zugrundelegung mehrerer alternativer Maßnahmebündel ergeben.

5.3.4 Benchmarking als Instrument der wertschöpfungsbezogenen Unternehmensanalyse

Zielsetzungen, Fragestellungen und Datenbasis:
Erfolgt ein Vergleich nicht primär an betrieblichen Funktionsbereichen (z. B. Produktion oder Marketing) zur Bestimmung von Stärken und Schwächen eines Unternehmens, sondern in erster Linie an **wertschöpfungsbezogenen Tätigkeiten** des Unternehmens (z. B. logistische oder F&E-Prozesse), so kann von einer wertschöpfungsbezogenen Unternehmensanalyse gesprochen werden. Die wertbezogene Betrachtung geht vor allem auf Porter zurück (siehe unter 2.3.3). D.h. zur Beurteilung des Unternehmens sind die eigenen betrieblichen Wertschöpfungsaktivitäten mit denen der Konkurrenten aber auch anderer (z. B. branchenfremder) Unternehmen zu vergleichen.

Ein geeignetes Instrument, die Frage zu beantworten, warum sind andere Unternehmen erfolgreicher als wir, stellt das **Benchmarking** dar. Unter „Benchmarks" können Ziel- und Orientierungsgrößen verstanden werden, wobei quantitative aber auch qualitative Wertungen Bestandteile der Betrachtung und Bewertung sind. Als Vorgänger des Benchmarking können die seit langem bekannten „Erfahrungsgruppen" (Erfa) und sonstige Erfahrungsaustauschaktivitäten angesehen werden. Enge Beziehungen des Benchmarking bestehen auch zu anderen Methoden, wie z. B. der Stärken-Schwächen-Analyse, den externen Betriebsvergleichen u. a. (vgl. Preißler 1998, S. 260). Wichtig ist es, das „Best-practice"-Unternehmen herauszufinden. Dieses gilt als Maßstab für die anderen Teilnehmer in einem Benchmarking.

Schilderung des Ablaufs:
Die Ablauforganisation des Benchmarking kann nach Preißler in folgenden Schritten charakterisiert werden (vgl. Preißler 1998, S. 261):
1. Festlegung der Vergleichsmerkmale und Festlegen der Bereiche, wo die Leistungen verbessert werden sollten bzw. könnten.
2. Festlegung des Benchmarking-Teams.

3. Definition der Kosten-Nutzen-Relation.
4. Festlegung der „Best-practice"-Unternehmen.
5. Ermittlung der Kosten- und Leistungsstruktur des eigenen Unternehmens.
6. Kosten- und Leistungsermittlung der „Best-practice"-Unternehmen.
7. Erstellung eines Aktionsplans zur Leistungssteigerung und Kostenminimierung.
8. Erarbeitung eines Aktions- und Maßnahmekatalogs.
9. Permanente Überwachung und Steuerung des Aktions- und Maßnahmenkatalogs.
10. Korrekturentscheidungen und Gegensteuerungsmaßnahmen.
11. Aktualisierung der Benchmarks (Rückkoppelungsprozess).

5.4 Portfolio-Analyse

Der Ausdruck Portfolio stammt aus dem Bereich des Wertpapier-Managements. Die Streuung von Finanzmitteln in Wertpapieranlagen, seit Markowitz (1952) als „portfolio-selection" bezeichnet, ist der Ressourcenallokation eines Unternehmens in seine Produkte oder Strategischen Geschäftseinheiten sehr ähnlich. In beiden Fällen kommt es bei einer ausgewogenen Strategie darauf an, die eigenen „Blue-Chips" bzw. die eigenen traditionellen Geschäftsfelder, um zukunftsträchtige Aktien bzw. Produkte zu ergänzen und sich rechtzeitig von fallenden Aktien bzw. Leistungsangeboten in der Degeneration zu trennen.

Wegen der ähnlichen Problemlage haben sich für die zukunftsorientierte Bestimmung der eigenen Geschäftsfelder im strategischen Controlling auch die Bezeichnungen Portfolio-Konzept bzw. -Management durchgesetzt. Nach wie vor sind die entsprechenden Portfolio-Varianten die wichtigsten Instrumente des strategischen Controlling (vgl. zu den Ausführungen des gesamten Abschnittes 5.4 Czenskowsky 1988).

5.4.1 Fundamente

Die Portfolio-Analyse ist aber darüber hinaus auch im Zusammenhang mit anderen strategischen Methoden zu sehen. Sie basiert auf
- dem Konzept des Produktlebenszyklus,
- dem PIMS-Projekt und
- dem Konzept der Erfahrungskurve.

In den folgenden Ausführungen wird aufgezeigt, welche Beziehungen zwischen den einzelnen Bestandteilen des Fundamentes und den Varianten der Portfolio-Analyse bestehen.

5.4.1.1 Produktlebenszyklus-Konzept

In Produktlebenszyklus-Betrachtungen unterliegen Produkte (ebenso wie in sonstigen Lebenszyklen auch Menschen oder Tiere) dem **„Gesetz des Werdens und Vergehens"**. Demnach haben Produkte eine begrenzte Lebensdauer, in der sie bestimmte Phasen durchlaufen. Aus Sicht des strategischen Controlling ist insbesondere die Stellung der Produkte im Marktzyklus zu durchleuchten. Hier werden Erfolgsdaten, wie z. B.

- Absatz,
- Umsatz,
- Marktanteil

im Zeitablauf eines Produktes betrachtet.

Sogenannte „integrierte Produktlebenszyklus-Konzepte" unterscheiden mehrere Zyklen mit folgenden wesentlichen Bestandteilen:
- **Beobachtungszyklus:**
  Betrachtet wird die Sicherheit im Zeitablauf, mit der mit den vorhandenen Produkten zukünftig noch gearbeitet werden kann. Ist die Unsicherheit über die Ertrags- bzw. Zukunftsaussichten gegenwärtig im Sortiment befindlicher Produkte zu groß, sind Innovationen zu initiieren.
- **Entstehungszyklus:**
  Er spiegelt die Kostenentwicklung der verschiedenen Phasen, die Neuproduktideen im Rahmen ihrer Realisierung durchlaufen müssen, wider. Für das Controlling ist wichtig, dass in dieser Phase das Grundgerüst der Kosten, die im einzelnen Produkt enthalten sind, festgelegt wird.
- **Marktzyklus:**
  Betrachtet wird die „klassische" Auffassung vom Produktlebenszyklus-Konzept, d. h. der Verlauf einer Erfolgsgröße während des Zeitraumes, in dem ein Produkt am Markt präsent ist.
- **Entsorgungszyklus:**
  Er beinhaltet die Aufgabe, den Weg der Produkte in der Zeit nach ihrem Ausscheiden beim Endnutzer zu beschreiben. Betrachtet werden die Kosten, die mit der umweltgerechten Entsorgung oder Weiterverarbeitung der Produkte verbunden sind.

Dabei können im Entstehungs- und Marktzyklus mehrere Phasen unterschieden werden. Bekannt ist das Abbildung 34 zu entnehmende vierphasige Modell (vgl. Bea/Haas 1997, S. 113).

Abb. 34: Vierphasiger Entstehungs- und Marktzyklus

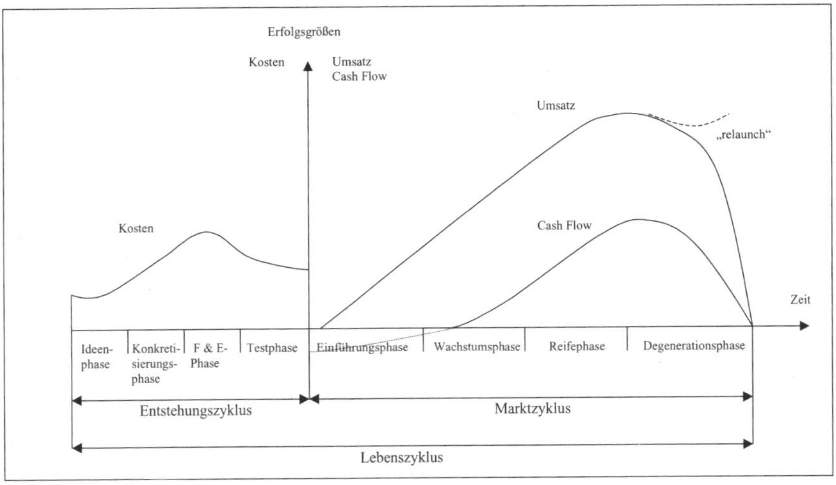

Die einzelnen Phasen im **Marktzyklus** lassen sich kurz wie folgt beschreiben:

- In der **Einführungsphase** wirken Neugierkäufe und die Erfolge des Marketing bei der Absatzvorbereitung (des Entstehungszyklus) des Produktes.
- In der **Wachstumsphase** wird das Produkt durch die Wirkungen des Marketing der vorhergehenden Periode einem immer größer werdenden Abnehmerkreis bekannt.
- Die **Reifephase** ist gekennzeichnet durch eine weitere absolute Marktausdehnung, bei der aber die Wachstumsrate schon abnimmt. In der Sättigung wird das Absatzmaximum erreicht.
- Die **Degenerationsphase** beschließt den Marktzyklus. Das Bedürfnis, auf dessen Befriedigung das Produkt zielte, wird nun besser von anderen Produkten befriedigt.
- Gelingt es, ein Produkt in den letzten Phasen wieder neu zu beleben (z. B. durch eine veränderte Kommunikationsbotschaft oder eine neue Produktausstattung), kommt möglicherweise ein sogenannter **„Relaunch"**, d. h. ein Wiederaufladen bzw. eine Wiederbelebung des Produktes zustande.

Das Controlling prüft mit Hilfe von Überlegungen zum Lebenszyklus:

- ob Ungleichgewichtigkeiten in der Zusammensetzung des Produktprogramms hinsichtlich der Stellung der Produkte im Marktzyklus existieren;
- inwieweit auf Grund dessen neue Produkte im Entstehungszyklus angeschoben werden müssen, d. h. das Sortiment zu verjüngen ist;
- ob es sinnvoll ist, Produkte wegen fehlender Relaunchmöglichkeiten aus dem Sortiment zu nehmen.

99

5.4.1.2 Profit Impact of Market Strategies (PIMS-Projekt)

Das PIMS-Projekt (PIMS = Profit Impact of Market Strategies) des Strategic Planning Institutes (=SPI, in Cambridge/Massachusetts in den USA) erforscht auf Basis einer laufenden, branchenübergreifenden **empirischen Untersuchung** und mit Hilfe der Regressionsanalyse die Einflussgrößen des Unternehmenserfolgs – die sogenannten „strategischen Erfolgfaktoren". Ziel ist es festzustellen, welche unabhängigen Variablen einen Einfluss auf die abhängige Variable Return on Investment (RoI) haben, und welche Ausprägung dieser Einfluss hat.

Der US-amerikanische Mischkonzern General Electric hat zu Beginn der siebziger Jahre des letzten Jahrhunderts dieses Projekt angeregt, um den Gründen für die unterschiedlichen Erfolge seiner Strategischen Geschäftseinheiten auf die Spur zu kommen. Mittlerweile existieren Niederlassungen des SPI in London und St. Gallen. Es beteiligen sich ca. 450 Unternehmen mit rd. 2.900 Geschäftseinheiten am PIMS-Projekt.

Für die Geschäftseinheiten eines beteiligten Unternehmens werden Daten aus den folgenden Bereichen mit Hilfe eines standardisierten **Fragebogens** erhoben:
* Tätigkeitsbereiche der strategischen Geschäftseinheit,
* GuV- und Bilanzdaten,
* Beschreibung des bedienten Marktes,
* Vergleich mit den drei Hauptkonkurrenten und
* Planannahmen.

Die erhobenen Informationen werden mit Hilfe der **multiplen, linearen Regression** ausgewertet. Das Ergebnis in den siebziger Jahren ergab eine Regressionsgleichung mit 37 unabhängigen Variablen. Die neueren Untersuchungen gehen davon aus, dass von 200 Variablen 48 einen Einfluss auf den RoI haben. Eine **Schlüsselstellung** besitzen dabei folgende neun Größen:
* der relative Marktanteil,
* die Investitionsintensität,
* die Produktivität,
* das Marktwachstum,
* die Produktqualität,
* die Produktdifferenzierung,
* die vertikale Integration,
* die Kostenposition und
* die Veränderungsrate dieser Größen.

Dabei sind vier **generelle Aussagen** besonders wichtig:
* Der RoI korreliert positiv mit dem relativen Marktanteil.
* Der RoI und der Cash-Flow hängen positiv mit der Produktqualität zusammen.
* Der RoI korreliert negativ mit der Kapitalintensität.

- Ein hoher und ein niedriger Grad an vertikaler Integration führt zu einem hohen RoI, d. h. es gibt eine U-förmige Beziehung (vgl. Schoeffler/Buzzell/Heany 1974; S. 140; Horváth 1996, S. 376 ff.).

5.4.1.3 Erfahrungskurvenkonzept

Erste Erkenntnisse zu den Erfahrungskurven stammen von der Boston Consulting Group. Das Konzept wurde entwickelt bei der Suche nach einer schlüssigen Erklärung für die wettbewerbs- und preispolitischen Vorgänge in einigen sehr schnell wachsenden Bereichen der elektronischen und chemischen Industrie. Dabei wurde eine Regelmäßigkeit zwischen der langfristigen Kostenentwicklung und der Produkterfahrung aufgedeckt. Dieser Bezug gilt insbesondere für Unternehmen mit ausgeprägter Massenproduktion.

Die darauf basierende **Erfahrungskurvenhypothese** besagt, „daß die Kosten jedesmal um einen weitgehend charakteristischen Betrag zurückgehen, sobald die angesammelte Produkterfahrung – gemessen in kumulierten Produktmengen – sich verdoppelt. Anhand dieses Phänomens kann man nicht nur die eigenen zukünftigen Kosten prognostizieren. Auch die Kostenabstände gegenüber den Wettbewerbern lassen sich abschätzen, soweit einigermaßen zutreffende Informationen über das Marktvolumen und die Marktanteile vorliegen. Dieser charakteristische Kosten-Rückgang liegt bei einer konstanten Quote von 20–30 %,…" (Henderson 1984, S. 19.) Abbildung 35 zeigt die charakteristische Kostenentwicklung im Zeitablauf (vgl. Preißner 1999, S. 17).

Die Erfahrungskurven werden begründet durch die Wirkung der folgenden Faktoren:
- **Lerneffekte** (individuelle Sammlung von Wissen durch die Beschäftigten),
- **Technischer Fortschritt** (technologische Innovationen wirken besonders in der Produktion),
- **Fixkostendegression** (mit steigender Ausbringung werden die Fixkosten auf immer mehr ausgebrachte Einheiten verteilt) und
- **Rationalisierung** (z. B. Standardisierung von Produkten und Abläufen).

Abb. 35: Erfahrungskurvenverlauf

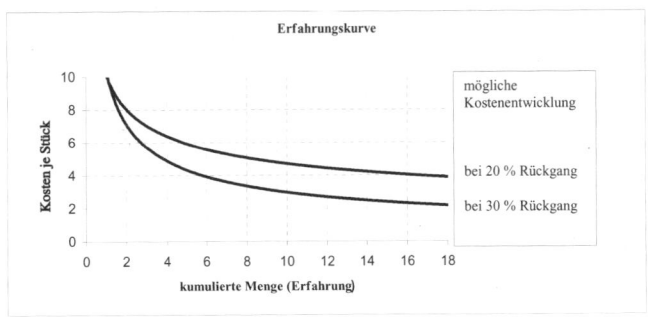

Aus den Erfahrungskurven lassen sich insbesondere Schlüsse in Verbindung zum **Marktwachstum** und zum Marktanteil ziehen. Das Erstgenannte wird zur strategisch interessanten Größe, da sich auf schnell wachsenden Märkten rasch an „Erfahrung" gewinnen lässt. Es fällt unter diesen Bedingungen einfacher die kumulierten Mengen zu verdoppeln. Das führt zur Forderung möglichst früh in einen rasch wachsenden Markt einzutreten. Sony wird deshalb der folgende Slogan zugesprochen: „It's better to be first than to be better!"

Zum **Marktanteil** gilt: Je höher dieser ist, desto niedriger können die Stückkosten sein, da einem Unternehmen die Chance gegeben wurde viel „Erfahrung" zu sammeln. Marktanteile – auch durch Zukauf – zu steigern, bedeutet in diesem Zusammenhang Kostensenkungspotenziale zu erwerben. Es gibt eine logische Kette: Ein hoher Marktanteil führt (potenziell) zu niedrigen Stückkosten. Diese ermöglichen niedrige Verkaufspreise und damit einen höheren Absatz. Das wiederum führt zu einem schnelleren Fortschreiten auf der Erfahrungskurve.

5.4.2 Vier-Felder-Portfolio

Zielsetzungen, Fragestellungen und Datenbasis:
Das Marktwachstums-Marktanteils-Portfolio, oder eben auch Vier-Felder-Portfolio, wurde von der Beratungsfirma Boston Consulting Group entwickelt. Es wird deshalb auch als Boston-Matrix bezeichnet. Das Vier-Felder-Portfolio basiert auf den Erkenntnissen
- des **PIMS-Projekts** hinsichtlich der Verwendung des Marktanteils als strategischer Erfolgsfaktor,
- des **Erfahrungskurven-Konzeptes** hinsichtlich der Bedeutung des Marktwachstums und des Marktanteils und
- des **Marktzyklusses** hinsichtlich der Bewegung eines erfolgreichen Produktes innerhalb des Portfolios (siehe Abbildung 34).

Mit dem Einsatz der Portfolio-Analyse wird die Absicht verfolgt, die strategische Lage eines Unternehmens und seiner verschiedenen Produkte aufzuzeigen und die Ressourcen auf zukünftig interessante Geschäftsfelder zu lenken. Es werden im wesentlichen **Abschöpfungs-, Investitions- und Desinvestitionsentscheidungen** auf Basis des Portfolios gefällt. Üblicherweise werden die Produkte, Produktgruppen oder die gebildeten Strategischen Geschäftseinheiten in die Matrix eingetragen. Der Einfachheit und der Verständlichkeit halber wird sich in den folgenden Ausführungen auf Produkte bezogen.

Das strategische Controlling wird mit Hilfe der Portfolio-Analyse insbesondere folgenden **Fragestellungen** nachgehen:
- Ist ein insgesamt ausgewogenes Portfolio, d.h. beispielsweise eine ausreichende Anzahl von Nachwuchsprodukten (Question-Marks), vorhanden?
- Wo stehen die eigenen Produkte im jetzigen Portfolio?

- Wo sollen sie sich zukünftig befinden?
- Welche Produkte sollen aufgegeben werden?
- Welche Strategien sind für die einzelnen Produkte zu empfehlen?
- Wie müssen sich dazu die kaufmännischen Erfolgsgrößen (Absatz, Umsätze bzw. Deckungsbeiträge) und die Marktanteile entwickeln?
- Verändern sich Marktanteil und Marktwachstum im vorhergesehenen Maße?
- Entwickelt sich die verwendete Erfolgsgröße (z. B. der Umsatz, dargestellt durch den Kreisumfang der eingetragenen Produkte) wie geplant?
- Inwieweit konnten die angestrebten Positionierungen der Produkte im Portfolio realisiert werden?

Zur Einordnung wird für jedes Produkt neben
- dem Marktwachstum und
- dem Marktanteil noch
- die kaufmännische Erfolgsgröße (z. B. Absatz, Umsatz, Deckungsbeitrag)
ermittelt. Dann ist unternehmensindividuell die Trennlinie zwischen hoch und niedrig beim Marktwachstum und dem Marktanteil festzulegen.

Schilderung des Ablaufs:
Das **Marktwachstum** stellt eine externe, vom Unternehmen nicht bzw. kaum zu beeinflussende Größe dar. Es zeigt wie schnell die Märkte, in denen sich die eigenen Produkte befinden, entweder bezogen auf die Menge (Stückzahlen in Form der Absatzmengen der Branche) oder den Wert (Umsätze der Branche) wachsen und gegebenenfalls auch schrumpfen. Schnell wachsende Märkte sind im Portfolio attraktiver als sich langsam ausdehnende bzw. schrumpfende Märkte. Beim Marktwachstum kann die Einteilung in hoch und niedrig erfolgen durch Orientierung
- am Wachstum des Bruttosozialprodukts oder
- am Wachstum der Branche oder
- an der Gewinnerwartung.
Letztlich wird die Trennlinie aufgrund einer Vorgabe der Unternehmensleitung festgelegt.

Der **Marktanteil**, als Maßstab für die Marktstellung, zeigt inwieweit sich ein Unternehmen gegenüber dem Wettbewerb durchgesetzt hat. Er gilt als vom Unternehmen stark zu beeinflussendes Maß für die interne Leistungsfähigkeit. Der Marktanteil existiert in verschiedenen Formen; als:
- mengenmäßiger Markanteil = (eigener Absatz x 100/Branchenabsatz),
- wertmäßiger Marktanteil = (eigener Umsatz x 100/Branchenumsatz) und
- relativer Markanteil = eigener Markanteil/Marktanteil des stärksten Konkurrenten.

Ähnlich wie beim Marktwachstum ist bei den ersten beiden absoluten Varianten des Marktanteils branchen- und unternehmensindividuell, letztlich durch **Entscheidung der Unternehmensleitung,** zu bestimmen, ab wann er als hoch gilt. Der relative Marktanteil gestattet ein anderes Vorgehen. Auch er kann mengen- oder wertbezogen ermittelt werden. Da bei einem relativen Markanteil von 1 das eigene Unternehmen die gleiche Marktstellung wie der stärkste Konkurrent im Geschäftsfeld besitzt, kann hier auch die Trennlinie fixiert werden. Der relative Marktanteil besitzt daher einen besseren Informationswert als die ersten beiden absoluten Varianten. Beispielsweise kann eine absoluter mengenmäßiger Marktanteil von 10 % ein hoher oder ein niedriger Wert sein; je nachdem, wie groß die übrigen Anteile der Konkurrenten sind.

Nach Ermittlung von Marktwachstum und Marktanteil für jedes einzelne Produkt ist die Bedeutung der verschiedenen Produkte für das Unternehmen festzulegen. Dies geschieht mit Hilfe der verwendeten **kaufmännischen Erfolgsgröße.** Die Fläche der in das Portfolio einzutragenden Kreise gibt die absatz-, umsatz- oder deckungsbeitragsbezogene Größe des Produktes an.

Durch die beiden Achsen und ihre Unterteilung in hoch und niedrig ergeben sich die der folgenden Abbildung 36 zu entnehmenden vier Felder dieser Matrix mit ihren charakteristischen Bezeichnungen und den entsprechenden Normstrategie-empfehlungen. Die zu betrachtenden Produkte werden zunächst auf Basis der ermittelten Daten in das Ist-Portfolio eingefügt.

Abb. 36: Vier-Felder-Portfolio

Marktwachstum

hoch	**Question-Marks** - Einführung - Investieren oder Desinvestieren (Flop)	**Stars** - Wachstum - Investieren
niedrig	**Dogs** - Degeneration - Desinvestieren	**Cash-Cows** - Reife / Sättigung - Abschöpfen
	niedrig	hoch

Marktanteil

Der Weg eines erfolgreichen Produktes durch die Matrix im Zeitablauf lässt sich in Anlehnung an den Marktzyklus beschreiben (vgl. Abbildung 34). Auf Basis der Einschätzung der Istsituation werden mit Hilfe der sogenannten Normstrategieempfehlungen **Sollpositionen** für die betrachteten Produkte im Portfolio entwickelt. Das daraus abgeleitete Portfolio wird auch als

* Ziel- oder
* Soll-Portfolio

bezeichnet. Es dient zur Visualisierung der zukünftigen Unternehmenssituation und als Grundlage zur Entwicklung der Maßnahmen, um die gewählten Strategien zu realisieren.

Beispiel:

Ein Verlag gibt neuerdings Kunst- und schon länger Unterhaltungsbücher sowie Comics mit stark mundartlichem Inhalt heraus. Er ist deshalb auf einem überschaubaren und regional klar abgrenzbaren Absatzmarkt tätig. Ein Marktforschungs- und Prognoseinstitut ermittelt ein durchschnittliches regionales Marktwachstum bei Kunstbüchern von 8 %, bei Unterhaltungsbüchern von 3 % und bei Comics von 15 %. Die Geschäftsleitung beschließt, ein Marktwachstum ab 5 % als hoch zu betrachten.

Mit den Kunstbüchern wird ein Umsatz von 500.000 Euro und ein Marktanteil von 20 % erzielt. Der stärkste Konkurrent hält einen Marktanteil von 40 %. Bei den Unterhaltungsbüchern werden 1.000.000 Euro Umsatz bei einem Marktanteil von 30 % erreicht. Der stärkste Wettbewerber hält ebenfalls 30 % Marktanteil. Mit den Comics werden 2.000.000 Euro Umsatz und ein Marktanteil von 60 % gehalten. Der stärkste Konkurrent erzielt einen Marktanteil von 20 %.

Folgende Fragen sind zu klären:
a) Wie hoch ist der relative Marktanteil der Produktgruppen?
b) Wie sieht das Ist-Portfolio aus?
c) Welche Normstrategien werden für die einzelnen Produktgruppen empfohlen?
d) Welche Überlegungen können hinsichtlich des Ziel/Soll-Portfolios, auch hinsichtlich des Marktzyklusses, angestellt werden?

Lösungen:
a) Die relativen Marktanteile betragen bei Kunstbüchern 0,5, bei Unterhaltungsbüchern 1 und Comics 3.

b) Ist-Portfolio (siehe Abbildung 37)

Abb. 37: Lösung Ist-Vier-Felder-Portfolio

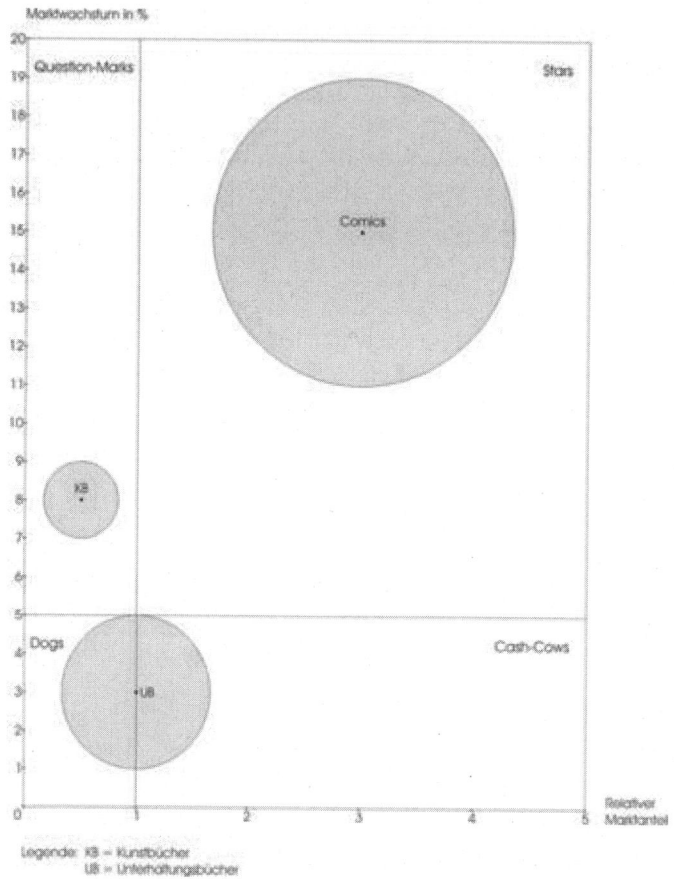

c) Folgende Normstrategien können empfohlen werden:
- Bei Kunstbüchern als „Fragezeichen" (Question-Mark) die Investition;
- bei Unterhaltungsbüchern als Produktgruppe an der Grenze zwischen „Cash-Cow" und „Dog" die Abschöpfung mit Richtung Desinvestition und
- bei Comics als „Star" die Investition.

d) Ziel/Soll-Portfolio: Es handelt sich in der Gesamtbetrachtung um ein gesundes Portfolio.
- Die Kunstbücher befinden sich auf einem relativ stark wachsenden Markt noch in der Einführungsphase. Sie sind in Richtung Stars mit entsprechenden Investitionen und dem Ziel des Umsatzwachstums zu entwickeln, um zum stärksten Konkurrenten aufzuschließen.

- Die Unterhaltungsbücher befinden sich auf einem Markt mit nur noch leichtem Wachstum und Sättigungstendenzen. Hier ist der Stand zu halten und – auch durch ergänzende Deckungsbeitragsanalysen – die mögliche Entwicklung in Richtung Degeneration zu beobachten.
- Die Comics tragen jetzt und wegen des starken Marktwachstums auch in Zukunft das wesentliche Geschäft des Verlages. Um Marktführer zu bleiben, ist weiterhin in sie zu investieren.
- Zukunftsorientiert kann darüber nachgedacht werden, in den Verkauf neuer Medien wie z. B. CD-Roms einzusteigen.

Checkliste zum Vorgehen:
1. Untersuchungsobjekte (z. B. Produkte) abgrenzen.
2. Bedeutung der Untersuchungsobjekte über eine kaufmännische Erfolgsgröße (z. B. Absatz, Umsatz, Deckungsbeitrag) für die Bestimmung der in das Portfolio einzutragenden Kreisgröße festlegen.
3. Marktanteile bzw. relative Marktanteile (eigener zum stärksten Konkurrenten) für die Untersuchungsobjekte festlegen.
4. Marktwachstum für die Untersuchungsobjekte abschätzen.
5. Trennlinie für die Einteilung in niedrig und hoch beim Marktanteil (z. B. beim relativen Marktanteil bei 1 oder beim normalen Marktanteil durch Einschätzung je nach Branchensituation) bestimmen.
6. Trennlinie für die Einteilung in niedrig und hoch beim Marktwachstum (z. B. Wachstum des Bruttosozialprodukts) fixieren.
7. Ist-Portfolio erstellen.
8. Normstrategien ableiten.
9. Ziel/Soll-Portfolio erstellen.
10. Maßnahmen ableiten.

5.4.3 Neun-Felder-Portfolio

Zielsetzungen, Fragestellungen und Datenbasis:
Das Marktattraktivitäts-Wettbewerbsstärken-Portfolio, oder auch Neun-Felder-Portfolio wurde vom Consultingunternehmen McKinsey entwickelt. Es wurde als Konkurrenzprodukt und als Reaktion auf kritische Hinweise zum Vier-Felder-Portfolio entwickelt. Als wesentliche **Kritik** am **Vier-Felder-Portfolio** wurden die wenigen strategischen Erfolgs- bzw. Beurteilungskriterien, die ausschließliche Verwendung quantifizierter Informationen, die möglicherweise erfolgende Konzentration auf den Nachwuchs (Question-Marks) und die daraus resultierende Vernachlässigung vorhandener Cash-Cows angegeben.

Mit dem Einsatz des Neun-Felder-Portfolios (vgl. hierzu insbesondere Hinterhuber 1989, S. 106 ff.) wird wiederum die Absicht verfolgt, die strategische Lage eines Unternehmens und seiner verschiedenen Produkte aufzuzeigen und die **Ressourcen** auf zukünftig interessante Geschäftsfelder zu **lenken**. Es werden im wesentlichen **Mittelbindungs-, -freisetzungs- und selektive Strategien** auf Basis des Portfolios gefällt. Wie beim Vier-Felder-Portfolio werden üblicherweise die Produkte, Produktgruppen oder die gebildeten Strategischen Geschäftseinheiten in die Matrix eingetragen. Wiederum wird sich der Einfachheit und der Verständlichkeit halber in den folgenden Ausführungen auf Produkte bezogen.

Das strategische Controlling wird mit Hilfe der Portfolio-Analyse insbesondere folgenden **Fragen** nachgehen:
- Ist ein insgesamt ausgewogenes Portfolio vorhanden?
- Wo stehen die eigenen Produkte im jetzigen Portfolio?
- Wo sollen sie sich zukünftig befinden?
- Welche Produkte sollen aufgegeben werden?
- Welche Strategien sind für die einzelnen Produkte zu empfehlen?
- Ändern sich die Einschätzungen der Marktattraktivität und der Wettbewerbsstärke im vorhergesehenen Maße?
- Entwickelt sich die verwendete Erfolgsgröße (z. B. der Umsatz), d. h. der Kreisumfang der eingetragenen Betrachtungsobjekte, wie geplant?
- Inwieweit konnten die angestrebten Positionierungen der Produkte im Portfolio realisiert werden?

Im Unterschied zum Vier-Felder-Portfolio wird der strategischen Erfolg eines Unternehmens nicht nur durch zwei messbare Größen ausgedrückt. Die zweidimensionale Darstellungsform wird zwar mit
- den **Wettbewerbsstärken** und
- der **Marktattraktivität**

beibehalten, aber in jeder Dimension werden eine **Vielzahl von Beurteilungskriterien** verarbeitet. Die Bedeutung der Produkte wird wie zuvor durch die kaufmännische Erfolgsgröße angegeben.

Schilderung des Ablaufs:
Der Unterschied zum Vorgehen beim Vier-Felder-Portfolio liegt in der anderen Form der Bewertung. Während zuvor quantifizierte Informationen (Marktanteil, Marktwachstum und Erfolgsgröße) Verwendung fanden, wird im Neun-Felder-Portfolio eine **Bewertung** von unternehmensspezifisch **ausgewählten Faktoren durch** das involvierte **Management** vorgenommen. Dabei werden quantifizierbare und qualitative Faktoren verwendet. Durch diese Vorgehensweise bringt sich das Management selber stark in die Bewertung und die daraus folgenden strategischen Diskussionen ein. Aus Betroffenen werden auf diese Art und Weise Beteiligte gemacht! Allerdings besteht auch die starke Gefahr einem Wunschdenken durch die zugelassene Subjektivität aufzusitzen. Wichtig ist es, die Kriterien für die spezifische Situation eines Unternehmens und seiner Branche zu entwickeln.

Die eigene **Wettbewerbsstärke** der in Frage kommenden Produkte wird z. B. durch Bezug zum stärksten Konkurrenten ermittelt. Deshalb wird auch von den „relativen" Wettbewerbsstärken gesprochen. Die dabei beurteilten Faktoren können vom Unternehmen zumeist beeinflusst werden. Eingeschätzt wird beispielsweise

- die Marktposition,
- das Produktionspotenzial,
- das Forschungs- und Entwicklungspotenzial und
- die Qualifikation des Managements und der Mitarbeiter.

Bei den **Wettbewerbsstärken** können beispielsweise zur Beurteilung der Marktposition folgende **Einzelkriterien** eingesetzt werden:
- Marktanteil,
- Abschirmfähigkeit gegenüber dem Wettbewerb,
- Kostenvorteile in der Produktion,
- Innovationsfähigkeit und
- Professionalität der Manager
- und anderes mehr.

Zur Beurteilung der in der Regel nicht vom Unternehmen zu beeinflussenden **Marktattraktivität** werden herangezogen:
- Marktwachstum und -größe,
- Marktqualität,
- Versorgung mit Energie und Rohstoffen und
- die Umweltsituation.

Hinter diesen Positionen können wiederum eine Vielzahl von einzelnen Bewertungsgrößen stecken. Bei der **Marktqualität** können z. B. berücksichtigt werden:
- Rentabilität der Branche,
- Stellung im Marktzyklus,
- Spielräume der Preispolitik,
- Eintrittsbarrieren für neue Anbieter
- und anderes mehr.

Die **Bewertung** der Einzelkriterien findet durch das Management statt. Dabei können Einschätzungen wie beispielsweise
- niedrig, mittel, hoch;
- schwach, mittel, stark;
- unattraktiv, mittel, attraktiv oder
- eine Bewertung mit einer Punkteskala, z. B. 1 bis 6 oder 0 bis 100 Punkte verwendet werden. Darüber hinaus kann die Bedeutung von Kriteriengruppen noch **gewichtet** werden. Aus der Bewertung ergibt sich die Position der Betrachtungsobjekte in der Abbildung 38 zu entnehmenden Matrix.

Abb. 38: Neun-Felder-Portfolio

Marktattraktivität

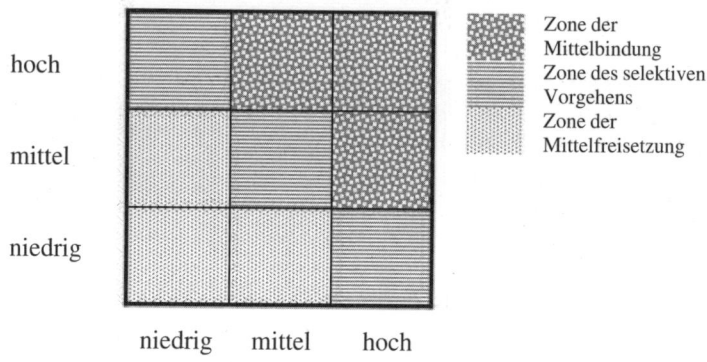

Relative Wettbewerbsstärke

Für die Strategiewahl wird dieses Portfolio in drei Zonen aufgeteilt:
- Die Zone der **Mittelbindung** (rechts oben): Hier wird eine Investitions- bzw. Wachstumsstrategie empfohlen.
- Die Zone der **Mittelfreisetzung** (links unten): Es greifen Abschöpfungs- bzw. Desinvestitionsstrategien.
- Die **selektive Zone** (Mittelachse): Hier muss selektiv vorgegangen werden, d. h. entweder investieren oder desinvestieren.

Generell ist die Position einer Markt-Produkt-Kombination umso besser, je mehr sie oben rechts angesiedelt ist.

Auf Basis der vorliegenden Informationen kann wiederum ein **Ist-Portfolio** erstellt werden. In Verbindung mit der Konkretisierung der Normstrategievorschläge wird **ein Ziel/Soll-Portfolio** erarbeitet.

Beispiel:
Ein international tätiger Möbelhersteller produziert Büromobiliar (Strategische Geschäftseinheit, SGE 1), Wohnzimmerschränke (SGE 2) und Küchen (SGE 3) in drei verschiedenen Staaten und Standorten. Während eines – durch das Controlling vorbereiteten und begleiteten – Strategie-Workshops wird eine Bewertung der SGE'en durch das Top-Management vorgenommen. Dabei werden die Hauptbewertungskriterien der Marktattraktivität und der relativen Wettbewerbsstärke entwickelt, untergliedert, gewichtet und mit einer Skala von 1 Punkt (Situation für die SGE sehr schlecht) bis zu 6 Punkten (Situation sehr gut) bewertet. Sie als Controller erhalten in einer Tagungspause die folgenden Informationen (siehe Abbildung 39 und 40) mit den Ergebnissen der Bewertung:

Abb. 39: Bewertung der Wettbewerbsstärken

Bewertung der Wettbewerbsstärken	GeFak	SGE 1	SGE 2	SGE 3
➤ Relative Marktposition	0,3			
◆ Marktanteil		5	2	4
◆ Rentabilität		6	3	5
◆ Image		5	4	3
Bewertungsergebnis		☐ /3=☐ x0,3 =☐	☐ /3=☐ x0,3 =☐	☐ /3=☐ x0,3 =☐
➤ Relatives Produktionspotenzial	0,3			
◆ Modernität der Anlagen		5	2	4
◆ Standortvorteile		6	1	3
◆ Zukunftsorientierung der Kapazitäten		3	3	2
Bewertungsergebnis		☐ /3=☐ x0,3 =☐	☐ /3=☐ x0,3 =☐	☐ /3=☐ x0,3 =☐
➤ Relatives F & E - Potenzial	0,2			
◆ Innovationspotenzial der angewandten Forschung		4	2	3
◆ Standortvorteile		4	3	3
◆ Zukunftsorientierung der Kapazitäten		5	1	4
Bewertungsergebnis		☐ /3=☐ x0,2 =☐	☐ /3=☐ x0,2 =☐	☐ /3=☐ x0,2 =☐
➤ Relatives Mitarbeiterpotenzial	0,2			
◆ Unternehmenskultur		4	3	4
◆ Qualität der Mitarbeiter		5	3	4
◆ Veränderungswilligkeit		4	1	3
Bewertungsergebnis		☐ /3=☐ x0,2 =☐	☐ /3=☐ x0,2 =☐	☐ /3=☐ x0,2 =☐
GESAMTERGEBNIS	1,0			

Legende: GeFak - Gewichtungsfaktor
SGE 1 / Büromöbel
SGE 2 / Wohnzimmer
SGE 3 / Küchen

111

Abb. 40: Bewertung der Marktattraktivität

Bewertung der Marktattraktivität	GeFak	SGE 1	SGE 2	SGE 3
▸ Marktwachstum	0,4	6	1	3
Bewertungsergebnis		6 x 0,4 = ☐	1 x 0,4 = ☐	3 x 0,4 = ☐
▸ Marktqualität	0,3			
♦ Rentabilität der Branche		5	2	4
♦ Wettbewerbsverhalten der Konkurrenten		4	3	3
♦ Eintrittskarrieren für neue Wettbewerber		5	2	2
Bewertungsergebnis		☐ / 3 = ☐ x 0,3 = ☐	☐ / 3 = ☐ x 0,3 = ☐	☐ / 3 = ☐ x 0,3 = ☐
▸ Energie- und Rohstoffversorgung	0,2			
♦ Beeinflussung der Wirtschaftlichkeit durch steigende Energiepreise		6	1	3
♦ Beeinflussung der Wirtschaftlichkeit durch steigende Rohstoffpreise		5	3	5
♦ Stärke der Lieferanten		4	2	4
Bewertungsergebnis		☐ / 3 = ☐ x 0,2 = ☐	☐ / 3 = ☐ x 0,2 = ☐	☐ / 3 = ☐ x 0,2 = ☐
▸ Umweltsituation	0,1			
♦ Risiko staatlicher Eingriffe		5	3	3
♦ Stärke der Arbeitnehmerorganisation		3	2	4
♦ Umweltbelastung		4	2	2
Bewertungsergebnis		☐ / 3 = ☐ x 0,1 = ☐	☐ / 3 = ☐ x 0,1 = ☐	☐ / 3 = ☐ x 0,1 = ☐
GESAMTERGEBNIS	1,0			

Legende: GeFak - Gewichtungsfaktor
SGE 1 / Büromöbel
SGE 2 / Wohnzimmer
SGE 3 / Küchen

Folgende Aufgaben sind zu lösen:
a) Ermitteln Sie die Bewertung der gewichteten Hauptkriterien und den jeweiligen Gesamtwert für die Marktattraktivität und die relativen Wettbewerbsvorteile jeder SGE durch Vervollständigung der vorhergehenden Abbildung.
b) Erstellen Sie das Neun-Felder-Portfolio des Möbelherstellers.
c) Welche Normstrategien schlagen Sie vor?

Lösungen:

a) Die gewichtete Bewertung für SGE 1 ergab folgendes Ergebnis für die Markt-attraktivität: Marktwachstum 2,4; Marktqualität 1,4; Energie- und Rohstoff-versorgung 1; Umweltsituation 0,4. Der Gesamtwert beträgt damit 5,2. Für SGE 2 gilt: 0,4; 0,7; 0,4; 0,23; d.h gesamt 1,73. Für SGE 3 wurde errechnet: 1,2; 0,9; 0,8; 0,3. Gesamtwert 3,2.

Für die gewichtete Bewertung der Wettbewerbsstärken ergaben sich folgende Ergebnisse bei der SGE 1: Marktposition 1,6; Produktionspotenzial 1,4; F&E-Potenzial 0,87; Mitarbeiterpotenzial 0,87. Der Gesamtwert beträgt 4,74. Für SGE 2 gilt: 0,9; 0,6; 0,4; 0,47; d. h. gesamt 2,37. Für SGE 3 wurde berech-net: 1,2; 0,9; 0,67; 0,73. Gesamtwert 3,5.

b) Ist-Portfolio (Siehe Abbildung 41)

Abb. 41: Lösung Ist-Neun-Felder-Portfolio

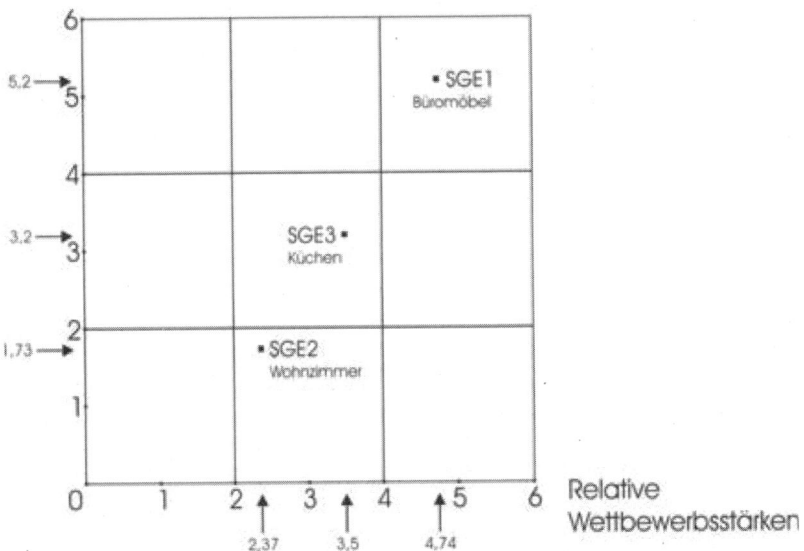

c) Folgende Normstrategievorschläge können unterbreitet werden:
Die SGE 1 mit den Büromöbeln befindet sich in der Zone der Mittelbindung. Hier sollte investiert werden. SGE 2 mit den Wohnzimmerschränken befindet sich in der Zone der Mittelfreisetzung. Es liegt nahe über einen Ausstieg nachzudenken. SGE 3 mit den Küchen befindet sich in der selektiven Zone. Hier ist entweder eine verstärkte Aktivität oder ein Ausstieg zu überlegen.

113

Checkliste zum Vorgehen:

1. Untersuchungsobjekte (z. B. Produkte) abgrenzen.
2. Bedeutung der Untersuchungsobjekte über eine kaufmännische Erfolgsgröße (z. B. Umsatz, Deckungsbeitrag) für die Bestimmung der in das Portfolio einzutragenden Kreisgröße festlegen.
3. Haupt- und Nebenkriterien der Bewertung der Marktattraktivität festlegen.
4. Haupt- und Nebenkriterien der Bewertung der relativen Wettbewerbsstärke festlegen.
5. Beurteilungsskalen (inklusive evtl. Gewichtungen durch ein Scoring-Modell) für die Einteilung der Achsen in z. B. schwach, mittel, stark festlegen.
6. Beurteilungsprozess durchführen.
7. Ist-Portfolio erstellen.
8. Normstrategien ableiten.
9. Ziel/Soll-Portfolio erstellen.
10. Maßnahmen ableiten.

5.5 Lückenanalyse (Gap-Analyse)

Mit der Gap-Analyse wird das Ziel verfolgt, möglichst frühzeitig eine sich anbahnende Lücke zwischen **strategischer Zielsetzung (gewünschter Entwicklung)** und **fortgesetzter gegenwärtiger Entwicklung (erwarteter Entwicklung)** zu erkennen (siehe Abbildung. 42, nach Bodenstein/Spiller 1998, S. 96), um rechtzeitig entsprechende gegensteuernde Maßnahmen einleiten zu können.

Abb. 42: Lückenanalyse

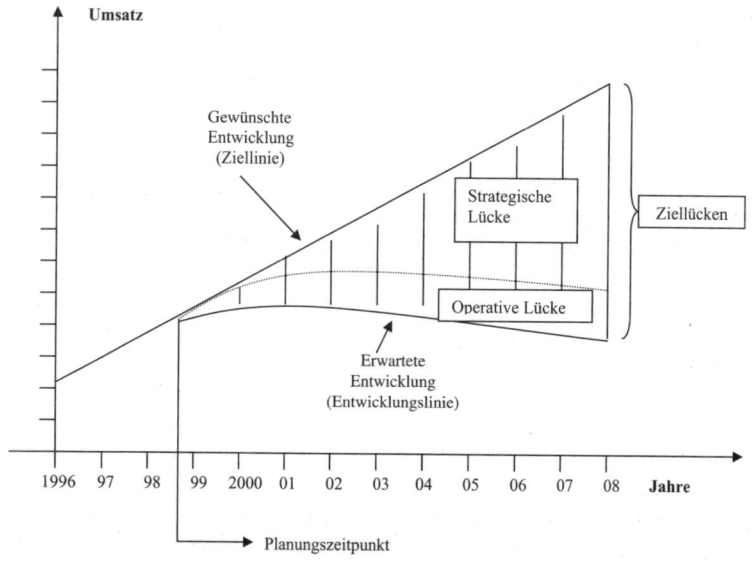

Eine solche Analyse sollte sich auf **Kennzahlen** beziehen, die für das Unternehmen von strategischer Bedeutung sind, wie z. B. Umsatz, Erfolg und Rentabilität. In Abbildung 38 wird das Entstehen eine Lücke am Beispiel der Umsatzentwicklung verdeutlicht. Die insgesamt bestehende und im Zeitablauf bei Unterlassung von Gegensteuerungsmaßnahmen sich weiter vergrößernde sogenannte „Ziellücke" kann unterteilt werden in

- eine operative Lücke und
- ' eine strategische Lücke.

Will die Lückenanalyse ihrer Rolle als Hilfsmittel der strategischen Planung gerecht werden, sind zwei Aufgaben zu lösen:

- die Ermittlung des Ausmaßes der gesamten Ziellücke und der Grenze zwischen operativer und strategischer Lücke sowie
- die Erarbeitung von Möglichkeiten zur Schließung der Ziellücke.

Die Lösung dieser Aufgaben kann nur dann gelingen, wenn der **Lückenanalyse eine Potenzialanalyse** (vgl. dazu auch 5.3.1) **vorausgeht** (vgl. Kreikebaum 1991, S. 44). Durch letztere erfolgt eine genauere Analyse der vorhandenen und der noch erschließbaren Potenziale. Dabei werden die Ressourcen eines Unternehmens unter den Aspekt ihrer Verfügbarkeit für strategische Entscheidungen analysiert. Es sollen insbesondere solche Informationen gewonnen werden, die das Unternehmen befähigen, einerseits die erwartete Entwicklung (unter Beibehaltung des gegenwärtigen „Basisgeschäfts") möglichst genau zu prognostizieren, andererseits die gewünschte Entwicklung (die „Ziellinie") im Sinne der Erarbeitung und Festlegung strategischer Ziele in möglichst adäquater Weise zu antizipieren. Eine solche Vorgehensweise bedingt zugleich, dass sowohl die Ermittlung des Ausmaßes der Ziellücke als auch die Erschließung von Möglichkeiten zu deren Behebung im Rahmen eines einheitlichen Analyse- und gedanklichen Gestaltungsprozesses vorgenommen werden kann.

Die Potenzialanalyse bezieht sich auf den gesamten Wertschöpfungsprozess, wobei **funktionsbezogene Schwerpunktsetzungen** sich auf den

- Produktbereich,
- Produktionsbereich,
- Forschungs- und Entwicklungsbereich,
- Absatzbereich,
- Beschaffungsbereich,
- Personalbereich,
- Finanzbereich,
- Bereich der Organisation und
- Bereich der Unternehmensplanung

beziehen (vgl. Kreikebaum 1991, S. 42 f.).

Für jeden dieser Bereiche gilt es, die strategisch bedeutsamen Potenziale zu analysieren. Im **Produktbereich** handelt es sich beispielsweise um Potenziale wie

- Produktzwecke zur Lösung von Kundenproblemen,

- Produktqualität,
- Akquisitorische Wirkung des Produktionsprogramms, Altersaufbau der Produkte,
- Produktgestaltung.

Sollen auf Grundlage der Potenzialanalyse strategische Gestaltungsmöglichkeiten für das Unternehmen erschlossen werden, ist unbedingt zu beachten, dass die **Potenziale** der einzelnen Bereiche niemals isoliert, sondern stets im **Komplex zum Einsatz** zu bringen sind. So setzt zum Beispiel die Erschließung weiterer Potenziale in der Produktion, der Forschung und Entwicklung, in der Organisation und Logistik usw. den Einsatz finanzieller Potenziale (vorhandenes Eigenkapital, verfügbare finanzielle Überschüsse, Möglichkeiten der Beteiligungs- und Risikofinanzierung sowie der Fremdfinanzierung) voraus. Und umgekehrt: Die Entfaltung der anderen Potenziale ermöglicht die Erschließung neuer finanzieller Potenziale.

Durch die Potenzialanalyse wird zugleich ein enger Bezug zur Stärken-Schwächen-Analyse (vgl. dazu auch 5.3.2) hergestellt, da letztere sich auf die Analyse und Bewertung der Ressourcen eines Unternehmens im Vergleich zu den wichtigsten Konkurrenten bezieht. Zur Ableitung von Strategien erweist es sich als hilfreich, die Gap-Analyse mit **Strategietypologien**, beispielsweise mit der Ansoff-Matrix, zu kombinieren (vgl. Elbling/Kreuzer 1994, S. 162 f.). Unter Rückgriff auf die **Ansoff-Matrix** (siehe Abbildung 43) können zur Schließung der gesamten Ziellücke die Strategien der
- Marktdurchdringung,
- Marktentwicklung,
- Produktentwicklung und
- Diversifikation identifiziert werden.

Während sich die Strategie der Marktdurchdringung zur Schließung der operativen Lücke anbietet und dabei mit Maßnahmen zur Rationalisierung, intensitätsmäßigen Anpassung der Aggregate sowie Motivation der Mitarbeiter gekoppelt werden sollte, erweisen sich zum Schließen der strategischen Lücke neue Produkte und/oder neue Märkte als notwendig (vgl. Kreikebaum 1991, S. 41 und S. 43 f.).

Abb. 43: Ansoff-Matrix zur Ableitung grundlegender Markt-Produkt-Strategien

Produkt Markt	vorhanden	neu
gegenwärtig	(1) Marktdurchdringung (market penetration)	(2) Produktentwicklung (pruduct development)
neu	(3) Marktentwicklung (market development)	(4) Diversifikation (diversification)

Insgesamt kann eingeschätzt werden, dass die Lückenanalyse noch ein recht grobes Konzept darstellt. Zu ihrer Verfeinerung erweist sich eine Kombination mit weiteren strategischen Instrumentarien, wie dem Produktlebenszyklus-Konzept oder der Portfolio-Analyse als sinnvolle Ergänzung (vgl. z. B. Kreikebaum, S. 42, 44).

5.6 Szenario-Technik

Zielsetzungen, Fragestellungen und Datenbasis:
In Zeiten geringer Dynamik und hoher Sicherheit der Entwicklung des Unternehmensumfeldes erwiesen sich traditionelle Prognoseverfahren und Methoden der Trendextrapolation als adäquate Instrumente, um die Unternehmensentwicklung über einen längeren Zeitraum mit hinreichender Genauigkeit und Sicherheit planen zu können. Solche klassischen Instrumente müssen vor dem Hintergrund eines zunehmend dynamischer und unsicherer werdenden Umfeldes versagen. Unternehmen sind gezwungen, die von einem solchen Umfeld ausgehenden Gefahren und Chancen möglichst frühzeitig zu erkennen und bei ihrer strategischen Planung in angemessener Weise zu berücksichtigen.

Als adäquates Instrument zur Problemlösung hat sich die Szenario-Technik erwiesen. Besonders nach der Ölkrise 1973 verstärkt angewandt (vgl. Kreikebaum 1989, S. 93), konnte sie ihre Leistungsfähigkeit bereits in vielen praktischen Anwendungsfällen unter Beweis stellen. Szenariotechnik kann als zielorientierte **Erzeugung möglicher Zukunftsbilder** und der zu ihnen führenden **Entwicklungspfade** unter Berücksichtigung **alternativer Rahmenbedingungen** definiert werden (vgl. Kreikebaum 1989, S. 93; Bramsemann 1993, S. 286; Müller 1996, S. 228). Die erzeugten Zukunftsbilder zusammen mit den zu ihnen führenden Entwicklungspfaden werden als **Szenarien** bezeichnet (vgl. Ziegenbein 2001, S. 54).

In diesem Sinne stellt die Szenario-Technik zugleich ein wichtiges **Instrument** innerhalb **des Risikocontrolling** dar (vgl. auch Abschnitt 7.3).

Bei Anwendung der Szenariotechnik wird das gesamte Umfeld des zu planenden Bereichs systematisch analysiert und gedanklich weiterverfolgt, wobei auch isoliert auftretende Ereignisse, Randprobleme und wenig wahrscheinlich anmutende Entwicklungsmöglichkeiten zu identifizieren sind. Darauf aufbauend sind die möglichen Zukunftsbilder – ausgehend von der gegenwärtigen Situation – systematisch und nachvollziehbar zu entwerfen (vgl. Müller 1996, S. 229 f.).

Dabei sollten immer die folgenden **Fragen** beantwortet werden:
- Welche Entwicklungsschritte führen zu einer hypothetischen Zukunftssituation?
- Welche alternativen Entwicklungsmöglichkeiten gibt es in den einzelnen Entwicklungsstadien? (vgl. Bramsemann 1993, S. 286).

Während klassische Planungs- und Prognosetechniken häufig mit der Zielsetzung verbunden werden, eine ganz bestimmte Zielgröße anzuvisieren und „den" Weg dorthin festzuschreiben, verfolgt die Szenario-Technik das Ziel, die Unternehmensführung gegenüber mehreren möglichen **Zukunftsbildern zu sensibilisieren**. In diesem Sinne sollen Szenarien den Rahmen für denkbare Handlungskonzepte liefern (vgl. Müller 1996, S. 231).

Erläuterung des Ablaufs:
Im einfachsten Fall kann ein solcher Handlungsrahmen durch drei typische Szenarien abgesteckt werden (vgl. Müller 1996, S. 230 f; Meier 1998, S. 127):

- ein **optimistisches Extremszenario**, das den unter günstigsten Entwicklungsbedingungen erreichbaren theoretischen Idealfall repräsentiert,
- ein **pessimistisches Extremszenario**, das den unter ungünstigsten Entwicklungsbedingungen möglichen Entwicklungsverlauf aufzeigt sowie
- ein **„normales"** (überraschungsfreies Trend-) **Szenario**, welches sich bei „störungsfreiem" Verlauf ergibt (bei dem werden weder in „positiver" noch in „negativer" Hinsicht nennenswerte „Störereignisse" eintreten).

Wird die Entwicklung einer für das Unternehmen typischen Zustandsgröße (z. B. Umsatz, Gewinn) im Zeitablauf durch die Rahmenbedingungen auf der einer Seite extrem begünstigt, auf der anderen Seite extrem beeinträchtigt, vergrößert sich der Abstand zwischen den beiden extremen Ausprägungen dieser Größe ständig. Bei grafischer Darstellung entsteht der sogenannte **Szenariotrichter**, der in erster Linie als Denkmodell zur Darstellung von Szenarien angesehen werden kann (vgl. Elbling/Kreuzer 1994, S. 91).

Abbildung 44 zeigt einen solchen Szenariotrichter (vgl. Elbling/Kreuzer 1994, S. 91). Symbolisch wird darin aufgezeigt, wie einerseits ein Störereignis den Entwicklungsverlauf negativ beeinflussen kann, andererseits aber durch ab einem bestimmten Entscheidungszeitpunkt einsetzende Gegensteuerungsmaßnahmen Kurskorrekturen möglich sind.

Abb. 44: Szenariotrichter

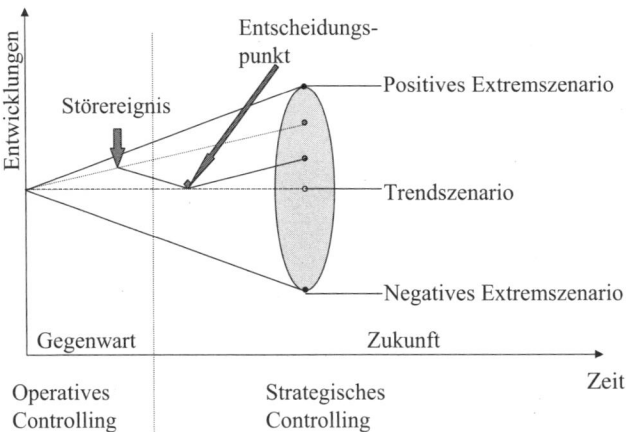

Bei der Durchführung der Szenario-Technik empfiehlt sich die folgende **Schritt-folge** (vgl. Kreikebaum 1991, S. 94; Müller 1996, S. 233 f.; Preißner 1996, S. 54 f.):

1. Strukturierung und Definition des Untersuchungsfeldes (Problemanalyse und Festlegung der Aufgabenstellung): Ausgehend von welcher Ausgangssituation soll welche Art von Zukunftsbildern entworfen werden?

2. Identifizierung und Strukturierung der wichtigsten Einflussfaktoren auf das Untersuchungsfeld (Umfeldanalyse): Welche Einflussfaktoren bestimmen die Entwicklung, wie stehen diese Faktoren untereinander und zum Untersuchungsfeld in Beziehung?

3. Ermittlung der kritischen Kenngrößen (Deskriptoren) für die identifizierten Einflussfaktoren in Verbindung mit der Fragestellung: Welche alternativen Entwicklungstendenzen (Trendprojektionen) lassen sich für die kritischen Deskriptoren ausgehend von Ist-Zustand ableiten?

4. Bildung und Auswahl alternativer, konsistenter Annahmebündel (Umfeld-Szenarien): Welche Ausprägungen der kritischen Deskriptoren sind jeweils miteinander verträglich (konsistent) und damit sinnvoll kombinierbar?

5. Interpretation und verbale Bewertung der ausgewählten Umfeld-Szenarien: Wie sind die ausgewählten Umfeld-Szenarien zu beurteilen, welche Risiken und Chancen sind mit ihnen verbunden?

6. Einführung und Auswirkungsanalyse signifikanter Störereignisse (Störfall-analyse): Welche (angenommenen, jedoch möglichen) künftigen „Störfälle" könnten welchen Einfluss auf den weiteren Entwicklungsverlauf ausüben?

7. Ausarbeitung von Szenarien, d. h. Ableitung von Konsequenzen aus der Auswirkungsanalyse: Welche Problem- und Chancenfelder lassen sich aus den
   Umfeldszenarien unter Berücksichtigung der Störfallanalyse ableiten und
   welche Problemfelder können daraus erarbeitet werden?
8. Konzipierung von Maßnahmen: Welche Maßnahmen sind für das Unternehmen abzuleiten und im Rahmen der Planung zu berücksichtigen?

Als bekannte Beispiele zur Anwendung der Szenario-Technik können die Studien
der Deutschen Shell AG zur Entwicklung des Ölgeschäfts und der Motorisierung
in Deutschland angesehen werden (vgl. Preißner 1996, S. 56 f.). In der 1995 von
Shell veröffentlichten **Szenario-Analyse** des **Pkw-Bestands und der Neuzulas-
sungen** in Deutschland bis zum Jahr 2020 wurden zwei Szenarien entwickelt:
„Neue Horizonte" und „Barrieren" (siehe Abbildung 45):

Abb. 45: Szenario-Analyse der Deutschen Shell AG

	Stand	„Neue Horizonte"		„Barrieren"	
Jahr:	1994	2010	2020	2010	2020
Pkw-Bestand in Mio.	39,9	48,6	49,6	45,0	44,1
Durchschnittsverbrauch Bestand I	9,5	7,9	6,7	7,8	6,4
dto. bei Neuzulassungen	9,2	6,4	5,2	6,0	4,5
Fahrleistung pro Jahr in km	12.400	12.500	12.200	10.800	10.100
Gesamtfahrleistung in Mrd. km	491	602	596	481	431
Gesamtverbrauch Pkw in Mio. t	35,7	36,7	31,0	28,8	21,7
CO_2-Emissionen in Mio. t	111	114	96	89	67

Dabei liegen den „Neuen Horizonten" u. a. solche Annahmen zugrunde, wie:
- Weitere Ausbreitung der Liberalisierungstendenzen und daraus resultierend
  weltweite wirtschaftliche Erholung.
- Das reale deutsche Bruttoinlandsprodukt wächst bis 2000 um durchschnitt-
  lich 2,5 %, danach um 3 %.
- Erfolgreicher Verlauf der Reformen in Mittel- und Osteuropa, wobei
  Deutschland vom Exportboom in diese Länder profitiert.
- International abgestimmte und marktwirtschaftlich verträgliche Maßnahmen
  des Umweltschutzes setzen sich durch.

Die „Barrieren" werden u. a. durch die folgenden Annahmen gebildet:
- Die Liberalisierung gerät ins Stocken, weil ein Verlust von Arbeitsplätzen,
  Einfluss, Traditionen und Identität befürchtet wird.
- Das reale deutsche Bruttoinlandsprodukt wächst bis 2000 um 2,5 %, danach
  nur noch um 2 %.

- Es kommt international zur Abschottungspolitik, und die Länder Mittel- und Osteuropas und des Nahen Ostens haben mit wirtschaftlichen Problemen zu kämpfen.
- Es kommt in der Umwelt- und Verkehrspolitik zu dirigistischen Eingriffen des Staates, die den Energieverbrauch dämpfen, die Mineralölsteuern werden erhöht und die Pkw-Kosten steigen stark an.

5.7 Verfahren der Wertanalyse

Zielsetzungen, Fragestellungen und Datenbasis:
Das grundlegende Ziel der Wertanalyse ist es, die Funktionen systematisch-analytisch so zu durchdringen, dass es dem Unternehmen gelingt, den vom Kunden erwarteten **(Nutzen-)Wert** mit den **geringstmöglichen Kosten** zu erstellen. Das Vorgehen nach dieser Methode ist nach DIN 69910 genormt. **Zielsetzungen** im Einzelnen sind:
- Produktivitätssteigerung,
- Nutzensteigerung (für Hersteller, Anwender, Allgemeinheit) und
- Qualitätsverbesserung.

Die Wertanalyse kann auf die Lösung folgender Probleme angewendet werden:
- Optimale Gestaltung neuer Produkte,
- Verbesserung bestehender Produkte,
- Gestaltung neuer Arbeitsplätze und Hilfsmittel,
- Verbesserung bestehender Arbeitsabläufe und Hilfsmittel sowie
- Gestaltung oder optimierende Verbesserung anderer, nichtgegenständlicher Objekte.

Für die Anwendung der Methode sind folgende **Basisinformationen** erforderlich:
- die den Wert eines Objekts repräsentierenden Nutzengrößen (Zielerreichungsgrade), die durch die Funktionen der Objekte (Gebrauchs- und Gestaltungsfunktionen) zum Ausdruck gebracht werden sowie
- die den Soll-Funktionen zuzuordnenden Kosten, wobei eine optimale Kosten-Nutzen-Relation anzustreben ist (vgl. Bramsemann 1993, S. 327).

Erläuterung des Ablaufs:
Bei der wertanalytischen Tätigkeit handelt es sich um einen komplexen Vorgang, der den kombinierten Einsatz unterschiedlicher Instrumentarien erfordert. Die Schrittfolge des Arbeitsplans nach DIN 69910 ist der Abbildung 46 zu entnehmen (nach Hering/Draeger 1999, S. 404).

Abb. 46: Ablauf und Teilschritte einer Wertanalyse

Grundschritte	Teilschritte	Auswahl der Arbeitstechniken
• **Projekt vorbereiten**	1. Moderator benennen, 2. Auftrag übernehmen, Grobziel mit Bedingungen festlegen, 3. Einzelziele festlegen, 4. Untersuchungsrahmen abgrenzen, 5. Projektorganisation festlegen, 6. Projektablauf planen;	Kostenschwerpunktanalyse (ABC-Analyse), Kostenkennzifferanalyse, Ausschussanalyse, Netzplantechnik, Präsentationstechniken
• **Objektsituation analysieren**	1. Objekt- und Umfeldinformation beschaffen, 2. Kosteninformationen beschaffen, 3. Funktionen ermitteln, 4. lösungsbedingte Vorgaben festlegen, 5. Kosten den Funktionen zuordnen;	Marktanalysemethoden, Befragungsmethoden, Checklistenverfahren,
• **Sollzustand beschreiben**	1. Informationen auswerten, 2. Soll-Funktionen festlegen, 3. lösungsbedingte Vorgaben festlegen, 4. Kostenziele den Soll-Funktionen zuordnen;	Methoden der systematischen Erfassung von Information, Kostenanalyse, Funktionenanalyse
• **Lösungsideen entwickeln**	1. vorhandene Ideen sammeln, 2. neue Ideen entwickeln;	Verfahren zur Stimulation des kreativen Denkens und Problemlösens: Brainstorming, Synektik, Morphologie u.ä.
• **Lösungen festlegen**	1. Bewertungskriterien festlegen, 2. Lösungsideen bewerten, 3. Ideen zu Lösungsansätzen verdichten und darstellen, 4. Lösungsansätze bewerten, 5. Lösungen ausarbeiten, 6. Lösungen bewerten, 7. Entscheidungsvorlage erstellen, 8. Entscheidungen herbeiführen;	Kostenvergleichsrechnungen, Wirtschaftlichkeitsvergleichsrechnungen, Punktbewertungsverfahren
• **Lösungen verwirklichen**	1. Realisierung im Detail planen, 2. Realisierung einleiten, 3. Realisierung überwachen, 4. Projekt abschließen	Präsentationstechniken, Kontrollrechnungsverfahren

Im Zusammenhang mit der Analyse der Objektsituation sowie der Beschreibung des Soll-Zustands ist der Kenntnis von Beschreibungs-, Analyse- und Kontrolltechniken besondere Bedeutung beizumessen. Für das Entwickeln und Festlegen von innovativen Lösungen ist hingegen der Einsatz von Kreativitäts-, Optimierungs- und letztlich Bewertungstechniken zu empfehlen. Zur erfolgreichen Verwirklichung der ausgewählten Lösungsalternative ist der Rückgriff auf geeignete Entscheidungs- und Durchsetzungstechniken unverzichtbar. Eine Auswahl von Arbeitstechniken ist ebenfalls in Abbildung 46 ersichtlich.

Wesentliche Kennzeichen der Wertanalyse sind also:
- **Teamarbeit**, wodurch das Fachwissen verschiedener Spezialisten (z. B. Ingenieur, Entwickler, Kalkulator) genutzt werden kann,
- exakte **Analyse der Funktionen** des betrachteten Objekts,
- systematische und weitgehend **vereinheitlichte Vorgehensweise**.

Anwendungsbeispiele:
Zwar wird häufig der Begriff der Wertanalyse mit der Gemeinkosten-Wertanalyse in Verbindung gebracht, jedoch ist letztere nur ein, wenn auch sehr wesentliches, Anwendungsgebiet dieses Instruments. So nennen Hering/Draeger (1999, S. 406 f.) u. a. folgende Anwendungsfelder der Wertanalyse:
- Wertanalyse an bestehenden Leistungen, Arbeitstechniken und Arbeitsabläufen mit dem Ziel einer Wertverbesserung,
- Wertanalyse an entstehenden Leistungen, Arbeitstechniken und Arbeitsabläufen mit dem Ziel einer Wertgestaltung,
- Wertanalyse in Behörden und Körperschaften,
- Wertanalyse zwischen Geschäftspartnern,
- Wertanalyse von Büro- und Verwaltungstätigkeiten.

Als **spezielle Formen** der Wertanalyse-Anwendung nennen die oben aufgeführten Autoren:
- Gemeinkosten-Wertanalyse (GWA),
- Overhead Value Analysis (OVA) (ähnlich der GWA),
- Administrative Wertanalyse (AWA),
- Energie-Wertanalyse (EWA),
- Funktionen Analyse System Technik (FAST),
- Funktions-Wertanalyse,
- Funktions-Kosten-Optimierung (FKO),
- Gemeinkosten-Aufwand-Nutzen-Analyse (GANA),
- Gemeinkosten-Frühwarnsytem (GWS),
- Gemeinkosten-Systems-Engineering (GSE),
- Organisations-Wertanalyse (OWA),
- Produktivitätsanalyse (PRA).

Eine aussagefähige Wertanalyse-Fallstudie am Beispiel einer Wertverbesserung eines bestehenden Produkts (Bremsmagnet für Wechselstromzähler) liefern Hering/Draeger (1999, 408 ff.).

5.8 Strategisches Kostencontrolling

Gesättigte Märkte, sich verkürzende Produktlebenszyklen und differenzierter werdende Kundenanforderungen verstärkten den Wettbewerbsdruck. Dadurch erhöhte sich der Stellenwert des strategischen Controlling. Letzteres erfordert u. a. auch die Implementierung strategisch ausgerichteter Kostenrechnungs- bzw. -managementsysteme (vgl. Baden 1997). Während das führungsorientierte Rechnungswesen (Management Accounting) in der Vergangenheit verstärkt nach innen gerichtet war und mehr operativen Charakter trug, hat nunmehr die **Steuerung der Unternehmensprozesse vom Markt her** absolute Priorität (vgl. auch Horváth 1990, S. 178). Die Optimierung der Wertschöpfung sollte daher nicht an der Produktivitätssteigerung bestehender Prozesse unter Zugrundelegung der vorhandenen Fertigungstechnik ansetzen, sondern bei den Kundenbedürfnissen beginnen:
„Kundennähe ist strategisch wichtiger als Kostenbewußtsein in der Produktion" (Albach 1988, S. 197).

Target Costing und Prozesskostenrechnung versuchen jeweils auf spezifische Weise, diesem neuen Denkansatz gerecht zu werden: Während durch Target Costing (siehe 5.8.1) die Kosten neuer Erzeugnisse – ausgehend von den künftigen Markterfordernissen – bereits in der Phase der Produktentwicklung optimiert werden, leistet die Prozesskostenrechnung (vgl. 5.8.2) einen Beitrag zur Optimierung der Kosten der indirekten (d. h. der Produktion vor- oder nachgelagerten) Bereiche, indem sie die Entstehung großer Teile der Gemeinkosten in Abhängigkeit von bestimmten Bezugsgrößen („Kostentreibern") transparent und damit der Gestaltung zugänglich macht. Trotz der unterschiedlichen „Stoßrichtungen" gibt es jedoch auch einen engen Zusammenhang zwischen den beiden Instrumenten des strategischen Kostencontrolling. Auf ihn wird in 5.8.3 Bezug genommen.

5.8.1 Target Costing

Zielsetzungen, Fragestellungen und Datenbasis:
Target Costing wurde Anfang der 70er Jahre von vielen japanischen Unternehmen eingeführt, die damit auf die infolge der Ölkrise gestiegenen Energiekosten reagierten (vgl. Franz 1993, S. 125). Dem Controlling von Target Costs (Zielkosten), Zielterminen und Zielqualitäten liegt der marktorientierte **„Reverse-Engineering-Ansatz"** zugrunde (vgl. Wildemann 1995, S. 37 ff.). Dieser ist mit der Zielsetzung verbunden, ausgehend vom „anvisierten" Ergebnis (z. B. gewünschte Umsätze, Marktanteile) unter Berücksichtigung der Wettbewerbskräfte die gesamte Wertschöpfungskette zu reorganisieren und sie entsprechend den Anforderungen eines gegebenen Markt-, Technologie- und Wettbewerbsumfeldes zu gestalten. „Im übertragenen Sinne bedeutet dies, den Produktionsprozess vom Markt aus neu zu entwickeln" (Wildemann 1995, S. 37).

Den prinzipiellen Unterschied zwischen dem traditionellen Ansatz der Kalkulation und dem Reverse-Engineering-Ansatz zur Ableitung von Zielkosten verdeutlicht Abbildung 47 (vgl. Wildemann 1995, S. 38). Während beim traditionellen Ansatz zu den kalkulierten Kosten die gewünschte Gewinnspanne addiert wird, um den (vom Kunden zu fordernden) Preis zu ermitteln, wird beim Reverse-Engineering-Ansatz der umgekehrte Weg beschritten: **ausgehend vom voraussichtlich am Markt erzielbaren Preis gelangt man durch Abzug der gewünschten Gewinnspanne zu den Zielkosten**. Streng genommen handelt es sich hierbei zunächst um die „vom Markt erlaubten" oder „zulässigen" Kosten (allowable costs). Sie verkörpern gewissermaßen ein anzustrebendes „Ideal-Ziel". Die „tatsächlichen" Zielkosten (target costs) werden aus der Spanne zwischen den „allowable costs" und den so genannten „drifting costs" (vgl. weiter unten Abbildung 48) abgeleitet (vgl. z. B. Rösler, 1996, S. 24 f.).

Abb. 47: Traditionelle Kalkulation versus Reverse Engineering

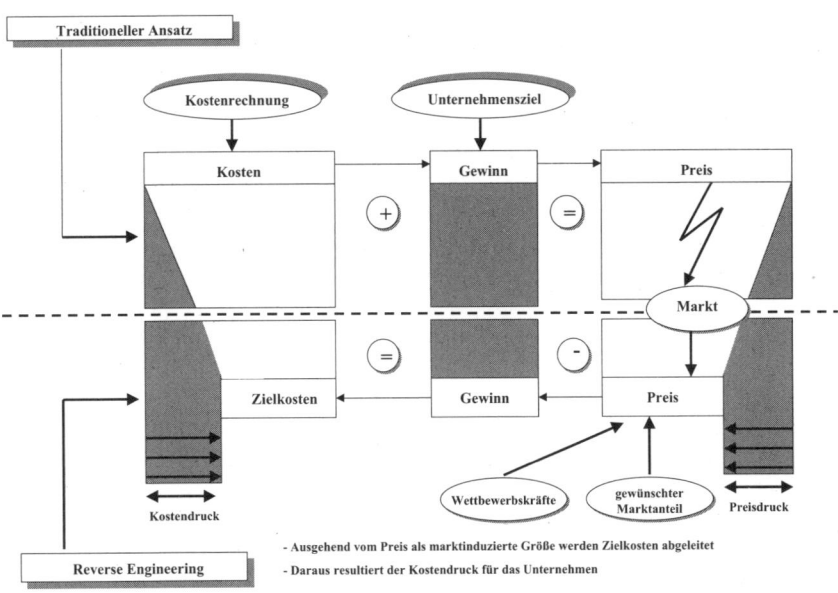

Allowable costs informieren darüber, was das neue Produkt höchstens kosten darf, wenn unter Berücksichtigung der antizipierten Marktbedingungen die gewünschte Gewinnspanne erzielt werden soll. Insgesamt ist der Reverse-Engineering-Ansatz mit folgenden **Fragestellungen** verbunden:

- Welche Kundenanforderungen sollen mit dem Produkt erfüllt werden?
- Wie viel darf das Produkt höchstens kosten?
- Wie lange darf die Entwicklung maximal dauern?
- Welches ist der günstigste Zeitpunkt für die Markteinführung des Produkts?

Die strategische Bedeutung des Target Costing besteht darin, dass bereits in einer frühen Phase der **Produktentstehung** auf das **künftige Kosten-Nutzen-Verhältnis** entscheidend **Einfluss genommen werden kann**. Denn in einer solchen Phase sind das Kostensenkungs- wie das Nutzensteigerungspotenzial am größten, während nach dem Produktanlauf nur noch Rationalisierungsmöglichkeiten in einer Größenordnung von 5 bis 10 Prozent gegeben sind (vgl. Wildemann 1995, S. 39).

Als **Informationsbasis** für das Target Costing sollte vorhanden sein bzw. bereitgestellt werden können:

- Daten der Marktforschung wie Kundenbedürfnisse, Marktwachstum, Konkurrenzverhalten, aus denen der „Zielpreis" abgeleitet werden kann;
- Angaben zu den gewünschten Rentabilitäten (insbesondere der Umsatzrentabilität), aus denen „der Zielgewinn" zu ermitteln ist;
- Kenntnis des Zusammenhangs zwischen den Produkteigenschaften und dem Erfüllungsgrad der Kundenanforderungen;
- Kenntnis des Zusammenhangs zwischen den technisch-konstruktiven Produkteigenschaften und den Kosten;
- Know how über effiziente Gestaltungsmöglichkeiten von Wertschöpfungsprozessen (einschließlich moderner Managementkonzepte);
- Kreativitätstechniken zur Gewinnung neuer Ideen zur Produkt- und Prozessgestaltung;
- Entwicklungstrends der Beschaffungspreise für Produktionsfaktoren.

Beschreibung des Ablaufs:

Der Ablauf der geläufigsten Version des Target Costing, des so genannten „Market into Company" ist in Abbildung 48 dargestellt (vgl. Rösler 1996, S. 27).

Abb. 48: Schrittfolge beim Target Costing

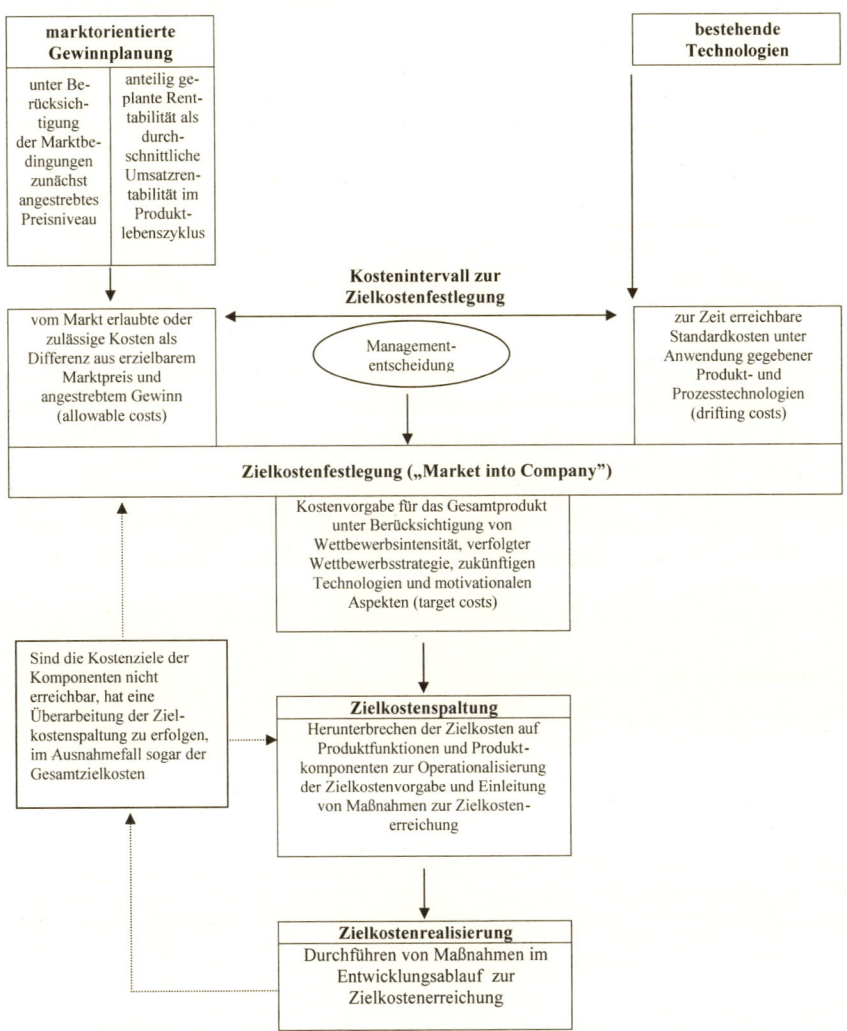

Demzufolge besteht der Prozess des Target Costing aus den drei Phasen Zielkostenfestlegung, Zielkostenspaltung und Zielkostenrealisierung.

Während die „allowable costs" (die „zulässigen" Kosten) als Differenz zwischen erzielbar erscheinenden Umsätzen und geplantem Gewinn ermittelt werden, repräsentieren die „drifting costs" (die „erreichbaren Kosten") die kalkulierten Produktkosten unter Zugrundelegung der aktuellen Technologie- und Fertigungsstruktur. Innerhalb des Intervalls zwischen zulässigen und erreichbaren Kosten sind die „tatsächlichen" Zielkosten (target costs) festzulegen (vgl. Männel 1994, S. 108). Dies hat durch Managemententscheidung unter Berücksichtigung der Wettbewerbsintensität, der verfolgten Wettbewerbsstrategie und weiterer Faktoren zu erfolgen. Soll z. B. unter harten Wettbewerbsbedingungen eine Strategie der Kostenführerschaft verfolgt werden, ist es sogar möglich, dass die „target costs" mit den „allowable costs" übereinstimmen.

Aufgabe der **Zielkostenspaltung** ist es, die für das Produkt insgesamt festgelegten „target costs" auf dessen einzelne Baugruppen und Komponenten aufzugliedern. Dazu wird eine praktikable Dekompositionsmethodik benötigt (vgl. Horváth/Seidenschwarz 1992, S. 145). Bei der Produktdekomposition können Produktmerkmale, Produktfunktionen, Produktkomponenten und Produktteile unterschieden werden. Abbildung 49 zeigt dazu ein Beispiel aus der Medizintechnik (vgl. Seidenschwarz 1993, S. 256f.).

Abb. 49: Produktdekomposition an einem Beispiel aus der Medizintechnik

Produktmerkmale	Produktfunktionen	Produktkomponenten (Baugruppen)	Produktteile
• Patienten-Durchlaufzeit • Bedienbarkeit • Wartungszeit • Betriebskosten • …	• Patient lagern • Körper abtasten • Messen • …	• Liegensystem • Abtastsystem • …	• Detektor • …

Produktmerkmale sind aus subjektiver Kundensicht zu bewerten und entsprechend ihrer Bedeutung zu gewichten. Die an ein Produkt gestellten **Kundenerwartungen** manifestieren sich in den Produktfunktionen, während die Produktkomponenten (Baugruppen) die technische Ausgestaltung von Produktfunktionen verkörpern. Die Baugruppen lassen sich schließlich weiter in Produktteile zerlegen. Die entscheidende Schnittstelle entsteht hierbei zwischen den vom Markt bestimmten Produkteigenschaften und den sie technisch realisierenden Produktkomponenten (vgl. Horváth/Seidenschwarz 1992, S. 145). In der Literatur wird in diesem Zusammenhang die Auffassung vertreten, dass sich die Kosten der einzelnen Produktkomponenten zu den Gesamtkosten so verhalten sollen, wie der Nutzen dieser Komponente zum Gesamtnutzen des Produkts (vgl. Buggert/Wielpütz 1995, S. 89).

Die **Zielkostenrealisierung** umfasst alle Maßnahmen zur Sicherstellung der Erreichung der Zielkosten auf Komponenten- und Gesamtproduktebene. Dazu bedarf es leistungsfähiger Instrumente, mit deren Hilfe sich Kostensenkungspotenziale erschließen und wirkungsvoll in technische und konstruktive Lösungen umsetzen lassen. Solchen Instrumenten können konstruktions- bzw. technologieorientierte, produkt- bzw. prozessorientierte und organisatorische Ansätze zugrunde liegen. Abbildung 50 gibt einen Überblick über entsprechende Instrumente (In Anlehnung an Rösler 1996, S. 56).

Abb. 50: Instrumente der Zielkostenrealisierung

Konstruktions-/ technologieorientierte Ansätze	Produkt-/prozessorientierte Ansätze	organisatorische Ansätze
• Kostentableaus • Wertanalyse • Konstruktionsbegleitende Kalkulation	• Benchmarking • Produktklinik • Prozesskostenrechnung	• Simultaneous Engineering • Just-In-Time • CIM • Lean Management • Supply Chain Management

Anwendungsbeispiele:
Für das Target Costing existieren mittlerweile sehr zahlreiche Anwendungsmöglichkeiten. In sehr umfassender Weise kam es z. B. in der Automobilindustrie zur Anwendung (vgl. Rösler 1996).

5.8.2 Prozesskostenrechnung

Zielsetzungen, Fragestellungen und Datenbasis:
In den letzten Jahrzehnten haben sich in den Unternehmen bedeutsame strukturelle Veränderungen im Wertschöpfungsprozess vollzogen. Diese sind u. a. gekennzeichnet durch
• Rationalisierung und Automatisierung in der Produktion;
• den zunehmenden Stellenwert der der Produktion vorgelagerten Bereiche, insbesondere
  – solchen mit planenden, steuernden und überwachenden Tätigkeiten,
  – der F & E, Beschaffung und Logistik,
  – der Qualitätssicherung;
• den Ausbau der Strukturen und Funktionen des Absatzbereichs.

Diese **Strukturverschiebungen** reflektieren die gewachsene Bedeutung der indirekten Bereiche für die Schaffung und Sicherung von Kundennutzen. Zugleich aber verbrauchen die in diesen Bereichen stattfindenden Prozesse in hohem Maße Produktionsfaktoren, wodurch es zu einem weiteren **Anwachsen des Anteils der Gemeinkosten** kommt. Jedoch sind herkömmliche Instrumentarien der Kostenrechnung, die auf Verfahren der traditionellen Zuschlagskalkulation beruhen, nicht in der Lage, diese Kosten den sie verursachenden Prozessen in adäquater Weise zuzuordnen.

Dadurch können viele wichtige **Fragen** nicht mehr beantwortet werden. Zu diesen zählen (Horváth & Partner 2000, S. 105):
- „Welche sind die 10 Einflussgrößen, die 80 % des Gemeinkostenvolumens eines Produktes bzw. eines Produktbereichs oder Unternehmens bestimmen?
- Welche Abteilungen sind in welchem Ausmaß daran beteiligt?
- An welchen Stellschrauben muss gedreht werden, um die Gemeinkosten mittelfristig in den Griff zu bekommen?
- Ist bekannt, wie sich Personal- und Kostenbedarf verändern, wenn sich in einem Unternehmen die Anzahl der Neuproduktanläufe verändert oder Produktänderungen vorgenommen werden, sich die Variantenzahl ändert oder die Teilezahl reduziert wird?
- Wie teuer ist eine (exotische)Variante, wenn man die Komplexitätskosten hineinrechnet?
- Was kostet ein Vertriebsauftrag unterschiedlicher Regionen?"

Aus der durch die Nichtbeantwortbarkeit obiger Fragen gekennzeichneten Problemsituation leiten sich die folgenden hauptsächlichen **Ziele** ab, die durch Einsatz der Prozesskostenrechnung erreicht werden sollen (vgl. Horváth & Partner 2000, S. 105; Michel/Torspecken/Jandt 1998, S. 227):
- Die Gemeinkostenbereiche sind durch Identifikation von (i.d.R. abteilungsübergreifenden) Hauptprozessen sowie deren gemeinkostentreibenden Einflussgrößen („Cost Driver" oder „Kostentreiber") kostenmäßig transparent und damit steuerbar zu machen.
- Die in den Abteilungen (Kostenstellen) stattfindenden Teilprozesse sind zu analysieren und den identifizierten Hauptprozessen zuzuordnen.
- Ineffizienzen im Wertschöpfungsprozess sollen aufgedeckt und Maßnahmen zu ihrer Beseitigung definiert werden können.
- Die Kalkulation ist zu verbessern, und strategische Entscheidungen (z. B. im Hinblick auf Produktprogramm- und Kapazitätsveränderungen oder bezüglich der Einführung moderner Managementkonzepte) sind zu unterstützen.
- Das Verantwortungsbewusstsein der Mitarbeiter im Hinblick auf Aktivitäten, Kosten und Kundennutzen ist zu stärken.

Insgesamt gesehen geht es vor allem darum, durch richtige Prozesskosteninformationen strategische Entscheidungen besser zu fundieren und **Fehlentscheidungen zu vermeiden** (vgl. auch Graßhoff 1998, S. 9). So können häufig bereits im Rahmen der Prozessanalyse Blind- und Fehlleistungen (vgl. dazu auch 2.3.3.1) aufgedeckt und eliminiert oder – im Falle neu zu konzipierender Prozesse – von vornherein ausgeschlossen werden.

Zur Durchführung der Prozesskostenrechnung werden die folgenden **Daten** benötigt bzw. müssen ermittelt werden:

- Benötigt werden: Zahlenwerte aus der (herkömmlichen) Kostenarten- und Kostenstellenrechnung
- Noch zu ermitteln sind: Prozessmengen sowie Kapazitäts- und Kostenzuordnungen im Zusammenhang mit Tätigkeitsanalysen, der Ableitung von Teilprozessen und deren „Zusammenbinden" zu Hauptprozessen.

Vermerkt sei an dieser Stelle noch, dass sich die Prozesskostenrechnung nur auf repetitive, d. h. gut standardisierbare und in regelmäßiger Folge auftretende Prozesse anwenden lässt (vgl. auch Michel/Torspecken/Jandt 1998, S. 223).

Schilderung des Ablaufs:
Zur Analyse von Prozessen und zur Ermittlung von Prozesskosten hat sich in der Praxis die folgende Vorgehensweise bewährt (vgl. Horváth & Partner 2000, S. 106 ff.; Michel/Torspecken/Jandt 1998, S. 230 ff.):

1. **Hypothesenbildung über Hauptprozesse und Cost Driver**
    Nach Formulierung der mit der Prozesskostenrechnung verfolgten Ziele und der Abgrenzung der in die Untersuchung einzubeziehenden (indirekten) Bereiche sind zunächst Hypothesen über Hauptprozesse und deren Kostentreiber aufzustellen. Damit wird eine vorstrukturierte Ausgangsbasis geschaffen, um die einzelnen Kostenstellen gezielt auf Teilprozesse und Kostentreiber analysieren zu können. Im weiteren Verlauf der Untersuchungen kann es durchaus zu Abweichungen von den ursprünglich aufgestellten Hypothesen kommen.

2. **Tätigkeitsanalyse zur Teilprozess- und Maßgrößenbestimmung**
    Tätigkeiten sind die kleinsten in Richtung auf ein Arbeitsergebnis innerhalb einer Gemeinkostenstelle zu erbringenden Leistungseinheiten. Mehrere sachlich aufeinander bezogenen Tätigkeiten, die gemeinsam zu einem Arbeitsergebnis führen und die eine gemeinsame Prozessgröße (Maßgröße für die Kostenentstehung) besitzen, können jeweils zu einem Teilprozess gebündelt werden. Die Tätigkeitsanalyse kann als das Fundament der Prozesskostenrechnung angesehen werden. Ihre Durchführung geschieht meist in Form von Befragungen; häufig wird auch auf Erfahrungswerten aufgebaut. In der Regel lassen sich mehrere „Tätigkeitsbündel" und damit Teilprozesse pro Kostenstelle definieren. Bei den Teilprozessen können „leistungsmengenneutrale" (lmn-) und „leistungsmengeninduzierte" (lmi-) Prozesse unterschieden werden. Während lmn-Prozesse solche sind, deren „Umfang" (z. B. an Arbeitszeit) sich nicht mit der Höhe der in der Kostenstelle erbrachten Leistungen ändert, hängt der Umfang der lmi-Prozesse maßgeblich von der Höhe der erbrachten Prozessleistungen ab. Für jeden lmi-Teilprozess ist daher eine Maß-

größe (auch Teilprozessgröße genannt) zu bestimmen, von deren Ausprägung die Inanspruchnahme von Produktionsfaktoren und damit die Höhe der diesem Teilprozess zuzuordnenden Gemeinkosten (auch als Prozesskosten bezeichnet) abhängt. Häufig zeigt sich später, dass die Teilprozessgrößen mit den Hauptprozessgrößen (den „Cost Driver") identisch sind; ansonsten wäre noch der Zusammenhang zwischen diesen Größen herzustellen.

3. **Zuordnung von Kapazitäten und Kosten**
   Die Kapazitäten der indirekten Bereiche werden hauptsächlich durch die verfügbare Arbeitszeit der Mitarbeiter bestimmt; sie können daher in Mannjahren (MJ) gemessen werden. Hat man für die einzelnen Teilprozesse einer Kostenstelle die jeweils benötigten Mannjahre ermittelt, wird eine Kostenzuordnung möglich: Da die Personalkosten sinnvoller Weise proportional zur Inanspruchnahme der Mannjahre durch die einzelnen Teilprozesse aufzuteilen sind und auch eine Reihe anderer Kostenarten eine enge Korrelation zum Personaleinsatz besitzt, begeht man keinen großen Fehler, wenn man sämtliche Kosten der Kostenstelle proportional zu den Mannjahren auf die einzelnen Teilprozesse verteilt. Eine solche Verfahrensweise ist auch insofern gerechtfertigt, als die Personalkosten in den indirekten Bereichen in der Regel den „Löwenanteil" an den Gesamtkosten ausmachen. Hinsichtlich der Behandlung der Kosten der leistungsmengenneutralen Teilprozesse gibt es in der Literatur unterschiedliche Standpunkte. Hier soll der Auffassung von Horváth und Mayer gefolgt werden, die dafür plädieren, diese Kosten (proportional zu den MJ) auf die leistungsmengeninduzierten (lmi-) Teilprozesse umzulegen (vgl. Horváth/Mayer 1991, S. 541). Eine andere Auffassung vertreten Coenenberg und Fischer (vgl. Coenenberg/Fischer 1991, S. 29 ff.). Werden nun für jeden lmi-Teilprozess die ermittelten Prozesskosten zu der im zweiten Schritt jeweils ermittelten Teilprozessgröße ins Verhältnis gesetzt, so erhält man die „Prozesskosten pro Einheit Teilprozessgröße" für jeden dieser Teilprozesse.

4. **Verdichtung zu endgültigen Hauptprozessen und Ermittlung von (Prozess-) Kostensätzen**
   Die im ersten Schritt gebildeten Hypothesen über Hauptprozesse und „Cost Driver" sind während der gesamten Abarbeitung der vorliegenden Schrittfolge ständig zu überprüfen und gegebenenfalls zu korrigieren. Am Ende werden dann (in der Regel kostenstellenübergreifend) jeweils lmi-Teilprozesse zu relativ wenigen Hauptprozessen gebündelt, so dass schließlich jeder Teilprozess eindeutig einem bestimmten Hauptprozess zugeordnet ist. Des Weiteren ist jedem Hauptprozess eindeutig ein Cost Driver (Kostentreiber, Hauptprozessgröße) zugeordnet. Die (Prozess-) Kosten pro Einheit Hauptprozessgröße (d. h. die Prozesskostensätze) erhält man, indem man die Summe der zu einem Hauptprozess gehörenden Teilprozesskosten durch die Ausprägung des Cost Drivers (d. h. durch die Prozessmenge oder auch Anzahl der Prozessdurchführungen) dividiert. Eine andere Möglichkeit ihrer Ermittlung besteht darin, zunächst die Prozesskosten der zu einem Hauptprozess gehö-

renden Teilprozesse einzeln durch die Ausprägung des Cost Drivers zu dividieren und die so gewonnenen Teilprozesskostensätze zu addieren.

Beispiel:

Das im folgenden demonstrierte Beispiel geht auf Horváth und Mayer zurück (vgl. Horváth & Partner 2000, S. 104 ff.); die dazu gehörigen Abbildungen sind (mit zum Teil geringfügigen Veränderungen) der zitierten Quelle entnommen worden:

zu 1. Hypothesenbildung über Hauptprozesse und Cost Driver

Betrachtet werden die beiden Kostenstellen 5501 „Fertigungsplanung" und 5504 „Qualitätssicherung" des Bereichs Produktionsplanung und -steuerung. Als Hypothese wird formuliert, dass es die beiden Hauptprozesse „Produktänderungen vornehmen" und „Varianten betreuen" gibt. Als (vorläufige) Cost Driver werden benannt: „Anzahl der Produktänderungen" für den ersten und „Anzahl der betreuten Varianten" für den zweiten Hauptprozess.

zu 2. Tätigkeitsanalyse zur Teilprozess- und Maßgrößenbestimmung

Die Tätigkeitsanalyse führt in Kostenstelle 5501 zur Ermittlung der Teilprozesse „Arbeitspläne ändern" (lmi), „Fertigung betreuen" (lmi) und „Abteilung leiten" (lmn), in Kostenstelle 5504 zu den Teilprozessen „Prüfpläne ändern" (lmi), „Produktqualität sichern" (lmi), „Teilnahme Qualitätszirkel" (lmn) und „Abteilung leiten" (lmn). Als Maßgrößen der lmi-Prozesse in Kostenstelle 5501 werden identifiziert: „Anzahl der Produktänderungen" für den Teilprozess „Arbeitspläne ändern" und „Anzahl der Varianten" für den Teilprozess „Fertigung betreuen". In Kostenstelle 5504 besitzt der Teilprozess „Prüfpläne ändern" die Maßgröße „Anzahl der Produktänderungen" und der Teilprozess „Produktqualität sichern" die Maßgröße „Anzahl der Varianten". Nunmehr sind die beiden Kostenstellen, die ursprünglich nach Kostenarten strukturiert waren (siehe dazu beispielhaft Abbildung 51 zur Kostenartengliederung der Kostenstelle 5501) nach (Teil-) Prozessen gegliedert (siehe Abbildung 52 für Kostenstelle 5501 und Abbildung 53 für Kostenstelle 5504).

Abb. 51: Gliederung der Kostenstelle 5501 nach Kostenarten

Prozess- GmbH **Kostenstelle 5501:** **Fertigungsplanung**			Plan/ Gesamtjahr: verantwortlich:		1991 Mayer
Kostenart	Menge	Preis	Proportional	Fix	Gesamt
Gehälter	11 Pers.	60.000,–		660.000	660.000
Sozialaufwand				200.000	200.000
Büromaterial			50.000		50.000
Telefon			30.000		30.000
Kalkulatorische DV-Kosten			50.000	50.000	100.000
Kalk. Raumkosten	400 m²	100,–		40.000	40.000
kalk. Abschreibungen				20.000	20.000
Summe			130.000	970.000	1.100.000

Abb. 52: Teilprozesse der Kostenstelle 5501

Kostenstelle 5501 Fertigungsplanung									
Teilprozesse		Maßgrößen		Kosten-zu-rechnung	Prozesskosten			Prozesskostensatz	
Nr.	Bezeich-nung	Art (Anzahl der...)	Menge	Basis	Imi	Imn	gesamt	Imi	gesamt
1	Arbeits-pläne ändern	Produkt-änderun-gen	200	4 MJ	400.000	40.000	440.000	2.000	2.200
2	Fertigung betreuen	Varian-ten	100	6 MJ	600.000	60.000	660.000	6.000	6.600
3	Abteilung leiten			1 MJ		100.000			
				11 MJ		1.100.000			

Abb. 53: Teilprozesse der Kostenstelle 5504

Kostenstelle 5504 Qualitätssicherung									
Teilprozesse			Maßgrößen		Kosten-zu-rechnung	Prozesskosten			Prozesskostensatz
Nr.	Bezeichnung	Art (Anzahl der...)	Menge	Basis	Imi	Imn	gesamt	Imi	gesamt
1	Prüfpläne ändern	Produktänderungen	200	2 MJ	200.000	50.000	250.000	1.000	1.250
2	Produktqualität sichern	Varianten	100	6 MJ	600.000	150.000	750.000	6.000	7.500
3	Teilnahme Qualitätszirkel			1 MJ		100.000			
4	Abteilung leiten			1MJ		100.000			
				10 MJ			1.000.000		

zu 3. Zuordnung von Kapazitäten und Kosten

Die Kapazitäts- und Kostenzuordnung wird beispielhaft anhand von Kostenstelle 5501 demonstriert (vgl. dazu weiter obige Abbildung 52). Die bei Kostenstelle 5504 vorgenommenen Zuordnungen können obiger Abbildung 53 entnommen werden. In Kostenstelle 5501 fallen Kosten von insgesamt 1.100.000 Geldeinheiten (GE) an. Da 11 Mitarbeiter beschäftigt sind, beträgt die verausgabte Arbeitszeit 11 MJ. Wird vereinfacht von einer gleichen Aufteilung der gesamten Kosten auf die einzelnen Mitarbeiter ausgegangen (gleiche Gehälter usw.), so ergibt sich eine durchschnittliche Kostenzuordnung von 100.000 GE/MJ. Da für den Teilprozess „Arbeitspläne ändern" 4 MJ, den Teilprozess „Fertigung betreuen" 6 MJ und den Teilprozess „Abteilung leiten" 1 MJ benötigt werden, resultiert daraus eine Kostenzuordnung von 400.000 GE, 600.000 GE und 100.000 GE auf die entsprechenden Teilprozesse. Eine zu den MJ proportionale Aufteilung der Kosten des lmn-Prozesses „Abteilung leiten" auf die beiden lmi-Prozesse „Arbeitspläne ändern" und „Fertigung betreuen", führt zu einer Umlage von 40.000 GE auf den ersten und 60.000 GE auf den zweiten lmi-Prozess. Somit vereint der Teilprozess „Arbeitspläne ändern" insgesamt Prozesskosten von 440.000 GE auf sich. Die zu diesem Prozess gehörende Teilprozessgröße beträgt 200 Produktänderungen. Somit ergibt sich ein (Teil-) Prozesskostensatz von 2.200 GE pro Produktänderung. Auf analoge Weise erhält man für den Teilprozess „Fertigung betreuen" einen (Teil-) Prozesskostensatz von 6.600 GE pro Variante.

135

zu 4. Verdichtung zu endgültigen Hauptprozessen und Ermittlung von (Prozess-) Kostensätzen

Es soll unterstellt werden, dass die im ersten Schritt gebildeten Hypothesen über Hauptprozesse und Cost Driver im weiteren Verlauf der Untersuchung bestätigt werden konnten. Dann ergibt sich das in Abbildung 54 dargestellte Bild der „Zusammenbindung" von Teilprozessen zu Hauptprozessen. Dabei zeigt sich zugleich, dass die im zweiten Schritt ermittelten Maßgrößen der Teilprozesse (d.h. die Teilprozessgrößen) identisch sind mit den entsprechenden Cost Driver'n der Hauptprozesse: Hauptprozess 1 (Produktänderungen vornehmen) hat als Cost Driver die „Anzahl der Produktänderungen", während die „Anzahl der Varianten" Cost Driver für Hauptprozess 2 (Varianten betreuen) ist. Nunmehr kann die Ermittlung der Prozesskostensätze für die beiden Hauptprozesse vorgenommen werden (siehe Abbildung 55).

Abb. 54: Hauptprozessverdichtung

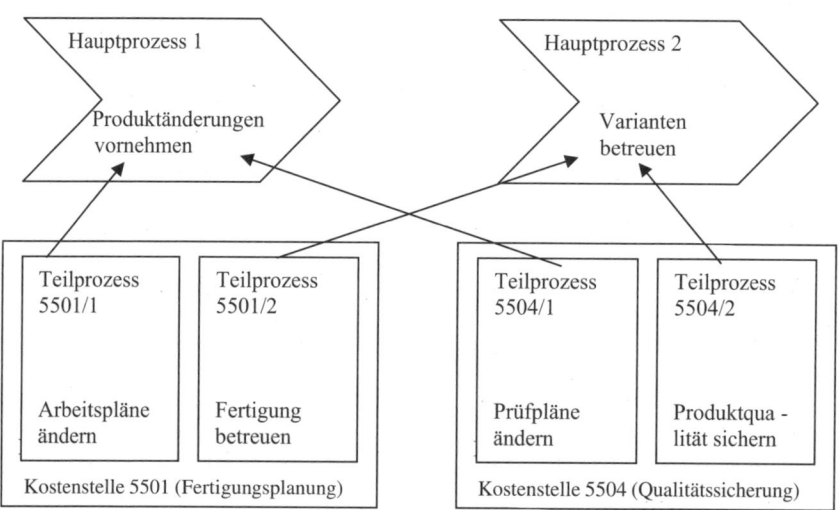

Abb. 55: Ermittlung der Prozesskostensätze für die Hauptprozesse

Hauptprozesse	Cost Driver	Anzahl	Prozess-kosten	Prozess-kostensatz	% Kosten-volumen
1. Produktänderungen vornehmen	Anzahl Produktänderungen	200	690.000	3.450	33%
2. Varianten betreuen	Anzahl Varianten	100	1.410.000	14.100	67%

Mit der Ermittlung dieser Prozesskostensätze sind **strategisch relevante Informationen** verfügbar, die mit herkömmlichen Instrumenten der Kostenrechnung nicht gewonnen werden können: Man weiß jetzt, dass
- die Vornahme einer Produktänderung im Durchschnitt 3.450 GE und
- die Betreuung einer Variante im Durchschnitt 14.100 GE kostet.

5.8.3 Zusammenwirken von Target Costing und Prozesskostenrechnung

Beim Target Costing werden – wie in 5.8.1 beschrieben – die gesamten Produktkosten auf die einzelnen Komponenten und Teile heruntergebrochen. Auf diese Weise werden die Stückkosten pro Teil ermittelt. In der japanischen Version beinhalten die Stückkosten jedoch ausschließlich Material- und Fertigungskosten ohne Gemeinkostenanteile. Mayer macht darauf aufmerksam, dass dadurch Auswirkungen ignoriert werden, die sich aus unterschiedlichen Produktionsstrukturen, Fertigungstiefen oder logistischen Abläufen ergeben (vgl. Mayer 1993, S. 87).

Eine Lösung bietet die **Einbeziehung von Prozesskosteninformationen in das Target Costing** (vgl. Buggert/Wielpütz 1995, S. 130). Dadurch können z. B. bereits in der Entwicklungsphase eines Produkts alternative Design-Varianten im Hinblick auf ihre künftigen Auswirkungen auf die Gemeinkostenressourcen beurteilt werden, womit eine Beeinflussbarkeit der späteren Produktkosten in Abhängigkeit von den Marktanforderungen prinzipiell auch in Form von Szenarien (siehe 5.6) durchgespielt werden kann (vgl. Horváth et. al. 1993, S. 612). Wie Target Costing und Prozesskostenrechnung sich in der frühen Phase der Produktentstehung sinnvoll ergänzen können, wird durch folgende Aussage sehr treffend charakterisiert (Horváth/Niemand/Wohlbold 1993, S. 19): „Target Costing liefert Informationen über Marktanforderungen und Zielkosten, die Prozesskostenrechnung zeigt die Kostenwirkungen von Konstruktionsalternativen in den indirekten Bereichen auf." Die Vorgehensweise von Target Costing und Prozesskostenrechnung sowie deren Zusammenwirken verdeutlicht noch einmal Abbildung 56 (vgl. Mayer 1993, S. 79):

Abb. 56: Target Costing, Prozesskostenrechnung sowie deren Zusammenwirken

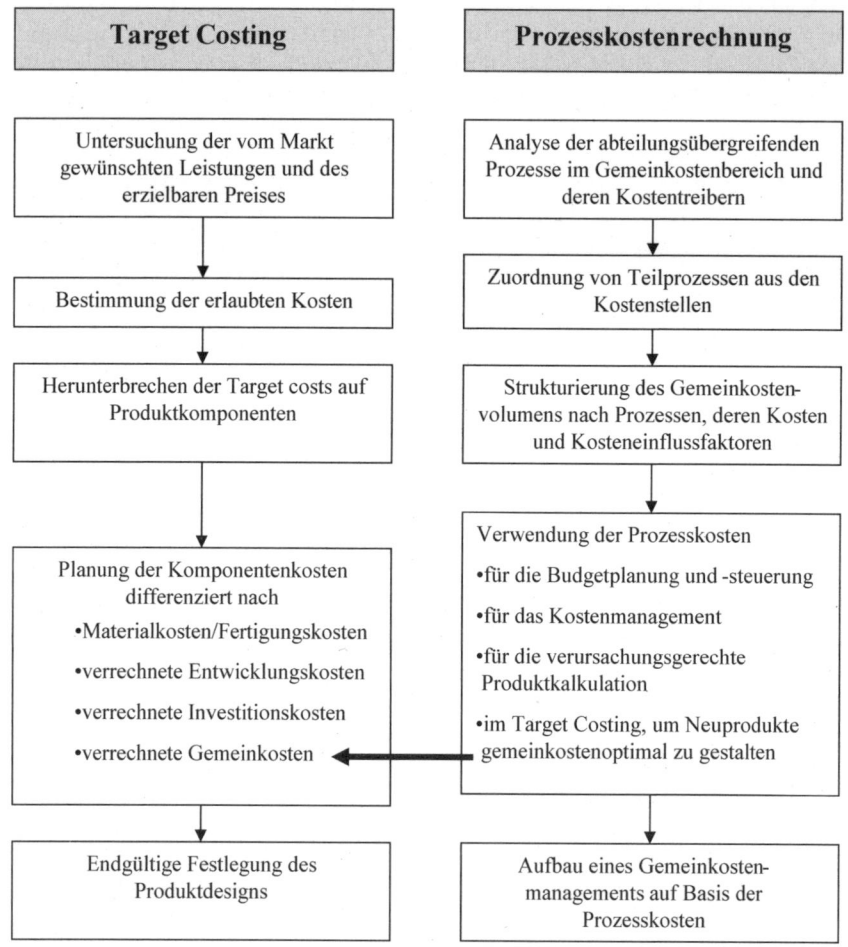

5.9 Instrumente zur Unterstützung von Investitionsentscheidungen

Investitionsentscheidungen haben oft zur Folge, dass große Kapitalbeträge auf längere Dauer an bestimmte Projekte gebunden werden. Zugleich ist die Tätigung von Investitionen in der Regel mit Veränderungen von strategischen oder zumindest taktischer Tragweite im Unternehmen verbunden. Daher werden Aspekte der Investitionsplanung und -entscheidung in der Literatur meist dem strategischen Controlling zugeordnet. „Investitionscontrolling stellt deshalb sowohl im Detail wie in der Gesamtschau eine sehr **herausfordernde Aufgabe für Controller** dar." (Weber 2009, S. 32).

Kalküle der Investitionsrechnung (vgl. 5.9.1) finden dann Anwendung, wenn den zu vergleichenden Projekten Wertgrößen (z. B. Kosten, Erlöse, Ein- und Auszahlungen) zugeordnet werden können. Bei Veränderungen größeren Ausmaßes (z. B. Einführung einer neuen Basisinnovation) lassen sich den Projektalternativen meist noch keine Wertangaben zuordnen. Dann muss die Entscheidung anhand solcher Kriterien getroffen werden, deren sich die Methoden der strategischen Investitionsplanung bedienen (vgl. 5.9.2).

5.9.1 Kalküle der Investitionsrechnung

Soll unter mehreren alternativ zur Auswahl stehenden Investitionsprojekten eines realisiert werden, können Kalküle der Investitionsrechnung zur besseren Fundierung der Entscheidungsfindung hilfreich sein. Bei diesen Kalkülen handelt es sich um Rechenverfahren zur Bestimmung der Vorteilhaftigkeit der Projekte nach Wirtschaftlichkeitskriterien unter Zugrundelegung der unternehmerischen Zielsetzungen. In die Berechnungen gehen mit den zu beurteilenden Projektalternativen verbundene Wertgrößen (z. B. Kosten, Erlöse, Auszahlungen, Einzahlungen) ein.

Bei den Rechenverfahren zur Alternativenauswahl unterscheidet man zwischen statischen und dynamischen Kalkülen. Während statische Kalküle einen geringeren Informationsbedarf beanspruchen und mit vergleichsweise niedrigem Aufwand verbunden sind, besitzen dynamische Kalküle eine höhere Aussagekraft. Unter den dynamischen Kalkülen wiederum sind die modernen leistungsfähiger als die klassischen.

Neben den Kalkülen zur Alternativenauswahl (Investitionseinzelentscheidungen) gibt es auch Kalküle zur Fundierung von Investitionsprogrammentscheidungen. Auf letztere soll hier jedoch nicht näher eingegangen werden, da ihre Behandlung den Rahmen der vorliegenden „Grundzüge" sprengen würde. Erwähnt sei jedoch noch, dass Kalküle der Investitionsrechnung ebenso für Investitionskontrollen eingesetzt werden können (z. B. bei der Durchführung von Soll-Ist-Vergleichen).

Zum tieferen Eindringen in die Problematik der Investitionsrechnung und ihrer Bedeutung für das Controlling seien dem interessierten Leser die folgenden Literaturquellen empfohlen: Adam 2000; Kruschwitz 1998; Matschke 1993; Schierenbeck 1993; Hering 2003.

5.9.1.1 Statische Kalküle

Zielsetzungen, Fragestellungen und Datenbasis:
Statische Kalküle dienen der Vorteilhaftigkeitsbestimmung unter mehreren zur Auswahl stehenden Investitionsprojekten, wobei je nach Fragestellung oder Datensituation die Kosten, der Gewinn oder die Rentabilität als Kriterien fungieren. Entsprechend legt man der Entscheidungsfindung eine Kosten-, Gewinn- oder Rentabilitätsvergleichsrechnung zugrunde. Als zusätzliche Information kann die Zeitspanne dienen, in der die Anschaffungsausgaben des Projekts durch die in den ersten Jahren der Nutzung anfallenden Einnahmeüberschüsse „zurückgewonnen" werden. Diese Zeitspanne heißt Amortisationsdauer und die Methode zu ihrer Ermittlung Amortisationsrechnung.

Da die mit einem Projekt verbundenen Kosten und Gewinne in der Regel während der einzelnen Jahre der Nutzungsdauer Schwankungen unterliegen, muss sich ein entsprechender Vorteilhaftigkeitsvergleich stets auf eine möglichst „repräsentative Durchschnittsperiode" beziehen. In der Praxis wendet man statische Kalküle meist dann an, wenn sich die mit den Projekten verbundenen Ein- und Auszahlungen nicht ohne weiteres für mehrere künftige Perioden mit hinreichender Genauigkeit bestimmen lassen oder deren Ermittlung mit unvertretbarem Aufwand verbunden ist. Dann stellen die der „repräsentativen Durchschnittsperiode" zugeordneten Daten gewissermaßen nur grobe Schätzwerte dar.

Damit ist zugleich die Gefahr von Fehlentscheidungen bei Zugrundelegung statischer Kalküle höher als bei den aussagefähigeren dynamischen Kalkülen. Insbesondere ist es für die Beurteilung der Wirtschaftlichkeit nicht belanglos, ob die höheren Zahlungsüberschüsse schon in früheren oder erst in späteren Perioden anfallen, weil nämlich frühzeitiger verfügbare finanzielle Mittel bereits in weiteren Projekten zinsbringend angelegt werden können (z. B. als Geldanlage). Solche Effekte können jedoch nur durch Berücksichtigung von Zinseszinsen adäquat erfasst werden, wozu nur dynamische Kalküle in der Lage sind. Möchte man daher bei Anwendung statischer Kalküle die Gefahr von Fehlentscheidungen möglichst niedrig halten, sollte man darauf achten, dass die bei den zu vergleichenden Projekten auftretenden zwischenperiodischen Schwankungen der Kosten und Erlöse nicht allzu hoch sind.

Weiterhin sind Projekte nur dann sinnvoll vergleichbar,
- wenn sie die gleiche Nutzungsdauer besitzen und
- wenn bei allen zu vergleichenden Projekten die gleiche Kapazitätsauslastung zugrunde gelegt wird.

Sollte eine der genannten Voraussetzungen nicht erfüllt sein, müssen zusätzliche Überlegungen angestellt werden. Die zur Anwendung der statischen Kalküle der Investitionsrechnung benötigte Datenbasis ist aus Abbildung 57 ersichtlich (Schünemann 2002). Demzufolge werden für den Kostenvergleich die in den Zeilen 1 – 13 aufgeführten Daten benötigt, für den Gewinn- und Rentabilitätsvergleich sowie für die Amortisationsrechnung kommen die der Zeilen 14 – 17 hinzu.

Abb. 57: Beispiel zur Anwendung der statischen Kalküle in der Investitionsrechnung

lfd. Nr.	Daten	Anlage I	Anlage II
1	Nutzungsdauer (Jahre)	5	5
2	Anschaffungsauszahlung (GE)	50.000	30.000
3	Kalkulatorische Abschreibung (GE/Jahr)	10.000	6.000
4	Kalkulationszinssatz pro Jahr (%)	10	10
5	Durchschnittlich gebundenes Kapital (GE/Jahr)	25.000	15.000
6	Kalkulatorische Zinsen auf das durchschnittlich Gebundene Kapital(GE/Jahr)	2.500	1.500
7	Sonstige fixe Kosten	1.000	800
8	Fixkosten gesamt (Summe der Positionen 3, 6, und 7)(GE/Jahr)	13.500	8.300
9	Kapazität(ME/Jahr)	22.000	20.000
10	Kapazitätsauslastung	10.000	10.000
11	Variable Kosten pro Mengeneinheit (GE/ME)	0,40	0,70
12	Variable Kosten gesamt (10x11) (GE/Jahr)	4.000	7.000
13	Kosten gesamt (Summe der Pos.8u.12)(GE/Jahr)	17.500	15.300
14	Erlöse pro Mengeneinheit (GE/ME)	2,10	1,80
15	Erlöse gesamt (GE/Jahr)	21.000	18.000
16	Gewinn (netto) (GE/Jahr)	3.500	2.700
17	Gewinn (brutto) (GE/Jahr)	6.000	4.200

Schilderung des Ablaufs und Beispiel mit Lösung:

Im Folgenden soll die Vorgehensweise bei der Anwendung statischer Kalküle unter Zugrundelegung der Datensituation aus obiger Abbildung 57 demonstriert werden. Verglichen werden zwei Anlagen I und II, und nur die wirtschaftlichste von beiden soll realisiert werden. Anlage I hat Anschaffungsauszahlungen von 50.000 GE, Anlage II von 30.000 GE. Beide Anlagen haben jedoch die gleiche Nutzungsdauer von fünf Jahren. Die kalkulatorischen linearen Abschreibungen ergeben sich jeweils als Quotient aus Anschaffungsausgaben und Nutzungsdauer. Der Kalkulationszinssatz stellt einen Opportunitätskostensatz dar: Er bringt zum Ausdruck, wie sich das im (Perioden-) Durchschnitt an das betreffende Projekt gebundene Kapital im Falle einer anderweitigen Anlage (z. B. einer Geldanlage) verzinsen würde. Bei der Ermittlung des durchschnittlich gebundenen Kapitals wird von der Überlegung ausgegangen, dass im Zeitpunkt der Tätigung der Investition genau die Anschaffungsauszahlung gebunden ist und die Kapitalbindung im Laufe der Nutzungsdauer linear abnimmt, um am Ende den Wert Null zu erreichen. Somit ist das im Jahresdurchschnitt gebundene Kapital genau halb so hoch wie die Anschaffungsauszahlung.

Aus der Multiplikation des durchschnittlich gebundenen Kapitals mit dem Kalkulationszinssatz ergeben sich die „kalkulatorischen Zinsen auf das durchschnittlich gebundene Kapital". Die gesamten einem Projekt zuzuordnenden Fixkosten erhält man aus der Summe von Abschreibungen, Zinsen und sonstigen fixen Kosten (vgl. Zeile 8). Diese Fixkosten fallen in ihrer Höhe unabhängig von den auf der jeweiligen Anlage produzierten Erzeugnismengen an. Im Beispielfall haben die beiden Anlagen zwar unterschiedliche Kapazitäten, jedoch wird der Vergleich (sinnvoller Weise!) unter Zugrundelegung einer gleichen Kapazitätsauslastung von 10.000 Mengeneinheiten (ME) eines bestimmten Produkts pro Jahr durchgeführt. Die gesamten variablen Kosten (Zeile 12) erhält man durch Multiplikation der variablen Kosten pro Mengeneinheit (Zeile 11) mit der Stückzahl (Kapazitätsauslastung). Die Gesamtkosten (Zeile 13) ergeben sich als Summe der gesamten Fixkosten und der gesamten variablen Kosten.

Zur Demonstration des **Kostenvergleichs** sollen zunächst die Zeilen 14–17 als nicht existent angesehen werden. Zugleich wird unterstellt, dass beiden Anlagen gleich hohe Erlöse zugeordnet werden können. Wenn aber beide Anlagen in der Höhe ihrer Erlöse übereinstimmen, ist diejenige als wirtschaftlichste, d.h. „gewinnträchtigste", anzusehen, die mit den geringsten Gesamtkosten verbunden ist. Die Vorteilhaftigkeit der Projekte kann jedoch mit Veränderung der Kapazitätsauslastung wechseln: Beträgt die Auslastung der beiden Anlagen z.B. 18.000 ME, so ist Anlage I mit 20.700 GE kostengünstiger als Anlage II mit 20.900 GE. Die so genannte kritische Auslastung q_k, bei der beide Anlagen als gleichwertig einzustufen sind, kann nach der Formel

$$q_k = \frac{K_f^I - K_f^{II}}{k_v^{II} - k_v^I}$$

ermittelt werden und beträgt im Beispielfall rund 17.333 ME. In obiger Formel bedeuten k_f^I und k_f^{II} die Fixkosten der Anlagen I und II, während k_v^I und k_v^{II} die variablen Kosten je ME der Anlagen I und II bezeichnen. Sofern sich die zu vergleichenden Projektalternativen zusätzlich in ihren Erlösen unterscheiden, liefert ein Kostenvergleich keine adäquate Entscheidungsbasis mehr. In diesem Fall ist ein **Gewinnvergleich** vorzunehmen. Werden im Beispielfall jetzt noch die Zeilen 14 bis 17 mit einbezogen, ist zu erkennen, dass die auf Anlage I hergestellten Erzeugnisse höhere Erlöse pro Stück erzielen als die auf Anlage II gefertigten. Die Position „Erlöse gesamt" ergibt sich jeweils durch Multiplikation der Erlöse pro ME mit der betreffenden Ausbringungsmenge (Kapazitätsauslastung). Werden von den „Erlösen gesamt" die „Kosten gesamt" abgezogen, gelangt man jeweils zum Gewinn [netto]. Bezieht man die Zinsen auf das durchschnittlich gebundene Kapital nicht in die Kosten mit ein, so ergibt sich der Gewinn [brutto]. Daraus resultiert:

Bruttogewinn = Nettogewinn + Zinskosten.

Wird das Kriterium Gewinn pro Jahr zugrunde gelegt, so ist unter mehreren Alternativen diejenige mit dem höchsten Gewinn (netto) vorzuziehen, weil für den Investor entscheidend ist, welchen Gewinn er über die bloße Verzinsung des durchschnittlich gebundenen Kapitals zum Kalkulationszinssatz **hinaus** erzielen kann. Wird lediglich eine einzelne Alternative hinsichtlich ihrer Vorteilhaftigkeit beurteilt, so lohnt sich die Investition dann, wenn der Gewinn [netto] größer als Null ist bzw. der Gewinn [brutto] die Zinskosten übertrifft. Nach dem Kriterium Gewinn [netto] ist jetzt Anlage I als wirtschaftlicher einzustufen. Die zuletzt getroffene Aussage gilt jedoch nicht ohne Vorbehalt: Weil Anlage II von den für die Finanzierung der Anschaffungsausgaben verfügbaren Mitteln (50.000 GE) nur 30.000 GE benötigt, erscheint die Frage berechtigt, in welches (weitere) Projekt die restlichen 20.000 GE (also der „Differenzbetrag") investiert werden sollen.

Damit ist das Problem der Ergänzungsinvestition oder Differenzinvestition angesprochen. Es wäre ja nicht ausgeschlossen, dass sich neben Projekt II ein weiteres (Sach-)Projekt im Unternehmen realisieren lässt, das einen Zusatzgewinn (zu Projekt II) erwirtschaftet. Lässt sich ein solches Projekt nicht identifizieren, könnte (bezogen auf eine Durchschnittsperiode) davon ausgegangen werden, dass in Höhe des durchschnittlich gebundenen Kapitals des Differenzbetrages eine Geldanlage zum Kalkulationszinssatz getätigt werden kann. Eine solche Geldanlage hätte dann aber einen Nettogewinn von Null (da sie keinen über die kalkulatorischen Zinsen hinausgehenden Gewinn erwirtschaftet). Somit reicht es bei der Nettogewinnbetrachtung aus, allein die Sachprojekte I und II zu vergleichen, falls kein „Ergänzungsprojekt" mit positivem Nettogewinn existiert.

Nun soll noch kurz auf die Frage eingegangen werden, bei welcher Art von Investitionen Kosten- bzw. Gewinnvergleiche sinnvoll angewendet werden können. So erweisen sich Kostenvergleiche nur dann als angemessen, wenn die zu vergleichenden Projekte (Anlagen) nicht mit unterschiedlichen Absatzchancen der auf ihnen hergestellten Erzeugnisse verbunden sind, d. h. die erzielbaren Erlöse übereinstimmen. Reine Ersatzinvestitionen erfüllen stets diese Forderung, häufig auch Rationalisierungsinvestitionen. Bei Erweiterungsinvestitionen ist die genannte Voraussetzung nur dann erfüllt, wenn die zu beurteilenden Projekte identische Umsatzsteigerungen erwarten lassen.

Demgegenüber sind Gewinnvergleiche dann angebracht, wenn sich die Projektalternativen in den Erlösen pro ME oder bezüglich der Produktions- und Absatzmengen der auf ihnen gefertigten Erzeugnisse unterscheiden. Häufig trifft dies auf zu vergleichende Diversifikations- oder Erweiterungsinvestitionen zu, bei Ersatz- und Rationalisierungsinvestitionen hingegen nur dann, wenn diese mit unterschiedlichen Erweiterungseffekten einhergehen.

Zur **Rentabilitätsvergleichsrechnung** gelangt man, indem für jedes Projekt der erzielbare Gewinn zu dem durchschnittlich an dieses Projekt gebundene Kapital ins Verhältnis gesetzt wird und die auf diese Weise erhaltenen Rentabilitäten verglichen werden. Die Rentabilität oder der Return on Investment (RoI) eines Projekts berechnet sich also wie folgt:

$$RoI = \frac{\text{Gewinn}}{\text{durchschnittlich gebundenes Kapital.}}$$

Wird im Zähler der Nettogewinn eingesetzt, gelangt man zur Nettorentabilität (RoI_{netto}); steht hingegen der Bruttogewinn im Zähler, erhält man den RoI_{brutto}. Ein einzelnes Projekt kann dann als rentabel angesehen werden, wenn gilt:

$$RoI_{brutto} > \text{Kalkulationszinssatz bzw. } RoI_{netto} > 0.$$

Unter dieser Bedingung erwirtschaftet das Projekt nämlich einen höheren Über-schuss als eine Geldanlage zum Kalkulationszinssatz in Höhe des durchschnittlich gebundenen Kapitals. Werden zwei Projekte nach den Kriterien der Rentabilität verglichen, ist das rentabelste von beiden vorzuziehen. Im Beispielfall hat An-lage I eine Nettorentabilität von 0,14 und eine Bruttorentabilität von 0,24, Anlage II hingegen eine Nettorentabilität von 0,18 und eine Bruttorentabilität von 0,28. Unter Zugrundelegung des Rentabilitätsvergleichs wäre demzufolge das Projekt II dem Projekt I vorzuziehen.

An diesem Beispiel wird aber zugleich sichtbar, dass die Rentabilität im Falle von Investitions**einzel**entscheidungen als Vorteilhaftigkeitskriterium nicht ganz un-problematisch ist. Es besteht nämlich die Möglichkeit, daß der Investor sich zwar unter den zur Wahl stehenden Alternativen für ein Projekt entscheidet, dessen Ge-winn in Relation zum durchschnittlich gebundenen Kapital am höchsten, von sei-ner absoluten Masse jedoch am niedrigsten ist. Wenn jedoch der Investor bei Rea-lisierung des rentabelsten Projekts „unter dem Strich" weniger verdient als mit einem weniger rentablen Projekt, so kann die Rentabilität kein sinnvolles Zielkri-terium sein. Anders verhält es sich allerdings (unter bestimmten Vorausset-zungen) im Falle mehrerer Projekte, die prinzipiell gemeinsam realisiert werden kön-nen, jedoch um ein knappes finanzielles Budget „konkurrieren" müssen. Hier gelangt man zum gewinnmaximalen Programm, in dem man – beginnend mit dem rentabelsten Projekt – nach fallender Rentabilität so lange Projekte in das Programm aufnimmt, bis das Budget aufgebraucht ist. Eine solche Vorgehens-weise lässt sich z. B. anhand des Kapitalbudgetierungsmodells von Dean veran-schaulichen. Darauf soll jedoch nicht näher eingegangen werden, weil wir uns auf die Problematik der Investitionseinzelentscheidungen beschränken möchten.

Die **Amortisationsrechnung** beantwortet die Frage, nach welcher Zeitspanne (gemessen in Jahren) die Anschaffungsauszahlungen eines Projekts über die er-zielten Gewinne und die „verdienten" Abschreibungen zurückgeflossen sind. Der durchschnittliche Rückfluss pro Jahr (auch als Cash flow bezeichnet) ergibt sich als Differenz zwischen den Erlösen und den auszahlungswirksamen Kosten. Demzufolge erhält man den Cash flow als Summe aus Gewinn [netto], kalkulato-rischen Abschreibungen und kalkulatorischen Zinsen. Der Quotient aus Cash flow und Anschaffungsausgaben ergibt die Amortisationsdauer:

144

$$\text{Amortisationsdauer [Jahre]} = \frac{\text{Anschaffungsauszahlung [GE]}}{\text{Cash flow [GE/Jahr]}} \ .$$

Die Amortisationsdauer beträgt im Beispiel 3,12 Jahre für Projekt I und 2,94 Jahre für Projekt II. Obwohl die Amortisationsdauer kein eigenständiges Wirtschaftlichkeitskriterium darstellt, liefert sie doch eine wertvolle zusätzliche Information. Eine kürzere Amortisationsdauer ist unter sonst gleichen Bedingungen günstiger zu beurteilen als eine längere. „Sonst gleiche Bedingungen" bedeutet insbesondere, dass stets nur „Projekte gleicher Art" untereinander verglichen werden dürfen (z. B. innovative Projekte mit innovativen und nichtinnovative Projekte mit nichtinnovativen). Würde etwa ein innovatives mit einem nichtinnovativen Projekt verglichen werden, hätte das innovative Projekt auf Grund seiner „in aller Regel" höheren Amortisationsdauer kaum eine Chance, günstiger beurteilt zu werden als das nichtinnovative. Falsch angewandt lässt sich das Kriterium der Amortisationsdauer also leicht als „Innovationsbremse" missbrauchen.

5.9.1.2 Klassische dynamische Kalküle

Zielsetzungen, Fragestellungen und Datenbasis:
Während sich statische Kalküle auf eine Durchschnittsperiode der in der Regel mehrjährigen Nutzungsdauer beziehen, berücksichtigen dynamische Kalküle sämtliche mit den Projekten verbundenen Ein- und Auszahlungen während der gesamten Nutzungsdauer. Für die **klassischen** dynamischen Kalküle ist charakteristisch, dass sie auf der Prämisse des vollkommenen und unbeschränkten Kapitalmarkts beruhen. Das bedeutet: Es wird unterstellt, dass Kapital zu einem einheitlichen (Kalkulations-) Zinssatz; sowohl angelegt als auch ausgeliehen werden kann, und zwar in unbeschränkter Höhe. Insofern stellt diese Prämisse eine Vereinfachung und Vergröberung der realen Kapitalmarktbedingungen dar, die durch Konditionenvielfalt gekennzeichnet sind. Zur Ableitung eines einheitlichen Kalkulationszinssatzes zur Anwendung der klassischen dynamischen Kalküle wird für die Praxis u. a. empfohlen, aus den relevanten Zinssätzen für Geldanlagen und für die Aufnahme von Fremdkapital einen „repräsentativen" Durchschnittszinssatz zu ermitteln.

Die klassischen dynamischen Kalküle sind vor allem mit der Zielsetzung verbunden, unter mehreren alternativen Investitionsprojekten das wirtschaftlichste auszuwählen. Dabei soll die bei statischen Kalkülen gegebene Gefahr von Fehlentscheidungen dadurch reduziert werden, dass

- über die Zahlungsreihen der zu vergleichenden Projekte sämtliche Ein- und Auszahlungen der einzelnen Jahre der Nutzungsdauer erfasst und
- über den Kalkulationszinssatz i im Zeitablauf auftretende Zinseszinseffekte zumindest grob berücksichtigt werden.

Zu den klassischen dynamischen Kalkülen zählen die **Kapitalwertmethode**, die **Annuitätenmethode**, die **Interne Zinsfußmethode** sowie die **Amortisationsrechnung** in ihrer dynamischen Ausgestaltungsform. Im Folgenden soll nur auf die Kapitalwertmethode näher Bezug genommen werden. Es sei jedoch kurz angemerkt, dass

- die Annuitätenmethode lediglich eine Abwandlung der Kapitalwertmethode ist
- und der Interne Zinsfuß sich zwar in der Praxis nach wie vor großer Beliebtheit erfreut, gegen seine Anwendung als Vorteilhaftigkeitskriterium bei Investitionseinzelentscheidungen jedoch schwerwiegende Bedenken erhoben werden können (vgl. dazu insbesondere Kruschwitz 1993, S. 85 ff.).

Zur Ermittlung des **Kapitalwerts** einer Investition werden die folgenden Daten benötigt:
- die Anschaffungsauszahlungen der zu vergleichenden Projekte im Anschaffungszeitpunkt $t = 0$;
- die mit dem jeweiligen Projekt verbundenen Erlöse und auszahlungswirksamen Kosten für sämtliche Jahre der Nutzungsdauer (zwecks Ermittlung der Einzahlungsüberschüsse [Cash-flow-Werte I]);
- der Kalkulationszinssatz i.

Schilderung des Ablaufs und Beispiel:
Der Ablauf bei der Anwendung der Kapitalwertmethode zur Vorteilhaftigkeitsbestimmung soll im Folgenden anhand eines Beispielfalls demonstriert werden, bei dem zwei Investitionsprojekte X und Y zu vergleichen sind. Von zentraler Bedeutung für die Anwendung der Methodik ist die Ermittlung der **Zahlungsreihen** der zu vergleichenden Projekte. Man erhält die Zahlungsreihe eines Projekts, indem man dem Anschaffungszeitpunkt $t = 0$ die Anschaffungsauszahlungen des Projekts und den Endzeitpunkten $t = 1$, $t = 2$, ..., $t = n$ des ersten, zweiten, ..., n-ten Jahres die Einzahlungsüberschüsse (Cash-flow-Werte) zuordnet. Im nächsten Schritt werden die Cash-flow-Werte der einzelnen Perioden auf den Zeitpunkt $t = 0$ abgezinst. Den Zahlungsüberschuss (Cash-flow-Wert) z_t der Periode t auf den Anfangszeitpunkt $t = 0$ abzuzinsen, bedeutet, ihn mit dem Faktor

$$\frac{1}{(1 + i)^t}$$

zu multiplizieren. Dieser Faktor wird auch Abzinsungsfaktor genannt. Die auf diese Weise abgezinsten Cash-flow-Werte werden als Barwerte bezeichnet. Bildet man nun die Summe der Barwerte und subtrahiert davon die Anschaffungsauszahlungen A_0, erhält man den Kapitalwert C_0. Formelmäßig kann seine Bildungsvorschrift wie folgt angegeben werden:

$$C_0 = -A_0 + \sum_{t=1}^{n} Z_t \cdot \frac{1}{(1 + i)^t}$$

Erwähnt werden soll an dieser Stelle noch die **dynamische Amortisationsdauer**. Sie ist dann erreicht, wenn der Kapitalwert im Zeitverlauf erstmals den Wert Null annimmt. Die dynamische Amortisationsdauer berücksichtigt nicht nur, dass der ursprüngliche Kapitaleinsatz zurückfließt, sondern zugleich auch, dass die Zinsen auf das an das Projekt gebundene Kapital verdient werden.

Als Vorteilhaftigkeitskriterium gilt: Besitzt ein Projekt einen positiven Kapitalwert, so ist es als vorteilhaft einzustufen, und unter mehreren zur Auswahl stehenden Projekten ist dasjenige mit dem höchsten Kapitalwert vorzuziehen. Inhaltlich interpretiert bedeutet ein positiver Kapitalwert stets denjenigen barwertigen Überschuss, den das Projekt gegenüber einer Geldanlage in Höhe der Anschaffungsauszahlungen A_0 zum Kalkulationszinssatz i erwirtschaftet. So gesehen, stellt der Kapitalwert einen Nettoüberschuss dar.

Betrachtet werden soll nun ein Beispielfall mit zwei Projekten X und Y, deren Zahlungsreihen in Abbildung 58 aufgeführt sind.

Abb. 58: Zahlungsreihen der Projekte X und Y

Projekt	t=0	t=1	t=2	t=3	t=4
X	-10.000	+3.000	+ 5.000	+4.000	+2.000
Y	-20.000	+5.000	+10.500	+8.000	+3.600

Der Kalkulationszinssatz soll 10 % betragen, womit i = 0,1 gilt. Dann ergibt sich der Abzinsungsfaktor für eine beliebige Periode t zu $1/1{,}1^t$ oder $1{,}1^{-t}$. In Abbildung 59 wird die Ermittlung der Kapitalwerte C_0 (X) und C_0 (Y) der Projekte X und Y anhand einer Arbeitstabelle demonstriert.

Abb. 59: Arbeitstabelle zur Ermittlung der Kapitalwerte der Projekte X und Y

		Projekt X		**Projekt Y**	
Zeitpunkte t	Abzinsungs-faktoren $1{,}1^{-t}$	Werte der Zahlungsreihe (ZR)	Barwerte	Werte der ZR	Barwerte
t=1	0,9091	3.000	2.727,30	5.000	4.545,50
t=2	0,8264	5.000	4.132,00	10.500	8.677,20
t=3	0,7513	4.000	3.005,20	8.000	6.010,40
t=4	0,6830	2.000	1.366,00	3.600	2.458,80
t=0			ΣBarwerte= 11.230,50 – 10.000		ΣBarwerte= 21.691,90 – 20.000
Kapitalwert			Co(X)= 1.230,50		Co(Y)= 1.691,90

Im vorliegenden Fall ist Projekt Y dem Projekt X nach dem Kapitalwertkriterium vorzuziehen, weil gilt

$$C_0 \, (Y) = 1.691,9 > C_0 \, (X) = 1.230,5.$$

5.9.1.3 Der vollständige Finanzplan als moderner dynamischer Kalkül

Zielsetzungen, Fragestellungen und Datenbasis:
Soll bei Investitionsentscheidungen die gesamte Konditionenvielfalt auf dem Finanzierungssektor (z. B. Einbeziehung verschiedener Finanzierungsmöglichkeiten zu unterschiedlichen Konditionen bezüglich Zinszahlung und Tilgung) sowie auf dem Geldanlagesektor (verschiedene Geldanlagemöglichkeiten zu unterschiedlichen Konditionen) in adäquater Weise berücksichtigt werden, so eignet sich dafür in hervorragender Weise der **vollständige Finanzplan** (VoFi). Er ermöglicht einerseits die Auswahl des wirtschaftlichsten Projekts zusammen mit den günstigsten Finanzierungsmöglichkeiten. Andererseits bietet er zugleich einen periodengenauen und gut nachvollziehbaren Einblick in die Entwicklung der Liquiditäts- sowie der Ver- und Entschuldungssituation über die gesamte Nutzungsdauer des Projekts hinweg. Für ein mittelständisches Unternehmen dürfte der Einsatz von VoFi im Vergleich zur Anwendung klassischer dynamischer Kalküle nur mit einem geringfügigen Mehraufwand verbunden sein, die Aussagekraft der Ergebnisse jedoch bedeutend höher und zugleich die Gefahr von Fehlentscheidungen wesentlich geringer.

Als Datenbasis für die Erstellung eines VoFi werden benötigt:
* die Zahlungsreihen der zu vergleichenden Projekte;
* die vorhandenen eigenen liquiden Mittel;
* die Finanzierungskonditionen;
* die Geldanlagemöglichkeiten;
* die Zielsetzung des Investors (z. B. Endwertmaximierung oder Entnahmemaximierung).

Schilderung des Ablaufs und Beispiel

In einem mittelständischen Unternehmen stehen zwecks Kapazitätserweiterung alternativ zwei Investitionsprojekte X und Y zur Auswahl. Es soll diejenige Alternative realisiert werden, die unter Berücksichtigung der zugrunde liegenden Datensituation am wirtschaftlichsten ist, wobei ein möglichst hoher Endwert zum Ende der Projektnutzungsdauer angestrebt wird.

Folgende Daten bzw. Informationen sind gegeben:
* Die Zahlungsreihen der Projekte X und Y entsprechend Abbildung 58;
* Nach Mitteilung der Finanzabteilung bietet die Hausbank zur Finanzierung der Investition ein Darlehen zu folgenden Konditionen:
  Ausreichung des **Darlehens**: zum Zeitpunkt t = 0;
  Höchstbetrag: 6.000 GE;
  Laufzeit: 4 Jahre;
  Tilgung: in gleichen Jahresraten;
  Zinssatz: 10 % p. a. über die gesamte Laufzeit.
  Darüber hinaus kann jederzeit ein **Kontokorrentkredit** zu einem Zinssatz von 15 % p. a. aufgenommen werden.

Des Weiteren soll die Reinvestition zeitweise verfügbarer finanzieller Überschüsse über eine pauschale **Geldanlage** zum Zinssatz von 5 % p. a. berücksichtigt werden.

- Es sind in t = 0 **eigene liquide Mittel** in Höhe von 3.000 GE verfügbar.
- Das Ziel des Investors besteht darin, am Ende der Laufzeit über einen möglichst hohen Endwert (EW) zu verfügen.

Die Vorgehensweise zur Ermittlung der VoFi soll beispielhaft anhand der Aufstellung des VoFi für das Projekt X (vgl. Abb. 60) erfolgen; die Erstellung des VoFi für das Projekt Y (vgl. Abb. 61) kann der Leser als Übung selbst nachvollziehen.

Da die Anschaffungsausgaben in t = 0 10.000 GE betragen, der Investor jedoch nur über eigene liquide Mittel in Höhe von 3.000 GE verfügt, wird er das von der Hausbank angebotene Darlehen in voller Höhe von 6.000 GE in Anspruch nehmen. Der Restbetrag, also 1.000 GE, wird durch einen Kontokorrentkredit gedeckt. Damit beträgt der Finanzierungssaldo Null. Der Bestandssaldo als Summe aus Kreditstand und Guthabenstand liegt bei -7.000 GE. Für den Kredit mit Ratentilgung wird nun der Tilgungsplan aufgestellt, d. h. die Tilgungen und die Sollzinsen für die Zeitpunkte t = 1, ..., t = 4 werden an den entsprechenden Stellen in den VoFi eingetragen. In t = 1 sind für den Kontokorrentkredit Sollzinsen in Höhe von 150 GE zu zahlen. Da zum selben Zeitpunkt die Sollzinsen des Ratenkredits 600 GE und dessen Tilgungsrate 1.500 GE beträgt, jedoch aus der Zahlungsreihe des Projekts ein Überschuss von 3.000 GE resultiert, ist es möglich, 750 GE vom Kontokorrentkredit zu tilgen. Dessen Kreditstand beträgt danach nur noch 250 GE. Diese Prozedur wird für die folgenden Perioden in analoger Weise fortgesetzt. In t = 2 kann der verbliebene Teil des Kontokorrentkredits getilgt werden, und der verbleibende Überschuss von 2.762,50 GE kann als Geldanlage getätigt werden, die in t = 3 Zinsen in Höhe von 138,10 GE abwirft usw. In t = 4 schließlich verfügt der Investor über einen Bestandssaldo (VoFi-Endwert) in Höhe von 5.706 GE.

Projekt Y hingegen erreicht nur einen Endwert von 5.245 GE. Somit wird sich der nach Endwertmaximierung strebende Investor aufgrund seines „VoFi-Wissens" für die Realisierung von Projekt X entscheiden. Angemerkt sei noch, dass beide Projekte mit ihrem Endwert besser abschneiden als die Opportunität, d. h. die Anlage der eigenen liquiden Mittel (3.000 GE) zum Kalkulationszinssatz (5 %): Der dadurch erzielbare Endwert beträgt nämlich nur 3.646,50 GE! Gefragt könnte noch werden, wie der Investor bei seiner Entscheidungsfindung vorgegangen wäre, wenn er die VoFi-Methode nicht gekannt hätte und etwa auf die Kapitalwertmethode zurückgreifen würde. Durchaus „vernünftig" wäre es dann gewesen, aus den drei Zinssätzen für den Ratenkredit (10 %), den Kontokorrentkredit (15 %) und die Geldanlage (5 %) einen Durchschnittszinssatz als Kalkulationszinssatz abzuleiten. Dabei wäre er auf 10 %, d. h. i = 0,1 gekommen und hätte genau das in 5.9.1.2 erzielte Ergebnis erhalten: Er würde nämlich nach dem Kapitalwertkriterium Projekt Y als das wirtschaftlichste identifizieren und höchstwahrscheinlich realisieren und damit aus Sicht unseres „VoFi-Wissens" eine Fehlentscheidung treffen!

Abb. 60: Vollständiger Finanzplan zum Projekt X

	t=0	t=1	t=2	t=3	t=4
Zahlungsreihe eigene liquide Mittel	−10.000 3.000	+3.000	+5.000	+4.000	+2.000
Kredit mit Ratentilgung +Aufnahme −Tilgung −Sollzinsen	6.000	1.500 600	1.500 450	1.500 300	1.500 150
Kontokorrentkredit +Aufnahme −Tilgung −Sollzinsen	1.000 − −	− 750 150	− 250 37,50	− − −	− − −
Geldanlage pauschal −Geldanlage +Auflösung +Habenzinsen	− − −	− − −	2.762,50 − −	2.338,10 138,10	605 255
Finanzierungssaldo	0	0	0	0	0
Kreditstand: Ratentilgung: Kontokorrentkredit:	6.000 1.000	4.500 250	3.000 −	1.500 −	− −
Guthabenstand Pauschal:	−	−	2.762,50	5.100,60	5.705,60
Bestandssaldo:	−7.000	−4.750	−237,50	3.600,60	≈5.706

Abb. 61: Vollständiger Finanzplan zum Projekt Y

	t=0	t=1	t=2	t=3	t=4
Zahlungsreihe eigene liquide Mittel	−20.000 3.000	+5.000	+10.500	8.000	3.600
Kredit mit Ratentilgung +Aufnahme −Tilgung −Sollzinsen	6.000	1.500 600	1.500 450	1.500 300	1.500 150
Kontokorrentkredit +Aufnahme −Tilgung −Sollzinsen	11.000 − −	− 1.250 1.650	− 7.087,50 1.462,50	− 2.662,50 399,40	− − −
Geldanlage pauschal −Geldanlage +Auflösung +Habenzinsen	− − −	− − −	− − −	3.138,10 − −	2.106,90 − 156,90
Finanzierungssaldo	0	0	0	0	0
Kreditstand: Ratentilgung: Kontokorrentkredit:	6.000 11.000	4.500 9.750	3.000 2.662,50	1.500 −	− −
Guthabenstand pauschal:	−	−	−	3.138,10	5.245,0
Bestandssaldo:	−17.000	−14.250	−5.662,50	1.638,10	5.245,0

Anders wiederum würde sich die Situation darstellen, wenn unter sonst gleichen Bedingungen die Höchstgrenze für die Ausreichung des Darlehens in $t = 0$ aufgehoben würde und demzufolge zum Startzeitpunkt der jeweiligen Projekte kein Kontokorrentkredit mehr aufgenommen zu werden brauchte. Dann käme Projekt Y auf einen Endwert von 6.250,40 GE, Projekt X hingegen würde einen Endwert von 5.710,00 GE erreichen. Durch diese Modifikation der Finanzierungskonditionen schlägt also die Vorteilhaftigkeit der Projekte um. Die beiden VoFi unter diesen veränderten Bedingungen aufzustellen empfehlen wir dem Leser als Übung. Bei der Aufstellung des VoFi für das Projekt Y ist zu beachten, dass sich in $t = 1$ zwar die Aufnahme eines Kontokorrentkredits in Höhe von 950 GE erforderlich macht, der aber schon in $t = 2$ wieder getilgt werden kann und dass in $t = 4$ eine anteilige Auflösung der Geldanlage in Höhe von 726,20 GE vorzunehmen ist.

5.9.1.4 Sensitivitätsanalysen

Investitionsentscheidungen beziehen sich in der Regel auf mehrjährige künftige Zeiträume. Sie sind daher oft mit **Unsicherheiten** verbunden, denn Prognosen werden um so ungenauer, je länger der Prognosezeitraum ist (zur Unsicherheitsproblematik im Zusammenhang mit Investitionsentscheidungen vgl. z. B. Wilde/ Soik 2001 sowie Schünemann 2003).

Mögliche Risiken resultieren z. B. daraus, dass

*   die tatsächlichen Anschaffungsausgaben eines Projekts höher ausfallen als geplant,
*   die absetzbaren Stückzahlen der auf einer Anlage produzierten Erzeugnisse niedriger ausfallen als prognostiziert,
*   die laufenden Kosten höher und/oder die erzielbaren Stückpreise der hergestellten Produkte niedriger sind als erwartet,
*   die Zinsen für Fremdkapitalaufnahmen sowie die Verzinsungsansprüche der Eigentümer höher ausfallen als ursprünglich veranschlagt.

Die Auswirkungen derartiger **Risikofaktoren** auf die Wirtschaftlichkeit von Investitionsprojekten kann der Entscheidungsträger dadurch abschätzen, dass er sich nicht ausschließlich auf „feste" Daten „versteift", sondern z. B. prüft, welche Auswirkungen es auf das Entscheidungskriterium (z. B. den Kapitalwert oder den VoFi-Endwert) hat, wenn sich die Anschaffungsausgaben, der Kalkulationszinssatz oder bestimmte Kostenbestandteile um … Prozent erhöhen bzw. sich die absetzbaren Stückzahlen oder die erzielbaren Stückpreise um … Prozent verringern. Durch solche sog. Sensitivitätsanalysen lässt sich leicht feststellen, bis zu welchen Abweichungen von den geplanten bzw. prognostizierten Werten die Wirtschaftlichkeit eines Projekts gegeben ist oder die ermittelte Rangfolge zwischen mehreren Projekten erhalten bleibt. Es lässt sich z. B. zeigen, dass die Rangfolge zweier Projekte nach dem Kapitalwertkriterium sehr empfindlich in Abhängigkeit von der Höhe des gewählten Kalkulationszinsfußes variieren kann (vgl. dazu Schünemann/Zdrowomyslaw 2002, S. 140).

Zusammenfassend kann festgestellt werden, dass Sensitivitätsanalysen dem Entscheidungsträger ermöglichen, **Risiken**, die sich aus Differenzen zwischen der geplanten (resp. prognostizierten) und der tatsächlichen Entwicklung ergeben, besser abzuschätzen und bereits bei der Entscheidungsfindung zu berücksichten. Solche Informationen können u. a. zugleich als Auslöser für die rechtzeitige Ableitung von „Gegenstrategien" zu ungünstigen „Entwicklungspfaden" dienen. Sensitivitätsanalysen stellen somit ein wichtiges Instrument des **Risikocontrolling** (vgl. Abschnitt 7.3) dar.

5.9.2 Methoden der strategischen Investitionsplanung

Strategische Investitionsplanungen sind eng mit Grundsatzentscheidungen der Investitionspolitik verknüpft. Daher betreffen sie in der Regel noch nicht die konkreten Investitionsprojekte selbst, sondern zunächst nur diejenigen „Grundrichtungen", die den künftigen Unternehmenserfolg langfristig und nachhaltig bestimmen (z. B. die Einführung neuer Technologien, neuer Logistikkonzepte, neuer Produktionsstandorte). Bei der Beurteilung, Vorauswahl und Auswahl von Alternativen steht der Investor häufig vor dem Problem, auf Datenmaterial zurückgreifen zu müssen, das sich im Hinblick auf messbare betriebswirtschaftliche Kriterien wie Absatzmengen, Kosten und Preise noch nicht quantifizieren lässt. In solchen Fällen muss auf Beurteilungskriterien zurückgegriffen werden, von denen angenommen werden kann, dass sie auf den künftigen wirtschaftlichen Erfolg einen maßgeblichen Einfluss ausüben. Solche Kriterien können z. B. Anwendergerechtheit, Material- und Energieeinsparungspotenziale, Umweltgerechtheit u. a. sein. Zur Auswahl bzw. Vorauswahl von alternativen Möglichkeiten sind dann häufig sog. qualitative Methoden, wie z. B. Checklisten oder Nutzwertanalysen sinnvoll anwendbar.

5.9.2.1 Checklisten

Checklisten sind ein einfaches und praktikables Instrument zur Problemstrukturierung. Bei der Erstellung der Checkliste werden alle für die Beurteilung der strategischen Alternativen als Kriterien fungierenden Eigenschaften oder Dimensionen erfasst und aufgelistet. Danach erfolgt die Untersuchung der Alternativen an Hand der in der Liste erfassten Eigenschaften durch Experten. Während bei einigen Eigenschaften lediglich von Interesse sein wird, ob bestimmte Mindestanforderungen erfüllt werden (Ja-/Nein-Antworten), wird es bei anderen vielleicht wichtig sein zu wissen, ob sie sehr gut, gut, befriedigend, ausreichend oder ungenügend erfüllt werden (der Beurteilung wird also eine „Notenskala" zugrunde gelegt). Die Checkliste kann häufig als Ausgangspunkt für die Erarbeitung einer Nutzwertanalyse dienen.

5.9.2.2 Nutzwertanalysen

Die Durchführung von Nutzwertanalysen wurde bereits unter 5.3.2.2 behandelt. Daher soll an dieser Stelle nur ein auf die Investitionsproblematik bezogenes, von Franke und Zerres beschriebenes, Anwendungsbeispiel kurz vorgestellt werden (vgl. Abbildung 62 von Franke/Zerres 1994, S. 175 ff.).

Abb. 62: Beispiel einer Nutzwertanalyse: Gründung einer Produktions- und Vertriebsstätte im Ausland

Berechnung der Nutzwerte							
		Land A		Land B		Land C	
Zielkriterien	Relative Gewichte	Erfüllungsgrad	Nutzwert	Erfüllungsgrad	Nutzwert	Erfüllungsgrad	Nutzwert
1	2	3	4	5	6	7	8
1.1 Zwischenstaatliche Abkommen	3,0	2	6,0	2	6,0	2	6,0
1.2 Zollvorschriften	3,0	2	6,0	2	6,0	2	6,0
1.3 Investitionsförderungs-Programme	6,0	5	30,0	5	30,0	5	30,0
1.4 Umweltschutz	3,0	2	6,0	2	6,0	2	6,0
2.1 Energie	6,0	4	24,0	5	30,0	5	30,0
2.2 Transport und Verkehr	8,0	3	24,0	4	32,0	3	24,0
2.3 Telekommunikation	6,0	3	18,0	3	18,0	3	18,0
3.1 Direkte Steuern	15,0	4	60,0	4	60,0	4	60,0
3.2 Indirekte Steuern	7,5	5	37,5	5	37,5	5	37,5
3.3 Abgaben	7,5	3	22,5	3	22,5	3	22,5
4.1 Absatzmarkt	14,0	3	42,5	4	56,0	3	42,0
4.2 Beschaffungsmarkt	7,0	3	21,0	4	28,0	3	21,0
4.3 Arbeitsmarkt	14,0	2	28,0	2	28,0	3	42,0
Summe	100,0		325,0		360,0		345,0

Um die Entscheidung über die Gründung einer Produktions- und Vertriebsstätte im Ausland fundiert vorbereiten zu können, werden zunächst in Spalte 1 alle relevanten Zielkriterien aufgelistet. In Spalte 2 werden diesen Kriterien entsprechend ihrer unterschiedlichen Bedeutung relative Gewichte zugeordnet, wobei deren Gesamtsumme 100 beträgt. Drei Länder wurden als „Kandidaten" zur Errichtung von Produktions- und Vertriebsstätten in die engere Wahl einbezogen. Jedem Land wird bezüglich jeden Kriteriums der jeweilige Erfüllungsgrad zugeordnet. Die für jedes Land getrennt zu ermittelnden Nutzwerte für die einzelnen Kriterien erhält man jeweils durch Multiplikation der relativen Gewichte mit den Erfüllungsgraden. Als Entscheidungskriterium fungiert dann die Summe der Nutzwerte. Im Beispielfall erreicht Land B die höchste Nutzwertsumme und sollte daher als Produktions- und Vertriebsstätte ausgewählt werden.

5.9.2.3 Kombinierte Anwendung nicht monetärer mit monetären Methoden

Bei strategischen Entscheidungen kommt es manchmal auch vor, dass neben einer Reihe von nicht monetären Kriterienausprägungen zwar keine Informationen über die mit den Projekten verbundenen künftigen Einzahlungen, wohl aber über deren Auszahlungsreihen vorliegen. In einem solchen Fall bietet sich gegebenenfalls eine kombinierte Anwendung von Kapitalwert- (oder VoFi-)Methode mit der Nutzwertanalyse an (vgl. auch Müller-Hedrich/Schünemann/Zdrowomyslaw

2006, S. 204 ff.): Liegen z. B. die (negativen) Kapitalwerte zweier Projekte „dicht" beieinander und hat eines der beiden Projekte einen signifikant höheren Nutzwert, erscheint es sicher vernünftig, letzterem den Vorzug zu geben.

5.10 Balanced Scorecard

Zielsetzungen, Fragestellungen und Datenbasis:
Die Balanced Scorecard (BSC) ist ein Instrument des strategischen Controlling, das die Mängel klassischer Kennzahlensysteme durch Integration auch nichtmonetärer Kennzahlen überwindet und darauf aufbauend ein mehrdimensionales **zentrales Kommunikationssystem** zur schnelleren Umsetzung von Strategien entwickelt und aufrecht erhält (vgl. dazu u. a. Kaplan/Norten 1997, Friedag/Schmidt 1999 und Horváth & Partner 2000, S. 237 ff.). Die Mängel klassischer Kennzahlensysteme charakterisieren Horváth & Partner (2000, S. 237) wie folgt:

- „Sie sind operativ und vergangenheitsorientiert, es besteht keine Verbindung zur Unternehmensstrategie.
- Zahlen der Bilanz und der GuV stehen im Vordergrund, nichtmonetäre Leistungsgrößen werden nicht beachtet.
- Die Systeme konzentrieren sich auf Symptome, nicht auf Ursachen.
- Die Einbindung der Kennzahlen ins Managementsystem bleibt ungeklärt, da die Erarbeitung, die Verfolgung und die Rückkopplung der Kennzahlen nicht problematisiert wird."

Durch Einbeziehung auch nichtmonetärer Kennzahlen sollen nicht nur die Interessen der Geldgeber und der Unternehmensleitung berücksichtigt werden; vielmehr ist auch den Wünschen anderer Interessengruppen, wie der Mitarbeiter, der Kunden usw. (d. h. der Stakeholder) in angemessener Weise Rechnung zu tragen. In diesen neuen Systemen der Leistungsmessung und -bewertung sollen zugleich auch die Auswirkungen von kontinuierlichen Verbesserungen dargestellt werden können (vgl. Horváth & Partner 2000, S. 237 f.). Solche neuen Ansätze, die weit über traditionelle Kennzahlensysteme hinausgehen, werden dem Begriff des **„Performance Measurement"** zugeordnet (vgl. Horváth & Partner 2000, S. 238). Performance Measurement-Systeme sind mit dem Anspruch verbunden, auch den nachgeordneten Ebenen in der Organisation die Unternehmensziele transparent zu machen. In diesem Zusammenhang gilt die BSC als das Performance Measurement-System schlechthin (vgl. Müller 2000, S. 63). Von ihrem Einsatz versprechen sich die Unternehmen „mehr objektbezogene und -übergreifende Kommunikation, höhere Motivation der Mitarbeiter und zusätzliche Lerneffekte" (Horváth & Partner 2000, S. 238). Die Vorteile des Performance Measurement gegenüber traditionellen Kennzahlensystemen werden aus Abbildung 63 (Horváth & Partner 2000, S. 238) ersichtlich:

Abb. 63: Traditionelle Kennzahlensysteme versus Performancemanagement

Traditionelle Kennzahlensysteme	Performance Measurement
• Monetäre Ausrichtung (vergangenheitsorientiert)	• Kundenausrichtung (zukunftsorientiert)
• Begrenzt flexibel; ein System deckt interne und externe Informationsinteressen ab	• Aus den operativen Steuerungserfordernissen abgeleitete hohe Flexibilität
• Einsatz primär zur Überprüfung des Erreichungsgrades finanzieller Ziele	• Überprüfung des Strategieumsetzungsgrads; Impulsgeber zur weiteren Prozessverbesserung
• Kostenreduzierung	• Leistungsverbesserung
• Vertikale Berichtsstruktur	• Horizontale Berichtsstruktur
• Fragmentiert	• Integriert
• Kosten, Ergebnisse und Qualität werden isoliert bewertet	• Qualität, Auslieferung, Zeit und Kosten werden simultan bewertet
• Unzureichende Abweichungsanalyse	• Abweichungen werden direkt zugeordnet (Bereich, Person)
• Individuelle Leistungsanreize	• Team-/Gruppenbezogene Leistungsanreize
• Individuelles Lernen	• Lernen der gesamten Organisation

Die mit dem Einsatz der BSC verbundene Zielsetzung charakterisieren Horváth & Partner wie folgt (Horváth 2000, S. 239): „Dieser Ansatz soll dem Unternehmen helfen, festzuhalten, was es in der letzten Berichtsperiode zuwege gebracht hat und wo es im Wettbewerb steht. Dabei sind in diesem Berichtsbogen Strategie und Vision anstatt Steuerung und Kontrolle im Vordergrund zu sehen. Im Mittelpunkt steht die Strategieausrichtung sämtlicher unternehmerischer Ziele und Aktivitäten bis hinunter auf die Ebene der Mitarbeiter. Durch Verknüpfung der Ziele mit der Unternehmensstrategie wird sichergestellt, dass jeder einzelne Mitarbeiter seinen Beitrag zur Zielerreichung leistet."

Inzwischen hat sich die BSC in Unternehmen der verschiedensten Branchen sowie in zahlreichen Institutionen – in jeweils spezifisch angepasster Form – fest etabliert (vgl. Krey 2003).

Der Begriff Balanced Scorecard leitet sich aus Balance (Ausgewogenheit") und Scorecard („Berichtsbogen") ab (vgl. Kaplan/Norton 1997, S. VII; Müller 2000, S. 64) und bedeutet die („ausgewogene") Verwendung von
• „kurz- und langfristigen Zielen,
• monetären und nichtmonetären Kennzahlen,
• Spät- und Frühindikatoren sowie
• externen und internen Performance-Perspektiven." (Müller 2000, S. 64).

Die vier grundlegenden Perspektiven („Dimensionen") der BSC sind in Abbildung 64 dargestellt (Horváth & Partner 2000, S. 240):

Abb. 64: Die Dimensionen der Balanced Scorecard

Perspektive	Zweck	Typische Kennzahlen
Kundenperspektive	Darstellung, wie das Unternehmen aus Sicht der Kunden eingeschätzt wird.	Zeit, Qualität, Produktleistung, Service, Preis
Betriebsablaufinterne Perspektive	Information über betriebsinterne Prozesse, die wesentlichen Einfluss auf die Kundenzufriedenheit haben.	Zykluszeiten, Qualität, Fertigungszeit des Personals, Produktivität
Innovations- und Wissensperspektive	Information über die Fähigkeit des Unternehmens, sich zu verbessern und Innovationen einzuführen.	Durchschnittsalter der Produkte, Umsatzanteil der Neuprodukte, Verringerung der Lieferzeiten
Finanzwirtschaftliche Perspektive	Hinweis darauf, ob die Strategie eines Unternehmens zur Verbesserung des Ergebnisses führt.	Rentabilität, Wachstum, Unternehmenswert

Zu beachten ist, dass diese **Perspektiven** nicht isoliert zu sehen, sondern untereinander und mit der Vision des Unternehmens zu **verknüpfen** sind. An erster Stelle stehen allerdings die aus den Erwartungen der Eigenkapitalgeber abgeleiteten finanziellen Ziele. Daher ist es wichtig, Ursache-Wirkungs-Beziehungen zwischen den übrigen und den finanziellen Kenngrößen zu identifizieren und ihnen bei der Ableitung und Umsetzung von Strategien Rechnung zu tragen (vgl. Horváth & Partner 2000, S. 240 ff.). Die im Rahmen der Arbeit mit der BSC vorgenommenen Verknüpfungen der verschiedenen Perspektiven verdeutlicht Abbildung 65 (Horváth & Partner 2000, S. 241):

Abb. 65: Die Verknüpfungen der Balanced Scorecard

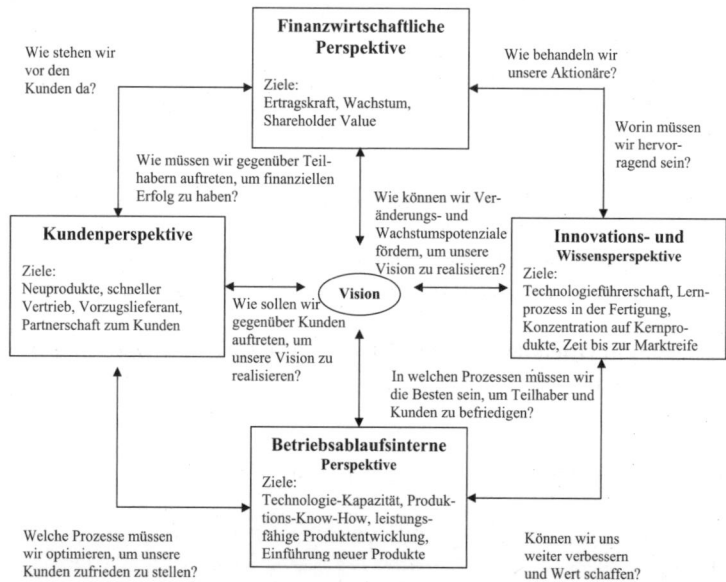

Die zur Erstellung einer BSC erforderliche Informations- und Datenbasis betrifft vor allem die Vision in Verbindung mit den Strategien und Zielen, die vier Perspektiven (Dimensionen) mit ihren monetären und nichtmonetären Kennzahlen sowie die Ermittlung der Ursache-Wirkungs-Beziehungen zwischen den relevanten Kenngrößen.

Ablauf der Erstellung einer Balanced Scorecard
Die Erstellung einer Balanced Scorecard kann in folgender Schrittfolge vorgenommen werden (vgl. Steinle/Thieme/Lange 2001, S. 33):
1. Strategische Ziele definieren.
2. Strategische Kennzahlen auswählen.
3. Herausfordernde Zielvorgaben formulieren.
4. Maßnahmeprogramme entwickeln.
5. Strategische Entwicklungspfade definieren.
6. Einen Umsetzungsplan erstellen.

In der Praxis hat sich im Zusammenhang mit der Entwicklung und Einführung der BSC die Begleitung und Unterstützung des Projekts durch interne und externe Berater sowie durch Controller bewährt. In Auswertung einer entsprechenden Befragung stellen Steinle, Thieme und Lange (2001, S. 33) fest:
„Die internen und externen Berater waren für die Kommunikation und Vermittlung des Konzeptes sowie die Moderation des Entwicklungsprozesses verantwortlich, während die Mitarbeiter des Controllerbereichs die klassische Unterstützungsfunktion sowohl bei der Bereitstellung finanzieller Informationen als auch bei der Auswahl geeigneter Kennzahlen übernahmen."

Fragen zum Kapitel 5:

1. Welche Segmente und Indikatoren werden üblicherweise der weiteren bzw. globalen Umwelt zugeordnet?
2. Welche Instrumente sind Bestandteile der SWOT-Analyse?
3. Welche fünf Wettbewerbskräfte kennzeichnen die Branchenstrukturanalyse von Porter?
4. Kennzeichnen Sie die Zusammenhänge zwischen den Begriffen Marktpotenzial, -volumen und -anteil.
5. Wodurch unterscheidet sich die Markt- von der Konkurrentenanalyse?
6. Wieso gilt die Stärken-Schwächen-Analyse als universell einsetzbare Methode?
7. Welche zwei Arten der Stärken-Schwächen-Analyse werden in der Literatur unterschieden?
8. Welche Beziehung sehen Sie zwischen Benchmarking und Unternehmensanalyse?
9. Welche Bestandteile weist das moderne, integrierte Produktlebenszykluskonzept auf?
10. Welche strategischen Erfolgsfaktoren sind nach dem PIMS-Projekt besonders wichtig?

11. Welcher Zusammenhang besteht zwischen dem Marktzyklus und dem Vier-Felder-Portfolio?
12. Wie lässt sich die Bewertung der Achsen im Neun-Felder-Portfolio durchführen?
13. Im Rahmen der Lückenanalyse spricht man von operativer und strategischer Lücke – Was ist mit der Differenzierung gemeint?
14. Schildern Sie den Ablauf der Szenario-Analyse.
15. Für die Lösung welcher Probleme kann die Wertanalyse eingesetzt werden?
16. Welcher Zusammenhang besteht zwischen dem Target Costing und der Prozesskostenrechnung?
17. Worin besteht der Unterschied zwischen statischen und dynamischen Verfahren der Investitionsrechnung?
18. Worin äußert sich die Überlegenheit des vollständigen Finanzplans gegenüber klassischen dynamischen Kalkülen?
19. Welche Vorzüge besitzen Nutzwertanalysen?
20. Welche Perspektiven werden in der Balanced Scorecard berücksichtigt?

6. Operative Instrumente

Die Kernfrage dieses sechsten Kapitels lautet: **„Welche betriebswirtschaftlichen Instrumente werden auf der operativen Ebene des Controlling eingesetzt?"**

Lernziele:
- Nach Bearbeitung dieses Teils können Sie ein controllinggerechtes Informationssystem strukturieren.
- Ihnen sind die wichtigsten operativen Controlling-Instrumente geläufig.
- Sie können diese Verfahren erläutern und selbstständig anwenden.
- Außerdem sind Sie zu einer kritischen Beurteilung der Einsetzbarkeit sowie der Leistungsfähigkeit der Methoden in der Lage.

Die operativen Controlling-Instrumente bewegen sich in dem durch die Strategie vorgegebenen Rahmen. Sie helfen die aufgebauten Erfolgspotenziale bestmöglich auszuschöpfen und erleichtern unterjährige Entscheidungen bei der Steuerung in den Funktionsbereichen eines Unternehmens.

Die operativen Instrumente können auch in Kombination eingesetzt werden. Außerdem können sie strategische Verfahren ergänzen. Beispielsweise können Verfahren der Investitionsrechnung oder der Portfolio-Analyse mit Deckungsbeitragsrechnungen ergänzt werden.

6.1 Berichtswesen – controllinggerechtes und empfängerorientiertes Informationssystem

Ein controllinggerechtes und empfängerorientiertes Informationssystem dient der **Informationssammlung, -verarbeitung und -interpretation** und stellt die Basis eines funktionierenden Controlling dar. Um unternehmerische Fehlentscheidungen zu vermeiden, müssen ständig und unmittelbar Rückmeldungen von Informationen der analysierten Tatbestände erfolgen. Dafür ist die Etablierung eines Berichtsystems im Unternehmen erforderlich. Wie es im konkreten Fall gestaltet sein sollte, hängt auch von den Strukturen und individuellen Bedürfnissen eines Unternehmens ab. Grundsätzlich sollen Controllerberichte folgende Reaktionen und Aktionen bewirken:
- Erkennen und Bewerten von Planrealitäten,
- Ansprechen der am Erfolg oder Misserfolg beteiligten Verantwortungsbereiche,
- Ursachenanalyse,
- Einleiten von Gegenmaßnahmen (vgl. Preißler 1998, S. 118).

Informationen, aufgefasst als **zweckorientiertes Wissen**, werden heute vielfach (sicherlich nicht ganz zu Unrecht) als vierter Produktionsfaktor bezeichnet. Dieses Wissen setzt sich aus einzelnen Daten, d. h. aus vorgefundenen Tatbeständen zusammen. Die Informationen müssen zur Verfügung stehen, d.h. sie müssen gesammelt, transformiert und übermittelt werden. Dies ist eine wesentliche **Aufgabe des Controlling** (vgl. Peemöller 1992, S. 274). Das aufzubauende Informationssystem ist als integrierender Bestandteil des Ziel-, Planungs- (Zielformulierung, Strategieentwicklung und Maßnahmenplanung) und Kontrollsystems eines Unternehmens zu begreifen. Ein funktionierendes Controlling sammelt, verarbeitet und stellt Daten zur Verfügung, die sowohl strategischen (z.B. Frühwarn-Indikatoren) als auch operativen (z.B. Kennzahlen) Charakter aufweisen. Ein Berichtswesen bzw. Controlling ohne (quantitative bzw. qualitative) Informationen ist nicht denkbar. Bei den aufzustellenden Berichten handelt es sich vielfach um Soll-Ist-Vergleiche und die sich daran anschließenden Ursachenanalysen der Abweichungen, womit der enge Bezug zur Budgetierung und Abweichungsanalyse sichtbar wird (vgl. Vollmuth 1994a, S. 66).

Legt man zugrunde, dass jede unternehmerische Entscheidung genau genommen die Folge von Informationen ist, wird die Bedeutung des Aufbaus und der Pflege eines aussagefähigen Informationssystems durch den Controller ersichtlich. Die **Installierung eines ziel- und hierarchieorientierten Informationssystems, das Daten umfassend und systematisch den Empfängern zur Verfügung stellt,** kann als **Hauptaufgabe des Controllers** angesehen werden, da die Richtigkeit einer Entscheidung maßgeblich (sowohl inhaltlich als auch zeitlich) von der Güte bzw. überhaupt vom Vorhandensein der Informationen abhängt.

Unter Beachtung der Unternehmensgröße hat der Controller die schwierige Aufgabe, ein Informationssystem aufzubauen, das einerseits den Informationsbedürfnissen der Entscheidungsträger in einem Unternehmen Rechnung trägt und andererseits dem Wirtschaftlichkeitsprinzip entspricht. Das Ziel kann nicht sein, möglichst komplexe und „fortschrittliche" Informationssysteme aufzubauen, sondern **sie empfängerorientiert und wirtschaftlich zu gestalten**, d.h. das Kosten-Nutzen-Verhältnis darf beim Controlling nicht außer Acht gelassen werden. Controlling ist kein Selbstzweck.

Im einzelnen sind folgende **Anforderungen** bei der Installierung eines aussagefähigen Informationssystems zu berücksichtigen:
- Die erarbeiteten Informationen müssen aktuell, korrekt sein und Manipulationen ausschließen.
- Sie müssen knapp, einfach und wirtschaftlich sein (so wenig wie möglich, so viel wie nötig!).
- Das Informationssystem muss auf einer gemeinsamen Informationsquelle aufbauen.
- Die Informationen müssen objektiv und sachlich richtig sein.
- Die Informationen sind möglichst zu visualisieren und müssen vor allem verständlich sein (empfängerorientiert).

Kurz gesagt: Informationen sollen sein wie ein Bikini bzw. Männerslip: Knapp, das Wesentliche abdecken und neugierig machen!

Zentrales Ziel eines jeden Informationssystems ist die Erstellung und Weiterleitung von Berichten zur Unterstützung der Unternehmensplanung und -steuerung unter Beachtung des Wirtschaftlichkeitsprinzips. Da Informationsentstehung und -verwendung im Unternehmen je nach Grad der Zentralisation oder Dezentralisation organisatorisch auseinanderfallen, muss zwischen diesen beiden Bereichen eine „Brücke" (siehe Abbildung 66, Preißler 1998, S. 119) geschaffen werden: das **betriebliche Berichtswesen** bzw. **„reporting"** (vgl. Hummel 1998, S. 485).

Abb. 66: Berichtshierarchie im Controlling

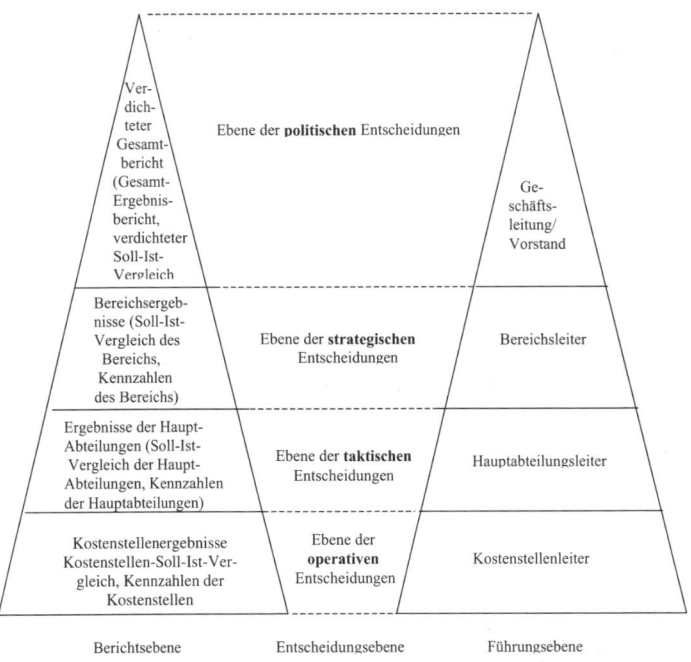

| Ver-
dich-
teter
Gesamt-
bericht
(Gesamt-
Ergebnis-
bericht,
verdichteter
Soll-Ist-
Vergleich | Ebene der **politischen** Entscheidungen | Ge-
schäfts-
leitung/
Vorstand |

Bereichsergebnisse (Soll-Ist-Vergleich des Bereichs, Kennzahlen des Bereichs) — Ebene der **strategischen** Entscheidungen — Bereichsleiter

Ergebnisse der Haupt-Abteilungen (Soll-Ist-Vergleich der Haupt-Abteilungen, Kennzahlen der Hauptabteilungen) — Ebene der **taktischen** Entscheidungen — Hauptabteilungsleiter

Kostenstellenergebnisse Kostenstellen-Soll-Ist-Vergleich, Kennzahlen der Kostenstellen — Ebene der **operativen** Entscheidungen — Kostenstellenleiter

Berichtsebene — Entscheidungsebene — Führungsebene

Für das Berichtswesen ist das Controlling zuständig. Die **Versorgung vor allem der Unternehmensleitung** (internes Berichtswesen, „management reporting") mit steuerungsrelevanten Informationen ist eine der zentralen Aufgaben des Controllers (sog. Führungskräfteinformationen als Teil des Berichtswesens), wobei er dies in enger Zusammenarbeit mit dem Rechnungswesen und anderen Bereichen (Vertrieb, Einkauf usw.) umsetzt (vgl. Ziegenbein 1998, S. 473). Dabei sollten Controllerberichte folgende Reaktionen und Aktionen bewirken:
- Erkennen und Bewerten von Planrealitäten,
- Ansprechen der am Erfolg und Misserfolg beteiligten Personen und Verantwortungsbereiche,
- Ursachenanalyse und Einleiten von Gegenmaßnahmen (vgl. Preißler 1998, S. 123).

Die Berichte des Controllers sollen aber nicht nur der Unternehmensleitung als Entscheidungshilfe dienen, sondern relevante Informationen für jede Stufe und jeden Bereich des Unternehmens enthalten, aus denen erkennbar wird, inwieweit die definierten Ziele erreicht bzw. gefährdet sind (siehe Abbildung 66). Da die Gefahr des Überangebots an Informationen umso größer ist, je globaler der Verantwortungsbereich des Empfängers, kann es zweckmäßig sein, die Berichtsinhalte mit steigender Entscheidungskompetenz und Verantwortung des Empfängers zu verdichten, d. h. eine **Berichtshierarchie** zu schaffen (vgl. Baus 1996, S. 121, Hummel 1995, S. 486). Es ist demnach die Frage zu beantworten: Wer erhält welche Berichte in welchem Verdichtungsgrad?

Außerdem hat der Problembezug (Relevanz) von Informationen zu verschiedenen **Berichtsarten** mit entsprechend dazugehörigen Informationssystemen geführt:
- Standardberichte = starre Berichts- oder Informationssysteme,
- Abweichungsberichte = Melde- und Warnsysteme,
- Bedarfsberichte = Abruf- und Auskunftssysteme (vgl. Ziegenbein 1998, S. 476 ff.).

Eine Standardisierung des Berichtswesens wird wesentlich erleichtert, wenn Klarheit in der Darstellung, den inhaltlichen und zeitlichen Dimensionen und in der Art der Berichtsform besteht. Um den Informationsstand der Empfänger optimal zu befriedigen und Ansatzpunkte für Verbesserungen finden, sind folgende **W-Fragen**, insbesondere für routinemäßig zu erstellende Standardberichte, im Zusammenhang mit dem Berichtswesen bedeutsam:
- **Wozu** soll berichtet werden? (Berichtszwecke)
- **Was** soll an wen berichtet werden? (Berichtsinhalte und Genauigkeit)
- **Wer**? (Berichterstatter und Empfänger)
- **Wann** soll berichtet werden? (Berichtstermine und Bearbeitungszeiten)
- **Wie** soll berichtet werden? (Berichtsgestaltung und Präsentation)

An der zentralen Fragestellung **wozu** orientieren sich die anderen vier Fragen. Denn je präziser der **Berichtszweck** bestimmt werden kann, umso vollständiger kann der Informationsbedarf befriedigt werden.

Mit den unterschiedlichen Arten von Berichten und der Berichtshierarchie wird den verschiedenen Informationsbedürfnissen Rechnung getragen. Zwar sollten Berichtsform und -inhalt eine gewisse Stabilität aufweisen, aber das Berichtswesen muss so flexibel gestaltet sein, dass es sich neuen Anforderungen oder Erkenntnissen anpassen kann. Im Rahmen der Flexibilität sollte vor allem auch die Wie-Frage nicht ausgespart bleiben. Es reicht oftmals nicht aus, dass sich die Berichte durch Einfachheit in der Handhabung und Übersichtlichkeit, Datenwahrheit und -klarheit, Nutzenstiftung, Aktualität und Empfängerorientierung auszeichnen.

Zu einem aussagefähigen und empfängerorientierten Berichtswesen gehört gerade im Controlling auch das „Verkaufen" der Berichte an die Verantwortungsträger. Zum Verkaufen gehört eine entsprechende Präsentation der Controllerergebnisse. Hierzu sollte sich der Controller auch in KMU's der einschlägigen Hilfsmittel wie Overhead-Projektoren, Flipcharts, Tafeln usw. bedienen. Die Berichte selbst sollten nicht nur „nackte" Zahlen und Worte enthalten, sondern grafisch aufbereitet sein. Besonders geeignete grafische Hilfsmittel sind Schaubilder, Diagramme usw. Ein Berichtswesen, das im Wesentlichen aus Zahlenkolonnen besteht, stellte keine große Entscheidungshilfe dar. Eine bedeutende Aufgabe der Berichterstattung ist es daher, das Wesentliche „sichtbar" zu machen. Nach dem Motto: „Ein Bild sagt mehr als tausend Worte". Eine grafische Darstellung macht Größenordnungen, Entwicklungen und Zusammenhänge auf einen Blick deutlich. Auch prägt sie sich i.d.R. leichter ein als abstrakte Zahlen und sorgt dafür, dass ihre Aussage dem Adressaten besser im Gedächnis haften bleibt (vgl. Hering/Zeiner 1995, S. 281 ff.; Ziegenbein 1998, 480 ff.).

Ein Berichtswesen und damit erfolgreiches Controlling, ob in Großunternehmen oder KMU, darf keinen „weißen Flecken" im Unternehmen hinterlassen und sollte mindestens die Bausteine Erfolgsrechnung, Absatz, Personal, Produktion, Finanzbereich, Materialbereich und Kostenübersicht mit jeweils entsprechenden Detailinformationen (z. B. Absatz: Umsätze gesamt, Umsätze nach Artikelgruppen, Umsätze nach Verkaufsbezirken und In- und Ausland) enthalten.

6.2 Budgetierung

Grundsätzlich können Budgets (vgl. hierzu Richards 2007, S. 52 ff.) im Sinne von Vorgabegrößen auch für längere Zeiträume festgelegt werden (siehe Abbildung 67, vgl. Preißler 1998, S. 86). Bei längeren Zeithorizonten wird gewöhnlich vom Business Plan gesprochen. Führt man sich jedoch die zeitliche Koordinierungsaufgabe des Controllers vor Augen, so erfolgt die Benutzung des Begriffs „Budget" in der Regel im Zusammenhang mit der operativen Planung (vgl. Preißler 1998, S. 81 ff.). Horváth definiert ein **Budget** wie folgt: „Ein Budget ist ein in wertmäßigen Größen formulierter Plan, der einer Entscheidungseinheit für eine bestimmte Zeitperiode mit einem bestimmten Verbindlichkeitsgrad vorgegeben wird" (Horváth & Partner 2000, S. 156).

Abb. 67: Budgetierung in Abhängigkeit von der Länge des Planungshorizonts

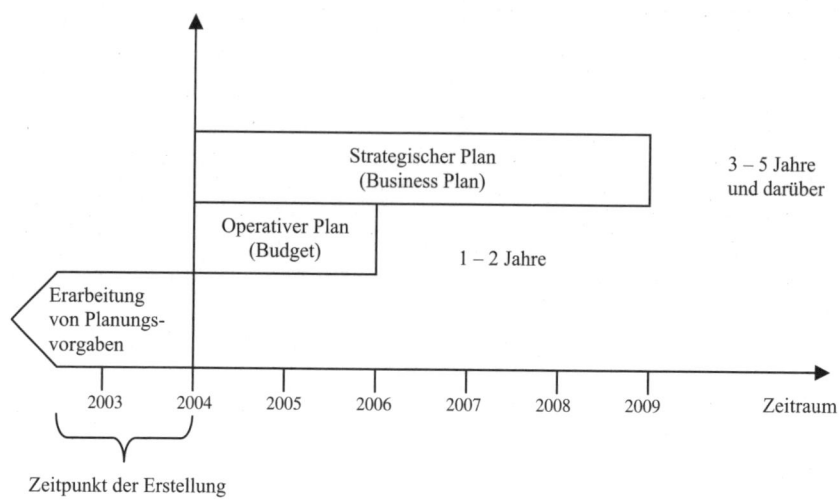

6.2.1 Grundlagen

Budgetierung kann auch als das letzte Glied in der Kette der operativen Planung betrachtet werden. Sie **fasst Ziel-, Strategie- und Maßnahmenplanung zusammen** und formuliert daraus Soll-Werte in Form von Geld- oder Mengengrößen. Damit stellt sich die grundsätzliche Frage welche Stellen der einzelnen Hierarchieebenen in welcher Reihenfolge an den verschiedenen Teilprozessen der Planung mitwirken sollen (vgl. Horváth & Partner 2000, S. 67 ff.). Die Koordination der Planung kann in drei Ausprägungsformen erfolgen, wie Abbildung 68 und 69 verdeutlichen:

- **Retrograde Planung**: Sie erfolgt in der Organisationshierarchie von „oben" nach „unten" (Top-down-Ansatz).
- **Progressive Planung**: Sie beginnt bei den unteren Ebenen der Organisation und wird schrittweise in der Organisation nach „oben" geführt (Bottom-up-Ansatz) Die Gesamtziele und -pläne sind somit Endergebnis der Planung.
- **Gegenstromverfahren**: Da die beiden erstgenannten Verfahren sowohl Vor- als auch Nachteile (vgl. Preißler 1998, S. 82) haben, sollte der Controller beide Verfahren kombinieren und die Vorteile beider Verfahren ausnützen im Sinne einer Dialog-Planung. In der Regel werden zunächst vorläufige Oberziele durch die oberste Führungsebene gesetzt und aus ihnen durch die untergeordneten Ebenen Unterziele und Teilziele konkretisiert. Dann setzt der Rücklauf von „unten" nach „oben" ein, der die Pläne der unteren Ebenen schrittweise koordiniert und bündelt. Der Prozess schließt ab mit der endgültigen Festlegung der Ziele und Pläne durch die oberste Führungsebene.

164

Abb. 68: Top-down- und Bottom-up-Verfahren

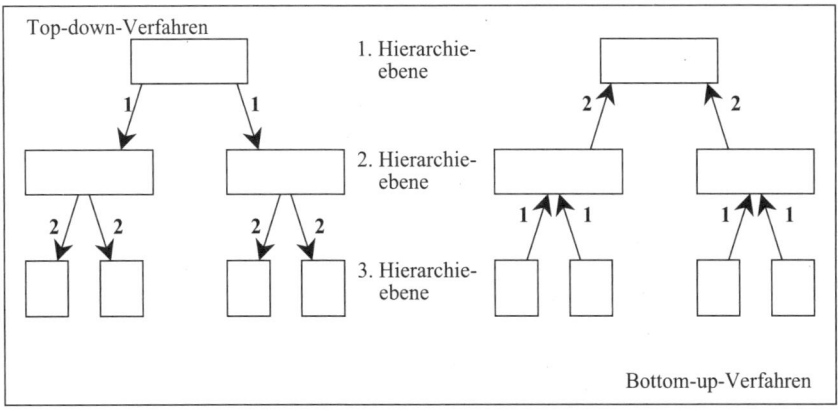

Abb. 69: Gegenstrom-Verfahren

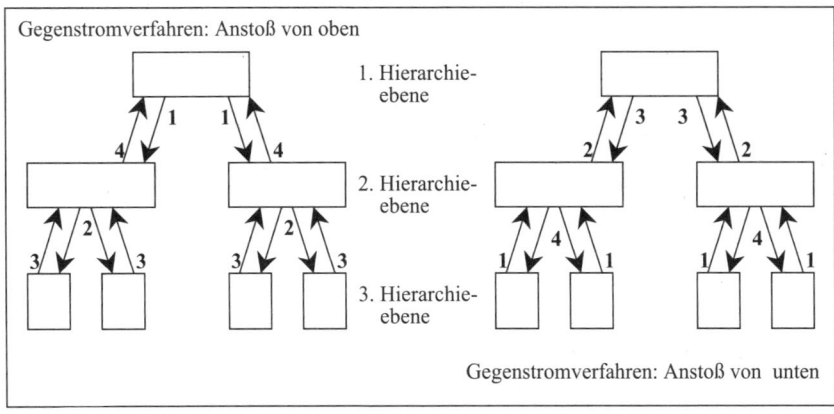

Die Budgetierung nimmt eine dominante Rolle im operativen Controlling ein, da sie eine Kostenkontrolle ermöglicht und Rückkopplungen für die Planung liefert (vgl. Hering/Zeiner 1995, S. 353). Auf Grund des kurzen Planungshorizonts (ein oder zwei Jahre) ist das Budget sehr konkret und detailliert. Durch die Vorgabe der Budgets an die Entscheidungsträger entstehen Verantwortlichkeiten.

Wie Abbildung 70 zeigt, setzt sich das **Gesamtbudget** eines Unternehmens aus zahlreichen **Einzelbudgets** zusammen. Der Controller hat die Aufgabe, die Einzelbudgets zu erstellen und zu einem gesamten, in sich schlüssigen Finanzbudget zu vereinigen (Budget-Bilanz, budgetierte GuV-Rechnung sowie Liquiditätsbudget). Heute, bei einem Käufermarkt, bildet gewöhnlich der Absatzplan bzw. das

Umsatzbudget den Ausgangspunkt des Budgetsystems. Mit der Realisierung des Budgetsystems wird die Budgetkontrolle eingeleitet (Abweichungen zwischen Soll-Ist-Zustand).

Abb.70: Budgetierung im System der Unternehmensplanung

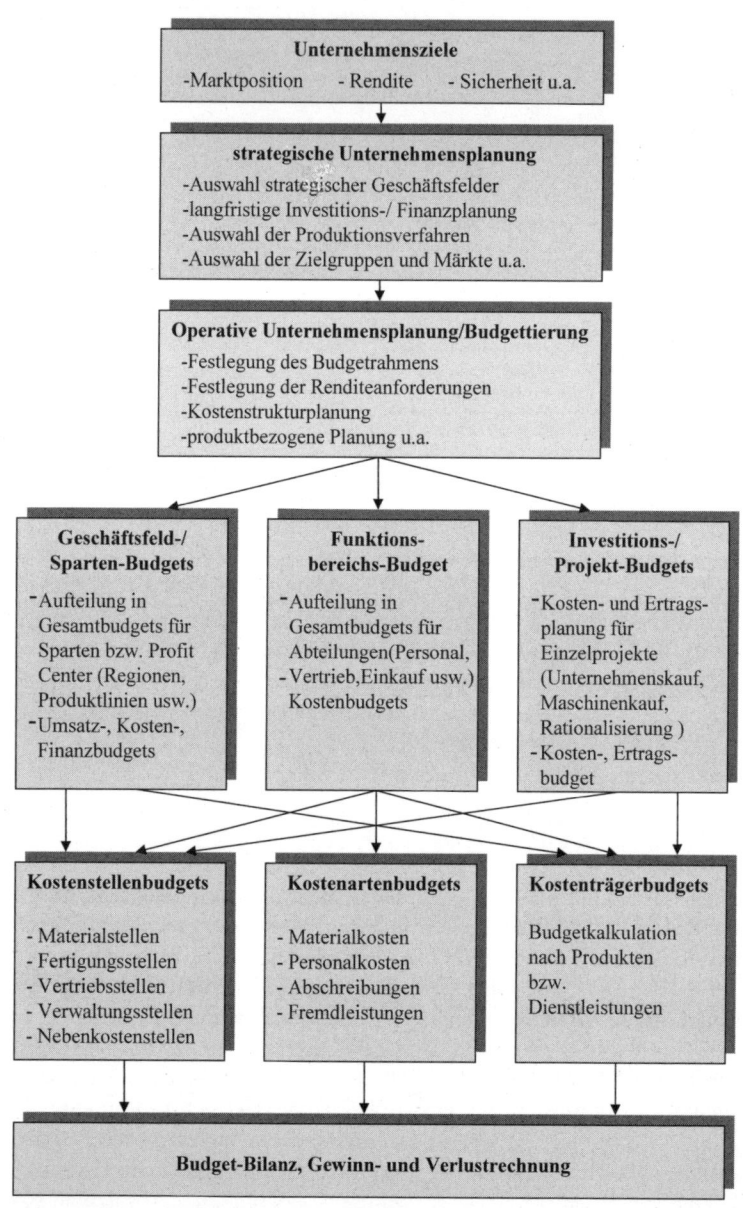

An die Budgetierung ist eine Reihe von Anforderungen zu stellen (vgl. Peemöller 1997, S. 168 ff.). Die wichtigsten Gestaltungsmerkmale beim Aufbau eines Budgetsystems zeigt Abbildung 71 (Horváth & Partner 2000, S. 158).

Abb. 71: Merkmale zur Gestaltung des Budgetsystems

Gestaltungsmerkmal	Budgetsystem Hinweise/Anforderungen
• Differenziertheit und Vollständigkeit	• Auf Vollständigkeit des Budgetsystems achten. Je nach Organisationsstruktur auf funktionaler, objektbezogener (Produkte, Kundengruppen, Regionen) und/oder projektbezogener Differenzierung. • Grundsatz: Vollständigkeit vor Detailliertheit. • Größere Unternehmen benötigen zur Erfüllung ihrer Planungs- und Steuerungsfunktion ein stärker differenziertes Budgetsystem. • Zusammenfassende Unternehmensgesamtbudgets, wie z. B. kurzfristiges Erfolgsbudget, budgetierte Bilanz und Finanzbudget sind unbedingt zu erstellen. • Auf Übereinstimmung von Organisationsstruktur und institutionaler Differenzierung des Budgetsystems achten. • In Unternehmen mit schnell wechselndem Produktionsprogramm und hoher Technologiedynamik ist eine hohe zeitliche Differenzierung des Budgetsystems sinnvoll. Unterjährige Budgets echt planen und nicht als „Jahres-Zwölftel" verteilen.
• Verbindlichkeit	• Auf Übereinstimmung zwischen Entscheidungskompetenz und Budgetverantwortung achten. • Budgets auf ihre Einhaltung regelmäßig kontrollieren.
• Budgethöhe	• Zur Erfüllung der Planungs-, Koordinations- und Kontrollfunktion, „erreichbare Werte unter Voraussetzung rationeller Mittelverwendung" festlegen.
• Budgetslack	• Zur Steuerung des Budgetslack sollten Leistungskenngrößen in das Budget aufgenommen werden. • Fester Einbau administrativer Wertanalysen (z. B. nach DIN) in die jährliche Budgetierung führt im nichtproduktiven Bereich zu einer wesentlichen Verbesserung der Mittelverwendung.
• Budgets und strategische Pläne	• Inhalte von Budgets und strategischen Plänen sind aufeinander abzustimmen. • Die Mittelzuteilung durch strategische Budgets sollten den gesamten Zeitrahmen einer Strategie berücksichtigen und nicht nur auf das nächste Budgetjahr beschränkt sein. • Jeder Bestandteil des Jahresbudgets sollte auf eine genehmigte Strategie zurückgehen.

Budgets können nach unterschiedlichen Kriterien eingeordnet werden (**Budgetarten**, Peemöller 1997, S. 173 ff.):

• Nach der **Entscheidungseinheit**: Horizontale Differenzierung (nach Funktionen, Produkten, Regionen oder Projekten) bzw. vertikale Differenzierung (nach Ebenen der Unternehmenshierarchie).

• Nach der **Geltungsdauer**: Unterjährige Budgets, Jahresbudgets, Mehrjahresbudgets.

• Nach der **Wertdimension**: Umsatzbudget, Kostenbudget, Deckungsbeitragsbudget, Ausgabenbudget.

- Nach dem **Umfang der Wertvorgaben**: Budget auf Vollkostenbasis oder Budget auf Teilkostenbasis.
- Nach der **Abhängigkeit von der Bezugsgröße** (Produktionsmenge): Fixe oder flexible Budgets.
- Nach der **Bezugsgröße Zeit**: Vergangenheitsbezogen, zukunftsbezogen oder Neuplanung (z. B. Zero-Base-Budgeting/ZBB).

6.2.2 Beispiel für ein Budgetsystem

Abbildung 72 zeigt ein durchgängiges Beispiel eines Budgetsystems (nach Horváth & Partner 2000, S. 160 ff.).

Abb. 72: Beispiel eines Budgetsystems

Absatzbudget

Produkt	Absatzmenge	Preis	Verkaufserlöse
A*	7.000	80	560.000
B*	5.000	120	600.000
C*	4.000	110	440.000

Produktionsaktionsplan

Produkt	Absatzmenge	Soll-Endbestand	Anfangsbestand	zu produzierende Menge
A*	7.000	700	900	6.800
B*	5.000	500	200	5.300
C*	4.000	400	400	4.000

Fertigungskostenbudgets der Fertigungsstellen

	Fertigungsstelle 1				Fertigungsstelle 2				Fertigungsstelle 3			
	Standardstd.	Standardkosten			Standardstd.	Standardkosten			Standardstd.	Standardkosten		
Zeile	p. St.	total	fix	variabel	p. St.	total	fix	variabel	p. St.	total	fix	variabel
1		11.000	66.000	44.000		14.000	56.000	56.000		13.000	260.000	65.000
2			6.-	4.-			4.-	4.-			20.-	5.-
3	1,-	6.800	40.800	27.200	1,2	8.160	32.640	32.640	0,1	680	13.600	3.400
4	0,6	3.180	19.080	12.720	0,8	4.240	16.960	16.960	1,2	6.360	127.200	31.800
5	0,2	800	4.800	3.200	0,2	800	3.200	3.200	0,5	2.000	40.000	10.000
6		10.780	64.680	43.120		13.200	52.800	52.800		9.040	180.800	45.200
7		220	1.320			800	3.200			3.960	179.200	

Materialkostenbudget

	Zu produzie-rende Menge in Stück	Sorte I		Sorte II		Sorte III		Sorte IV		Total Materialkosten
		Standardmenge in kg	Standard-wert	Standardmenge in kg	Standard-wert	Standardmenge in kg	Standard-wert	Standardmenge in kg	Standard-wert	
		pro St. / Total	(1.- pro kg)	pro St. / Total	(2.- pro kg)	pro St. / Total	(3.- pro kg)	pro St. / Total	(4.- pro kg)	
A *	6.800	4 / 27.200	27.200	1 / 6.800	13.600	1 / 6.800	20.400	0 / 0	0	61.200
B *	5.300	0 / 0	0	2 / 10.600	21.200	3 / 15.900	47.700	1 / 5.300	21.200	90.100
C *	4.000	2 / 8.000	8.000	0 / 0	0	0 / 0	0	4 / 16.000	64.000	72.000
Materialverbrauch der Produktion		35.200	35.200	17.400	34.800	22.700	68.100	21.300	85.200	223.300

Beschaffungsbudget

	Sorte I		Sorte II		Sorte II		Sorte IV		Total Beschaffungs-budget
	Standardmenge in kg	Standard-wert	Standardmenge in kg	Standard-wert	Standardmenge in kg	Standard-wert	Standardmenge in kg	Standard-wert	
	Total	(1.- pro kg)	Total	(2.- pro kg)	Total	(3.- pro kg)	Total	(4.- pro kg)	
Materialverbrauch der Produktion	35.200	35.200	17.400	34.800	22.700	68.100	21.300	85.200	223.300
+ Soll-Endbestand 2mal Monatsverbrauch	5.866	5.866	2.900	5.800	3.783	11.349	3.550	14.200	37.215
- Anfangsbestand	12.000	12.000	1.000	2.000	8.000	24.000	10.000	40.000	78.000
	29.066	29.066	19.300	38.600	18.483	55.449	14.850	59.400	182.515

Zeile		Fertigungsstelle 4				Fertigungsstelle 5			Gesamtbudget der Fertigungskosten		
		Standardstd.	Standardkosten			Standardstd.	Standardkosten				
	p. St.	total	fix	variabel	p. St.	total	fix	variabel	fix	variabel	Total
1		8.000	80.000	80.000		12.000	48.000	144.000	510.000	389.000	899.000
2			10,-	10,-			4,-	12,-			
3	0,3	2.040	20.400	20.400	0,5	3.400	13.600	40.800	121.040	124.040	245.480
4	0,8	4.240	42.400	42.400	0,1	530	2.120	6.360	207.760	110.240	318.000
5	0,2	800	8.000	8.000	2,0	8.000	32.000	96.000	88.000	120.400	208.400
6		7.080	70.800	70.800		11.930	47.720	143.160	416.800	355.080	771.880
7		920	9.200	9.200		70	280		93.200		93.200

Zeile 1 = Standardkosten bei Normalbeschäftigung

Zeile 2 = per Stunde

Zeile 3 = Standardzeiten und -kosten für die Produktion von 6800A*

Zeile 4 = Standardzeiten und -kosten für die Produktion von 5300B*

Zeile 5 = Standardzeiten und -kosten für die Produktion von 4000C*

Zeile 6 = Total Standardstunden und Standard-Fertigungskosten*

Zeile 7 = Beschäftigungsabweichung der Fixkosten

Materialkosten

Produkt		A*		B*		C*	
Material-sorte	Standardpreis per kg	Standardmenge per kg	Standard-wert	Standardmenge per kg	Standard-wert	Standardmenge per kg	Standard-wert
I	1,-	4	4,-	-	-	2	2,-
II	2,-	1	2,-	2	4,-	-	-
III	3,-	1	3,-	3	9,-	-	-
IV	4,-	-	-	1	4,-	4	16,-
Total			9,-		17,-		18,-

Fertigungskosten

Ferti-gungs-stelle	Standardkosten-satz per Std.		Stan-dard-zeit (Std)	Standardkosten A*			Stan-dard-zeit (Std)	Standardkosten B*			Stan-dard-zeit (Std)	Standardkosten C*		
	fix	var.		f	v	t		f	v	t		f	v	t
F1	6	4,-	1	6,-	4,-	10,-	0,6	3,6	2,4	6,-	0,2	1,2	0,8	2,-
F2	4,-	4,-	1,2	4,8	4,8	9,6	0,8	3,2	3,2	6,4	0,2	0,8	0,8	1,6
F3	20,-	5,-	0,1	2,-	0,5	2,5	1,2	24,-	6,-	30,-	0.5	10,-	2,5	12,5
F4	10,-	10,-	0,3	3,-	3,-	6,-	0,8	8,-	8,-	16,-	0,2	2,-	2,-	4,-
F5	4,-	12,-	0,5	2,-	6,-	8,-	0,1	0,4	1,2	1,6	2	8,-	24,-	32,-
Total			-	17,8	18,3	36,1	-	39,2	20,8	60,-	-	22,-	30,1	52,1
Standardherstellungskosten per Stück						45,1				77,-				70,1

169

Forschungs- und Entwicklungsbudget

Total (fixe) Kosten			180.000,-
verteilt auf:	Produkt	A*	25.000,-
		B*	10.000,-
		C*	35.000,-
nicht verteilbar:	Projekt	D*	40.000,-
		E*	70.000,-

Verwaltungs- und Vertriebsbudget

Total (fixe) Kosten			140.000,-
verteilt auf:	Produkt	A*	10.000,-
		B*	30.000,-
		C*	20.000,-
nicht verteilbar:			80.000,-
variable Kosten (Provisionen, Frachten, diverse . . . . 10% vom Verkaufserlös)			

Budgetierte Erfolgsrechnung

	Total	A*	B*	C*
Verkaufsmenge		7.000	5.000	4.000
Verkaufspreis		80,-	120,-	110,-
Verkaufserlös	1.600.000,-	560.000,-	600.000,-	440.000,-
produzierte Menge		6.800	5.300	4.000
Standardherstellkosten per Stück		45,10	77,-	70,10
Standardherstellkosten per Produktion	995.680,-	306.680,-	408.100,-	280.400,-
Bestandsänderung (Menge)		- 200	+ 300	0
Standardherstellkosten der Bestandsveränderung	- 14.080,-	+ 9.020,-	- 23.100,-	0
Standardherstellkosten der verkauften Produkte	981.100,-	315.700,-	385.000,-	280.400,-
verteilbare Forschungskosten	70.000,-	25.000,-	10.000,-	35.000,-
verteilbare Verwaltungs- und Vertriebskosten (fix)	60.000,-	10.000,-	30.000,-	20.000,-
verteilbare variable Verwaltungs- und Vertriebskosten (10% vom Erlös)	160.000,-	56.000,-	60.000,-	44.000,-
Total zurechenbare Kosten	1.271.100,-	406.700,-	485.000,-	379.400,-
Bruttogewinn (DB)	328.900,-	153.300,-	115.000,-	60.600,-

nicht verteilbare Forschungskosten	–	110.000,-	
nicht verteilbare Verwaltungs- und Vertriebskosten	–	80.000,-	
Beschäftigungsabweichung der Fertigungskosten	–	93.200,-	
Nettogewinn		45.700,-	

Investitionsbudget

Gebäude	50.000,-
Maschinen und Einrichtungen .	160.000,-
Total	210.000,-

Budget der Finanzmittel

Anfangsbestand	Kasse, Postcheck, Bank		120.000,-
+ Einnahmen	Verkaufserlös	1.600.000,-	
	+ Anfangsbestand Debitoren	200.000,-	
	Endbestand Debitoren (=1/6 des		
	- Verkaufserlöses)	267.000,-	1.533.000,-
- Ausgaben	Materialeinkauf		182.515,-
	+ Fertigungskosten total	771.880,-	
	+ Beschäftigungsabweichung	93.200,-	
	+ Forschung und Entwicklung	180.000,-	
	+ Verwaltung und Vertrieb fix	140.000,-	
	+ Verwaltung und Vertrieb var.	160.000,-	
		1.345.080,-	
	- Abschreibungen Maschinen	90.000,-	
	- Abschreibungen Gebäude	60.000,-	1.195.080,-
	+ Investitionsausgaben		210.000,-
	+ Abbau der Kreditoren		10.200,-
	Total Ausgaben		1.597.795,-
Endbestand			55.205,-

Budgetierte Bilanz

Aktiva	Anfang	±	Schluss
Geld (Kasse, Postcheck, Bank)	120.000,-	- 64.795,-	55.205,-
Debitoren	200.000,-	+ 67.000,-	267.000,-
Material	78.000,-	- 40.785,-	37.215,-
Fertigprodukte	84.030,-	+ 14.080,-	98.110,-
Einrichtungen, Maschinen	540.000,-	+ 70.000,-	610.000,-
Gebäude	600.000,-	- 10.000,-	590.000,-
	1.622.030,-	+ 35.500,-	1.657.530,-

Passiva	Anfang	±	Schluss
Kreditoren	170.000,-	- 10.200,-	159.800,-
Darlehen	450.000,-		450.000,-
Eigenkapital einschließlich Reserven	1.002.000,-		1.002.000,-
Gewinn	600.000,-	+ 45.700,-	45.700,-
	1.622.030,-	+ 35.500,-	1.657.530,-

6.2.3 Zero-Base-Budgeting

Budgetierung und Kostenkontrolle stehen in enger Verbindung zueinander (Budgetkontrolle). In der Literatur werden eine **Vielzahl von Verfahren zur Kostensenkung** vorgeschlagen. Bei den Einzeltechniken werden die Grundlagen-Analyse, Wirtschaftlichkeits-Analyse, Technizitäts-Analyse, Checklisten-Technik, Sensibilitäts-Analyse, Nutzwert-Analyse, Qualitative Analyse und die Prüfmatrix genannt. Auch zur **Gemeinkostensenkung** existieren eine **große Anzahl von Konzeptionen** wie z.B. administrative Wertanalyse, Gemeinkostenwertanalyse und Zero-Base-Budgeting (vgl. Peemöller 1997, S. 189ff.). Letzteres Verfahren zur Kostensenkung und/oder Allokation der begrenzten Ressourcen im Gemeinkostenbereich eines Unternehmens von weniger wichtigen auf wichtige Aufgaben wird hier kurz vorgestellt.

Zielsetzungen, Fragestellungen und Datenbasis:
Wie der Name Zero-Base-Budgeting (ZBB) zum Ausdruck bringt, geht es bei dieser Konzeption um eine **Neuplanung** und eben nicht Fortschreibung eines Budgets. Jede Ausgabe die in Zukunft getätigt werden soll, ist von Grund auf (von Null an) neu zu rechtfertigen. Es wird quasi die Überlegung angestellt, welche Budgets erforderlich sind, wenn das Unternehmen „auf der grünen Wiese" neu gegründet wird. Dem Vorteil einer Hinterfragung aller Tätigkeiten, Projekte usw. steht bei der Methode der große Zeitaufwand als Nachteil gegenüber, der für die Erstellung eines Budgets notwendig ist. ZBB muss also nicht überall im Unternehmen zum Einsatz gebracht werden, es ist auch selektiv auf den kritischen Kostensenkungsfeldern einsetzbar.

Träger der Realisierung dieser Methode sind die Führungskräfte und Mitarbeiter der zu analysierenden Bereiche. Üblicherweise wird eine Projektgruppe gebildet, die sich aus Generalisten und Spezialisten zusammensetzt. Abbildung 73 zeigt die Vorgehensweise des ZBB. Die praktische Durchführung des ZBB erfolgt in neun Schritten (Stufen), die in drei Phasen zusammengefasst werden (vgl. Franke 1994, S. 106ff.).

Schilderung des Ablaufs:
Von großer Bedeutung beim ZBB ist die Vorgabe unterschiedlicher Leistungsniveaus in den Entscheidungseinheiten. Dadurch wird der Kostenzuwachs deutlich, der sich aus einem höheren Leistungsniveau ergibt. Demzufolge ist für jede Entscheidungseinheit die Menge und Qualität festzulegen, wobei drei verschiedene Leistungsniveaus zur Verfügung stehen (vgl. Peemöller 1997, S. 206f., Hering/ Zeiner 1995, S. 274ff.):
* **Leistungsniveau 1 oder Grundstufe**: Das Minimum, mit dem das Ziel gerade noch zu erreichen ist, d.h. bestimmte Arbeitsläufe sind überflüssig und können deshalb wegfallen.
* **Leistungsniveau 2 oder Normalstufe**: Diese Stufe versucht aufbauend auf der Grundstufe die Ziele möglichst mit wirtschaftlichen Mitteln zu erreichen und strebt deshalb Rationalisierung notwendiger Arbeitsabläufe an.

- **Leistungsniveau 3 oder Verbesserungsstufe**: Diese Stufe beinhaltet zusätzliche Leistungen, um das Ziel noch besser erfüllen zu können, z. B. durch Erweiterung der Arbeitsabläufe.

Die Technik des ZBB konzentriert sich auf die Beantwortung von zwei Fragen:
- Welches Kostenvolumen lässt sich für den Gemeinkostennutzenbereich insgesamt rechtfertigen?
- Wie sollen die knappen Mittel eingesetzt werden?

Abb. 73: Ablauf des Zero-Base-Budgeting

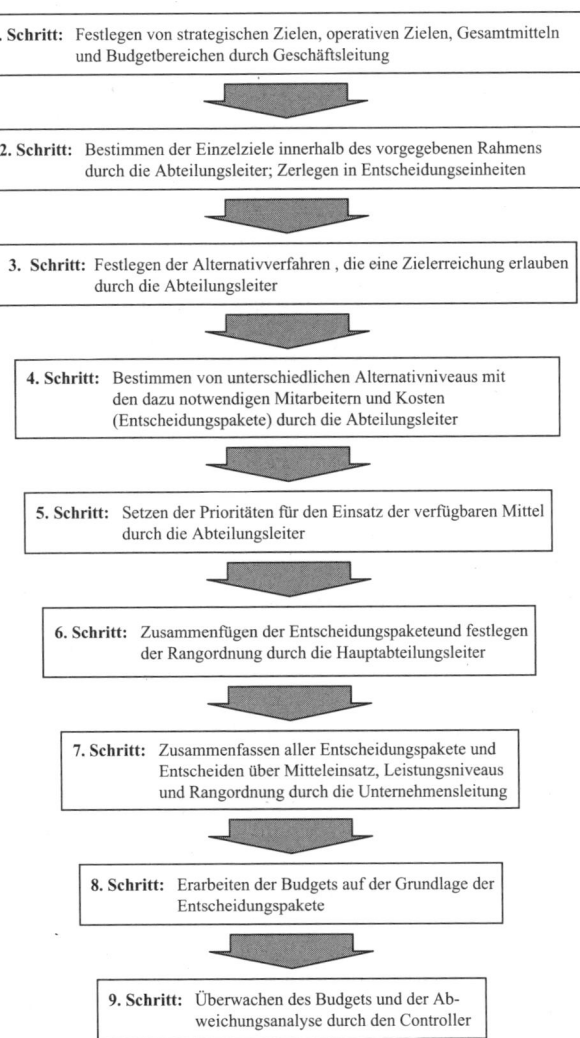

1. Schritt: Festlegen von strategischen Zielen, operativen Zielen, Gesamtmitteln und Budgetbereichen durch Geschäftsleitung

2. Schritt: Bestimmen der Einzelziele innerhalb des vorgegebenen Rahmens durch die Abteilungsleiter; Zerlegen in Entscheidungseinheiten

3. Schritt: Festlegen der Alternativverfahren , die eine Zielerreichung erlauben durch die Abteilungsleiter

4. Schritt: Bestimmen von unterschiedlichen Alternativniveaus mit den dazu notwendigen Mitarbeitern und Kosten (Entscheidungspakete) durch die Abteilungsleiter

5. Schritt: Setzen der Prioritäten für den Einsatz der verfügbaren Mittel durch die Abteilungsleiter

6. Schritt: Zusammenfügen der Entscheidungspaketeund festlegen der Rangordnung durch die Hauptabteilungsleiter

7. Schritt: Zusammenfassen aller Entscheidungspakete und Entscheiden über Mitteleinsatz, Leistungsniveaus und Rangordnung durch die Unternehmensleitung

8. Schritt: Erarbeiten der Budgets auf der Grundlage der Entscheidungspakete

9. Schritt: Überwachen des Budgets und der Abweichungsanalyse durch den Controller

Beispiel:

Abschießend dokumentiert Abbildung 74 an Hand eines Beispiels auf dem Leistungsniveau 1 die praktische Vorgehensweise (vgl. in modifizierter Form Hering/ Zeiner 1995, S. 275). Im nächsten Schritt wird das zweite und dritte Leistungsniveau beschrieben und nach Nutzen und Kosten sowie auf seine Wirkung auf andere Funktionsbereiche bewertet. Anschließend werden dem Neun-Stufen-Verfahren folgend alle Entscheidungspakete gesammelt, bewertet und mit einer Priorität versehen.

Abb. 74: Beispiel für Entscheidungspaket „Rechnungswesen" auf dem Leistungsniveau 1

Rechnungsprüfung			Leistungsniveau					
Personal			Kosten					
	Leitung	Mitarbeiter	Personal-kosten	Sach-kosten	Umlagen	Gesamt-kosten	Investi-tionen
IST	1	11,5	860	55	100	1.015	0
B Leistungs- U niveau 1 D G E T	1	6,5	490	50	70	620	0

Aufgabe:
• sachliche und rechnerische Prüfung aller Rechnungen über 30 EUR (ca. 15.000 Stück)
• stichprobenartige Überprüfung aller Rechnungen unter 30 EUR (ca. 40.000 Stück)
• EDV-Eingabe, Weiterleitung an Zahlungsfreigabe

Ziel:
• Ausnutzung von Skonti und Rabatten bei 75 % aller Rechnungen und 85 % des Gesamtwerts

Wirtschaftliche Verfahren:
• Überprüfung aller Rechnungen über 30 EUR
• stichprobenartige (10 – 15 %) Prüfungen der Rechnungen unter 30 EUR
• manuelle Eingruppierung der Rechnungen zu Lieferanten, Kostenarten, Kostenstellen und Kostenträgern
• Weiterleitung an Kreditorenbuchhaltung
• direkte Dateneingabe in Terminals ohne Datenerfassungsformulare

Beurteilung alternativer Verfahren:
• höherer Stichprobenumfang (bis 50 %): abgelehnt, weil Personalkosten höher als Kosten für Verzugszinsen
• Erfassung aller Rechnungen durch optische Belegleser: abgelehnt, da zur Zeit noch unwirtschaftlich
• Lieferanten sollen Rechnungen auf Diskette schicken; abgelehnt, weil zur Zeit technisch noch nicht umsetzbar

Konsequenzen dieses Leistungsverfahrens:
• Verlust durch fehlerhafte Rechnungsprüfung von 100 EUR jährlich möglich
• Steigerung der Verzugszinsen um ca. 20 EUR jährlich
• Verlust durch Nichtausnutzung bis zu 50 EUR jährlich

6.3 Soll-Ist-Vergleich (Abweichungsanalyse)

Zielsetzungen, Fragestellungen und Datenbasis:
Der Kontrollbegriff (z. B. Budgetkontrolle) basiert inhaltlich auf der Durchführung eines Vergleichs. In Unternehmen können in Abhängigkeit von den zur Verfügung stehenden Daten unterschiedliche Vergleichsrechnungen durchgeführt werden. Als **Kontrollmethoden** kommen in Frage:

- Benchmarking (best practice)
- Branchen- und Betriebsvergleich
- Zeitvergleich (Ist-Ist-Vergleich)
- Soll-Ist-Vergleich

Außer dem Ist-Ist- und dem Soll-Ist- kommen noch der Soll-Soll-, der Wird-Wird-, Soll-Wird- und der Wird-Ist-Vergleich für die Durchführung einer Kontrolle im Sinne der operativen Vor- und Rückkopplung in Frage (vgl. Friedinger/Wegner 1995, S. 435 ff.). Sichtbarer Mittelpunkt jeder Planung und Budgetierung, d. h. der operativen Steuerung, ist allerdings in den meisten Unternehmen der **Soll-Ist-Vergleich**, weshalb er hier auch näher besprochen wird. Für die Teilfunktion Kontrolle des zielorientierten Controlling kommt in erster Linie der Soll-Ist-Vergleich in Frage. Durch ihn werden gesetzte Größen (z. B. Soll-Umsatz, -Kosten, -Gewinn usw.) mit den realisierten Größen (Ist-Größen) verglichen. Die Ermittlung der Ist-Daten erfolgt grundsätzlich durch das betriebliche Rechnungswesen (Finanzbuchhaltung, Nebenbuchhaltungen, Betriebsabrechnung usw.). Abbildung 75 zeigt beispielhaft den Aufbau eines Soll-Ist-Vergleichs eines Kostenbereichs (vgl. Preißler 1998, S. 98).

Abb. 75: Soll-Ist-Vergleich eines Kostenbereichs

Produktionsabteilung	Sollkosten 2010	Istkosten 2010	Abweichung 2010	in %
1 MATERIALEINSATZ				
2 ENERGIE	250.000	241.690	+ 8.310	+ 3,3
30 Lohnkosten	6.904.330	7.329.620	– 425.290	
33 Gehaltskosten	2.131.000	2.150.700	– 19.700	
36 Freiwilliger Sozialaufwand	100.000	93.019	+ 6.981	
38 Personalk. Betriebsfremde		359.304	– 359.304	
3 PERSONALKOSTEN	9.135.330	9.932.643	– 797.313	– 8,7
41 Instandhaltung, Betriebsstoffe	850.000	986.469	– 118.469	
42 Fahrt- u. Reisekosten	45.000	42.772	+ 2.228	
43 Werbekosten, Repräsentation				
44 Werksfracht, Mieten	50.000	65.386	– 15.386	
45 Div. Verwaltungskosten	10.000	1.332	+ 8.668	
46 Steuern, Vers., Beiträge	211.000	211.00	–	
4 SONST. GEMEINKOSTEN	1.166.00	1.288.959	– 122.959	– 10,5

Produktionsabteilung	Sollkosten 2010	Istkosten 2010	Abweichung 2010	in %
50 Kalk. Abschreibung	3.432.000	3.432.000	–	
51 Kalk. Zinsen	960.000	960.000	–	
60 Ausgabenfracht, Prov., Lizenz.				
I SUMME Primäre Kosten	14.943.330	15.855.292	– 911.962	– 6,1
70 Umlage Energie	1.233.730	1.222.250	+ 11.480	
71 Umlage Raumkosten	1.139.300	1.404.270	– 264.970	
72 Umlage Werkstattstunden	591.600	781.282	– 189.682	
73 Umlage soz. Einrichtungen	439.200	439.200	–	
74 Umlage Telefon	9.000	8.215	– 785	
75 Umlage KFZ, Stapler				
76 Umlage Fert. Hilfsbereich	6.846.300	6.956.209	– 109.909	
77 Umlage Sonstiges	1.916.400	1.884.460	+ 31.940	
II SUMME Sekundäre Kosten	12.175.530	12.695.886	– 520.356	– 4,3
Entlastung Umlage	– 6.846.300	– 6.956.209	+ 109.909	
III GESAMTKOSTEN	20.272.560	21.594.969	– 1.322.409	– 6,5
Externe Erlöse	–	299.582		
Fertigungskosten Maschinen	18.955.080	19.464.064		
Fertigungskosten Einstellzeit	1.317.480	1.831.323		

Erläuterung des Ablaufs:

Der **Musterablauf** eines Soll-Ist-Vergleichs kann wie folgt skizziert werden:

- Auf der Grundlage der Unternehmensziele gilt es, mittels erprobter Verfahren mit den verantwortlichen Bereichsleitern, Abteilungsleitern und Kostenstellenleitern die Teilpläne zu erarbeiten.
- Die erreichten Ist-Werte sind mit den Planwerten bzw. Sollwerten zu vergleichen und mit Hilfe der Abweichungsanalyse Korrekturentscheidungen und konkrete Maßnahmen einzuleiten. Dabei ist darauf zu achten, dass Planung und Kontrolle aufeinander abgestimmt sind, d. h. Vergleichbares miteinander verglichen werden kann.
- Die Abweichungsanalyse setzt einen Korrekturmechanismus in Gang, der anhand von neuen Lösungsansätzen entweder das ursprünglich angesteuerte Unternehmensziel realisieren soll oder gegebenenfalls sogar zu neuen Unternehmenszielen führt.

Beim Soll-Ist-Vergleich sind dabei folgende **Arbeitsschritte** durchzuführen:
1. Aufzeigen der Istwerte.
2. Erkennen von Abweichungen (gemessen an den Plan- bzw. Sollwerten).
3. Ermittlung von Abweichungsursachen.
4. Definieren von Korrekturmaßnahmen.
5. Abwägen der Korrekturmaßnahmen.
6. Vorschlag von Korrekturlösungen.
7. Herbeiführen von Entscheidungen.
8. Veranlassen bzw. Einleiten und Durchführung der getroffenen Korrekturentscheidungen.
9. Überprüfung der eingeleiteten Korrekturen (vgl. Preißler 1998, S. 97).

Die Ergebnisse eines operativen Soll-Ist-Vergleichs müssen **regelmäßig ausge-wertet** werden, damit die Unternehmensleitung bzw. die Verantwortlichen recht-zeitig gegensteuern können. Der Soll-Ist-Vergleich muss den Kostenverantwortli-chen als Steuerungsinstrument „verkauft" und von ihnen als solcher akzeptiert werden. Wird der Soll-Ist-Vergleich zur Gewohnheit, die niemand mehr sonder-lich aufregt, so hat er seine Berechtigung verloren. Soll-Ist-Vergleiche sollen maßgeblich zur Unternehmenssteuerung beitragen und dürfen **nicht zu Rechtfer-tigungsberichten oder Anklageschriften ausarten.** „So sollen Abweichungs-analysen nicht darauf hinauslaufen, dass einerseits der Kostenstelleninhaber be-haupten kann, dass die Abweichungen überhaupt nicht richtig wären, weil die Planung nicht exakt war (deshalb Mitarbeit des einzelnen Kostenstelleninhabers bei der Planung) und andererseits darf nicht die Ausrede möglich sein, dass ande-re Schuld an der Abweichung haben (deshalb Festhalten des tatsächlichen Verant-wortlichen)" (Preißler 1998, S. 115). Werden Abweichungen so ermittelt, dass sie den Verantwortlichen direkt zugewiesen werden können, dann fühlen sie sich per-sönlich für Abweichungen zuständig und reagieren und lernen daraus.

Werden Soll- mit Ist-Werten verglichen, treten in der Regel **Abweichungen** auf. Sie bieten stets eine Chance zu lernen. Je schneller auf Abweichungen reagiert werden soll, desto kürzer muss der Kontrollrhythmus gewählt werden. Betrachtet man den Prozess, der zur Abweichungsanalyse führt, so ist festzuhalten, dass jede Abweichungsanalyse sowohl vergangenheitsorientiert aber vor allem zukunfts-orientiert ist (Forecast-Analyse bzw. Erwartungsrechnung). Nach Preißler (1998, S. 104) muss jede Abweichungsanalyse zu einer Erwartungsrechnung führen, wie dies beispielhaft Abbildung 76 verdeutlicht. Zu einem neuen Plan kommt es je-doch nur in Ausnahmefällen, wenn die Planungsprämissen nicht mehr akzeptabel sind. Grundsätzlich können Abweichungen absolut, relativ, selektiv und kumu-liert dargestellt werden.

Abb. 76: Von der Abweichungsanalyse zur Erwartungsrechnung

	Operativer Soll-Ist-Vergleich			Erwartungsrechnung		Neuer Plan
Zahlen des Unternehmens	Plan	Soll	Ist	Abweichung	Erwartung	
Absatz (St, to,)						
Umsatz in Euro						
Vertriebskosten						
...						

Sowohl für positive als auch negative Abweichungen müssen die **Ursachen er-mittelt** werden. Erst durch eine entsprechende Analyse wird eine echte Beurtei-lung der Abweichungen möglich. Zu beachten ist dabei, dass zum einen die Ursa-chen für Abweichungen vielfältig sein können und zum anderen davon auszugehen ist, „dass Abweichungen mehrere Ursachen haben (etwa Trend-, Konjunktur-, Saison- oder Sondereinflüsse), jedoch die Zeit zu deren Untersuchung nicht zur Verfügung steht" (Ziegenbein 1998, S. 451). Folgende **Ursachen** können z. B. für Abweichungen verantwortlich sein:

- Die Abweichungen können auf unvorhersehbaren externen Vorfällen beruhen.
- Sie können an einer fehlerhaften Planung (Planungsgebaren), Organisation und Durchführung liegen.
- Die aufgestellten Ziele können unrealistisch gewesen sein (zu hoch oder zu niedrig) oder die Ausgangssituation ist überholt.
- Sie können auf Grund von Rationalisierung und organisatorischen Verbesserungen entstehen.
- Sie können auf strukturelle Änderungen (Einsatz neuer Maschinen und Techniken) zurückzuführen sein.
- Sie können durch Änderung der Einkaufspreise und/oder Wertansätze bei Einsatzmaterialien, Fremdleistungen sowie Lohn- und Gehaltskosten entstanden sein.
- Sie können auf echte Mehr- oder Minderverbräuche der Menge zurückgeführt werden.
- Die Ursache kann auch in einer zeitlichen Verschiebung des Kostenanfalls zu suchen sein.
- Die Ursache kann auf Kontierungsfehlern beruhen, wenn z. B. die Istzahlen anders erfasst werden als die entsprechenden Planwerte angesetzt wurden (Preißler 1998, S. 106).

Daraus leitet sich ab, dass nur wesentliche, also Abweichungen bestimmter Größenordnungen, vergangenheitsbezogen zu analysieren sind. Eine Abweichungsanalyse sollte immer nur dann durchgeführt werden, wenn für eine einzelne oder aggregierte Größe ein vorgegebener **Toleranzwert** über- oder unterschritten wurde, wie Abbildung 77 dies für eine selektive Abweichung verdeutlicht (vgl. Hering/Zeiner 1995, S. 277 f.; Ziegenbein 1998, S. 452 ff.).

Abb. 77: Toleranzwert am Beispiel einer selektiven Abweichung

Selektive Abweichungen der Kontrollgröße

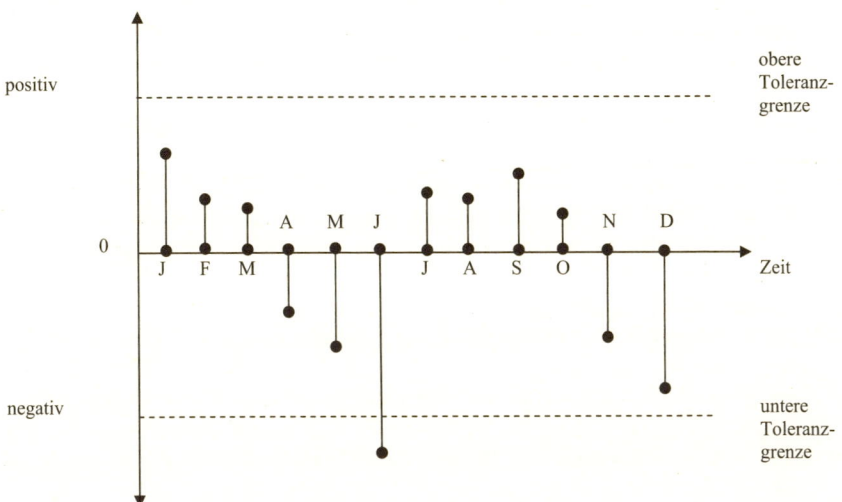

Die **Leitfragen** (und -begriffe, siehe Abbildung 78), die jeder Controller im Rahmen einer Abweichungsanalyse grundsätzlich vor Augen haben sollte, sind der Medizin entlehnt und lauten wie folgt (Baus 1996, S. 92; Preißler 1997, S. 106):

Abb. 78: Leitfragen eines Controllers

Fragestellung		Begriff
1.	Wo sind Anormalitäten? Woher kommen die Abweichungen? (In welchen Kostenstellen sind die Abweichungen aufgetreten?)	Anamnese
2.	Was ist die Krankheit? Was ist die Ursache? (Liegen die Ursachen in einem zu hohen oder zu niedrigen Verbrauch, in einer zu hohen oder zu niedrigen Beschäftigung, in einem zu hohen oder zu niedrigen Verrechnungssatz?)	Diagnose
3.	Wie kann geheilt werden? Was sollte getan werden? (Welche Maßnahmen sollen eingeleitet werden?)	Therapie

179

Um die Abweichungsursachen näher analysieren zu können, muss zuerst festgestellt werden, ob es sich um **zufällige** (nicht beeinflussbare), d. h. durch Veränderungen in der Unternehmensumwelt entstandene oder sich durch unvorhersehbare Störungen in Unternehmensprozessen sowie um **systematische** (beeinflussbare) Ursachen handelt, wie z. B. Fehler bei der Datenermittlung oder bei der Rechnung (vgl. Ziegenbein 1998, S. 459 f.).

Peemöller (1997, S. 264) unterteilt die **allgemeinen Abweichungsursachen** wie folgt:
* nicht kontrollierbare Abweichungsursachen,
* kontrollierbare Abweichungsursachen, die in Planungsfehler (z. B. fehlende Information) und Ausführungsfehler (z. B. fehlerhafte Arbeitsmittel) unterteilt werden können und
* Kontrollfehler (z. B. fehlerhafte Istwertermittlung).

Während Planungsfehler bei der jährlichen Planrevision auszumerzen sind, Kontrollfehler bei den Abweichungs- und Korrekturbesprechungen aufgedeckt werden müssen, interessieren im Rahmen eines monatlichen Soll-Ist-Vergleichs vor allem die Ausführungsfehler, die aus den Gesamtabweichungen isoliert werden sollen.

In der Literatur werden unterschiedlich feine Unterteilungen bezüglich der Abweichungsarten diskutiert. Im Rahmen der flexiblen Plankostenrechnung beispielsweise werden **drei Hauptabweichungsarten** unterschieden (vgl. Preißler 1998, S. 106 ff.; Ziegenbein 1998, S. 459 f.):
* **Preisabweichungen**: Sie entsteht dann, wenn die tatsächlichen Preise pro Produktionsfaktoreinheit von den entsprechenden geplanten Preisen abweichen und ergibt sich als Differenz zwischen den Istkosten zu Istpreisen und den Istkosten zu Planpreisen.
* **Verbrauchsabweichungen**: Sie resultiert aus dem Unterschied zwischen den tatsächlichen Produktionsfaktorverbräuchen pro Beschäftigungseinheit und den entsprechenden geplanten Faktorverbräuchen und wird als Differenz zwischen den Istkosten zu Planpreisen und den Sollkosten ermittelt. Verbrauchsabweichungen sind meist Ausdruck von Unwirtschaftlichkeiten im Wertschöpfungsprozess.
* **Beschäftigungsabweichungen**: Sie ergibt sich aus einem systematischen Fehler, der sich bei der Verrechnung der Fixkosten auf die Beschäftigungseinheiten immer dann ergibt, wenn die tatsächliche Beschäftigung (z. B. Leistungs**menge**, Stückzahl, Zahl der Fertigungsstunden) von der geplanten Beschäftigung abweicht, d. h. wenn es zu einer Über- oder Unterbeschäftigung kommt. Man berechnet sie als Differenz zwischen den Sollkosten und den verrechneten Plankosten.

Alle drei Abweichungen zusammen ergeben die **Gesamtabweichung**, die auch als Differenz zwischen den Istkosten zu Istpreisen und den verrechneten Plankosten ermittelt werden kann (vgl. Ziegenbein 1998, S. 457 f.).

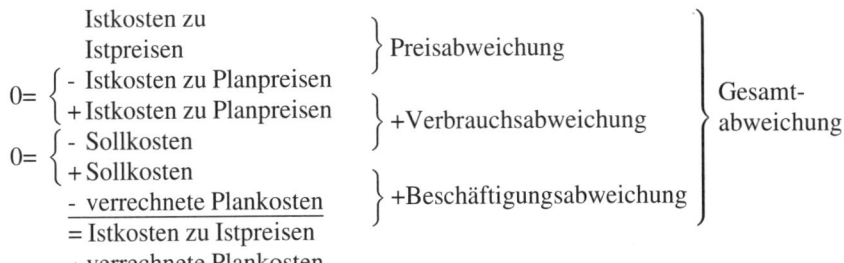

$$
\begin{array}{ll}
& \text{Istkosten zu} \\
& \text{Istpreisen} \\
0= & \left\{ \begin{array}{l} \text{- Istkosten zu Planpreisen} \\ \text{+ Istkosten zu Planpreisen} \end{array} \right. \\
0= & \left\{ \begin{array}{l} \text{- Sollkosten} \\ \text{+ Sollkosten} \end{array} \right. \\
& \underline{\text{- verrechnete Plankosten}} \\
& \text{= Istkosten zu Istpreisen} \\
& \text{- verrechnete Plankosten}
\end{array}
\quad
\begin{array}{l}
\left.\begin{array}{l} \\ \end{array}\right\} \text{Preisabweichung} \\[1.5em]
\left.\begin{array}{l} \\ \end{array}\right\} \text{+Verbrauchsabweichung} \\[1.5em]
\left.\begin{array}{l} \\ \end{array}\right\} \text{+Beschäftigungsabweichung}
\end{array}
\quad
\begin{array}{l}
\text{Gesamt-} \\
\text{abweichung}
\end{array}
$$

Diese Vorgehensweise gibt noch einmal Abbildung 79 schematisch im Gesamt-
überblick wieder (Ziegenbein 1998, S. 458):

Abb. 79: Abweichungsberechnung

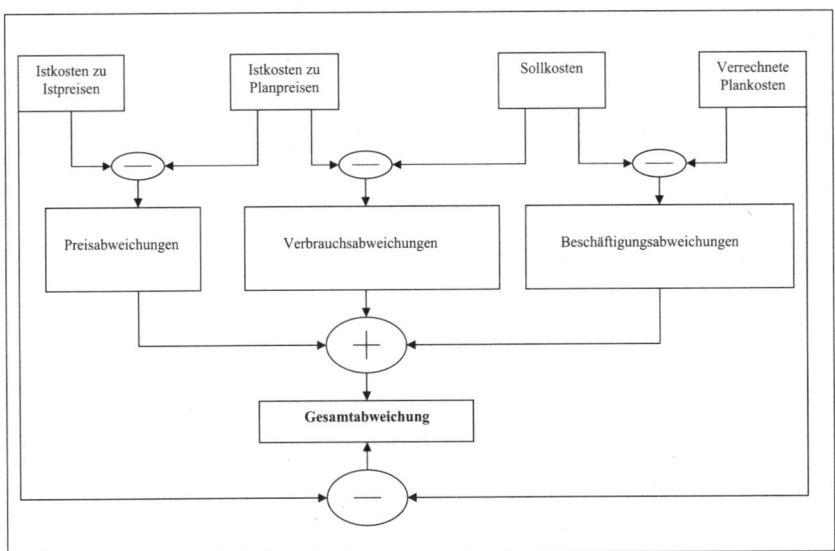

Folgendes Beispiel zeigt exemplarisch die Abweichungsberechnung und die sich
daraus ergebende grafische Darstellung, verdeutlicht in Abbildung 80 (Preißner
1999, S. 100 ff.).

Beispiel:

Ein Unternehmen plant die Herstellung und den Verkauf von 15.000 Stück eines Produkts innerhalb eines Jahres. Die Gesamtkosten werden auf 180.000 Euro geschätzt, davon sind 45.000 Euro fix. Die variablen Kosten enthalten ein fertig bezogenes Teil, das mit 2,20 Euro geplant ist. Am Ende des Jahres wurden 11.000 Stück produziert und abgesetzt, die Istkosten liegen bei 190.000 Euro. Für das bezogene Teil wurden im Durchschnitt 3,40 Euro bezahlt.

Berechnung der Gesamtabweichung:

Auf Grund der geplanten Gesamtkosten von 180.00 Euro bei 15.000 Stück ergeben sich verrechnete Kosten pro Stück von 12 Euro (180.000 : 15.000). Die variablen Kosten liegen bei 9 Euro (135.000 : 15.000). Die Sollkostenfunktion lautet damit: KS = 45.000 + 9x.
Bei der Istmenge von 11.000 Stück ergeben sich verrechnete Kosten von 11.000 * 12 = 132.000 Euro. Die Kostenrechnung unterstellt damit zunächst 132.000 Euro Gesamtkosten, während sie tatsächlich bei 190.000 Euro liegen. Die Differenz von 58.000 Euro ist die Gesamtabweichung.

Berechnung der Beschäftigungsabweichung:

Die Sollkosten bei der Istmenge von 11.00 Stück sind: KS = 45.000 + 9 * 11.000 = 144.000 Euro. Soviel hätte die Herstellung kosten dürfen, wenn nur die Mengenschätzung falsch gewesen wäre. Die Beschäftigungsabweichung liegt damit bei 12.000 Euro (144.000 – 132.000 Euro).

Berechnung der Preisabweichung:

Das fremdbezogene Teil war mit 2,20 Euro eingeplant, kostete aber tatsächlich 3,40 Euro. Bei 11.000 hergestellten Stück ergibt sich eine Preisabweichung von 13.200 Euro.

Berechnung der Verbrauchsabweichung:

Die Differenz zwischen Ist- und Sollkosten beträgt 190.000 – 144.000 = 46.000 Euro. Wird davon die Preisabweichung abgezogen, erhält man als verbleibende Größe die Verbrauchsabweichung zu 32.800 Euro.

Abb. 80: Beispiel für eine flexible Plankostenrechnung auf Vollkostenbasis

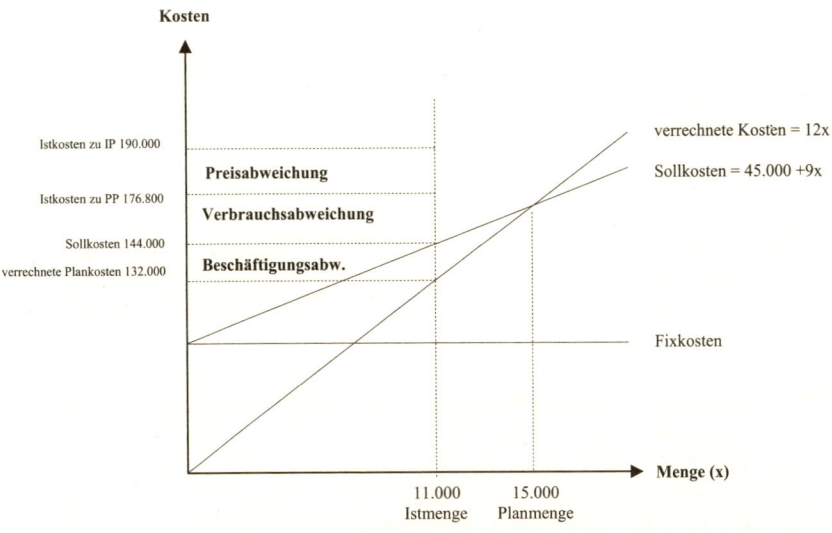

6.4 Kennzahlen und Kennzahlensysteme

Das Berichtswesen mit Kennzahlen und Kennzahlensysteme gehört zum Instrumentenbaukasten eines jeden Controllers; auf sie kann kein Unternehmen verzichten (vgl. Reichmann 1993). Unabhängig davon, welche Art von Analyse durchgeführt wird, sind **Kennzahlen** und **Kennzahlensysteme** als Analyse- und Führungsinstrument nicht wegzudenken. Sie sind im Rahmen der betriebswirtschaftlichen Theorie und Praxis bereits seit langer Zeit (z. B. das RoI-System) eingeführte Instrumente. Durch Anwendung von Kennzahlen erhält das Management die Möglichkeit, kausale Zusammenhänge sowie die Ursachen und Wirkungen positiver und negativer Faktoren zu erkennen. Die wichtigste Informationsquelle für Kennzahlen ist das Rechnungswesen, d.h. die Finanzbuchhaltung sowie die Kosten- und Leistungsrechnung (vgl. Franke 1994, S. 44).

183

6.4.1 Bedeutung von Kennzahlen für das Controlling

Ein wesentliches **Problem der Informationsverarbeitung** besteht in der sinnvollen und aussagefähigen Verdichtung und Gegenüberstellung des vorhandenen Informationsmaterials. Kennzahlen und Kennzahlensysteme können für Analysen, Prognosen, Planungen, Steuerungen und Kontrollen herangezogen werden und stellen Instrumente der Frühwarnung, Früherkennung und Frühaufklärung dar. Kennzahlen vermögen insbesondere für folgende **Funktionen** zu dienen:

- als Maßstab und Maßgröße,
- als Zielgröße und
- als Kontrollgröße (vgl. Siegwart 1992, S. 34).

In Anbetracht der betrieblichen Komplexität sollen Kennzahlen eine qualifizierte Auslese von Daten aus einer Vielzahl von Aufschreibungen ermöglichen. Damit tragen Kennzahlen zu einer **Verminderung der Unsicherheit** bei der Entscheidungsfindung bei (vgl. Vollmuth 1995, S. 36 f.):

- Sie machen bestimmte Sachverhalte sichtbar, die anders nicht zu erkennen sind (z. B. Gesamtkapital-Rentabilität).
- Sie erhöhen die Transparenz in den Unternehmungen.
- Sie verdichten Sachverhalte auf eine aussagefähige Zahl.
- Sie ermöglichen Vergleiche mit anderen Unternehmungen der gleichen Branche und anderen Wirtschaftszweigen.
- Sie erleichtern die Beurteilung der wirtschaftlichen Lage der Unternehmungen.
- Sie ermöglichen Einblicke in Teilbereiche der Unternehmungen.
- Sie decken Schwächen auf.
- Sie lassen Stärken erkennen.
- Sie vermitteln ein Bild der Situation einer Unternehmung.
- Sie lassen Interdependenzen (Wechselbeziehungen) erkennen.
- Sie sind eine Momentaufnahme, wenn sie aus den Bilanzposten errechnet werden.
- Sie betreffen den Zeitraum, wenn die Kennzahlen aus der Gewinn- und Verlustrechnung stammen.
- Sie erleichtern die Interpretation von Tatbeständen.
- Sie verfeinern die Bildung von Urteilen.
- Sie haben vielfach eine Signalwirkung.
- Sie liefern Maßstäbe für die Beurteilung von betriebswirtschaftlichen Sachverhalten.

Da Kennzahlen und Kennzahlensysteme äußerst vielseitig verwendbar sind, gibt es kaum eine wichtige Unternehmensfunktion, die in der Literatur nicht mit diesen in Zusammenhang gebracht wird.

6.4.2 Begriff und Arten von Kennzahlen

Was unter den Begriffen Kennzahlen und Kennzahlensysteme verstanden werden kann, mögen folgende Definitionen verdeutlichen:

- **Kennzahlen** können als quantitativ ausgedrückte Informationen angesehen werden, „die als bewusste Verdichtung der komplexen Realität über zahlenmäßig erfassbare betriebswirtschaftlich relevante und **direkt** erfassbare Sachverhalte informieren wollen" (Krystek/Müller-Stewens 1993, S. 45).

- Ein **Kennzahlensystem** ist als eine geordnete Gesamtheit von Kennzahlen zu verstehen, die in einer Beziehung zueinander stehen und so als Gesamtheit über einen Sachverhalt vollständig informieren (Horváth 1996, S. 546).

Was eine Kennzahl ist, darüber ist man sich in der Literatur weitgehend einig. Zwar können verschiedene Arten von Kennzahlen unterschieden werden, aber die Unterscheidung der Kennzahlen folgt einem gängigen Muster. Meistens wird, wie Abbildung 81 zeigt, zwischen Grundzahlen und Verhältniszahlen unterschieden, wobei letztere weiter unterteilt werden in Gliederungs-, Beziehungs- und Indexzahlen. Als besondere Kennzahlenart können Richtzahlen angesehen werden (vgl. Zdrowomyslaw 2001, S. 660 ff.). Zu beachten ist allerdings, dass sich absolute Zahlen nur bedingt für eine umfassende Analyse eignen, da sie kaum vergleichbar sind. Zu empfehlen ist, stärker mit Verhältniszahlen zu arbeiten, die den Zusammenhang zwischen zwei betriebswirtschaftlichen Daten widerspiegeln. Verhältniszahlen sind sinnvoller und leichter zu überschauen als absolute Zahlen.

Abb. 81: Arten von Kennzahlen

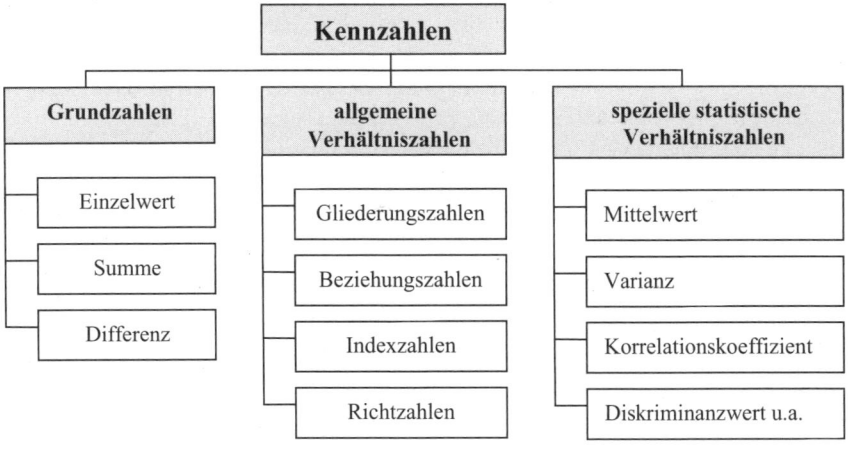

Zu beachten ist, dass Definitionen, Abgrenzungen und Benennungen im Hinblick auf betriebswirtschaftliche Kennzahlen in der Literatur keineswegs einheitlich sind. Da Kennzahlen in der Literatur nicht übereinstimmend definiert werden, ist es wichtig, dass man sich im Rahmen von Kennzahlenanalysen über deren Entstehung im Klaren ist. Das heißt, dass bei Kennzahlen grundsätzlich das Zustandekommen einer Formel (Zähler und Nenner!) bekannt bzw. hinterfragt werden sollte, um Vergleiche und fundierte Beurteilungen zu gewährleisten (vgl. Zdrowomyslaw 2001, S. 658 ff.; Zdrowomyslaw/Dürig 1999, S. 313 ff.).

6.4.3 Ausgewählte Kennzahlen und Orientierungsdaten

Die Berichterstattung durch Kennzahlen gestattet es dem Management, sich rasch einen umfassenden Überblick über einzelne Sachverhalte zu verschaffen. Welche Kennziffern gewählt werden, ist abhängig von der Branche und den spezifischen Gegebenheiten des Unternehmens. Einerseits sind Kennzahlen sehr nützlich, andererseits müssen sie in ihrer Anzahl beschränkt werden, damit der „Konzentrationsvorteil" der Kennzahlen-Information nicht verloren geht. Zu viele Kennzahlen erhöhen nicht unbedingt die Transparenz; außerdem ist der Zeitaufwand sehr hoch, um die Daten zu ermitteln, die Kennzahlen zu berechnen und vor allen Dingen diese zu pflegen. Auf jeden Fall sollten Kennzahlen regelmäßig und nicht sporadisch aufgestellt werden. Ferner sollten Kennzahlen zukunftsorientiert sein, d. h. nicht nur die Vergangenheit beschreiben.

In der Literatur und in der Praxis findet man zahlreiche Kennzahlen, Kennzahlensysteme, Orientierungsdaten usw. Nach Preißler (1998, S. 1312 – 139) muss das vom Controller aufzubauende Kennzahlensystem Erfolgs-, Produktivitäts-, Finanzierungs- und Liquiditäts-, Risiko- und Bereichskennzahlen enthalten. Der **Überblick** von Preißler in Abbildung 82 sowie die Abbildungen 83 und 84 (Kennzahlenblätter: RoI und Eigenkapitalquote) sollen als Anregung verstanden werden, sich mit bestimmten, für das Unternehmen relevanten Kennzahlen, intensiver zu beschäftigen.

Abb. 82: Kennzahlenüberblick

1. Erfolgskennzahlen	zu errechnen			
	Jähr-lich	pro Quartal	monat-lich	Kommentar/ Beispiele
1.1 Netto-Betriebsleistung = Fakturierte Umsätze ./. Erlösschmälerungen ± Bestandsveränderungen an Halb- und Fertigfabrikaten	X	X	X	Steigerung um 1 Mio.
1.2 Umsatzrendite = $\frac{\text{Betriebsergebnis x 100}}{\text{Netto-Betriebsleistung}}$	X	X	X	Erhöhung auf 6,5 %
1.3 Cash flow = Betriebsergebnis + Kalk. Abschreibungen + Kalk. Eigenkapitalzinsen + Überhöhte Rückstellungen + Kalk. Wagnis + Kalk. Unternehmerlohn + Sonstige Aufwendungen, die nicht gleichzeitig Ausgaben sind ./. Erträge, die nicht zu Einnahmen geführt haben	X			
1.4 Cash flow in % der Netto-Betriebsleistung = $\frac{\text{Cash flow x 100}}{\text{Netto-Betriebsleistung}}$	X			
1.5 Gesamtkapitalrendite = $\frac{\text{(Betriebsergebnis + Gesamtzinsen) x 100}}{\text{Gesamtkapital}}$	X			
1.6 Eigenkapitalrendite = $\frac{\text{(Betriebsergebnis + Eigenkapitalzinsen) x 100}}{\text{Eigenkapital}}$	X			

1.7   Kapitalumschlag =   X   X   X

$$\frac{\text{Netto-Betriebsleistung}}{\text{Gesamtkapital}}$$

1.8   Materialkostenanteil =   X   X   X

$$\frac{\text{Materialkosten x 100}}{\text{Netto-Betriebsleistung}}$$

1.9   Personalkostenanteil =   X

$$\frac{\text{Personalkosten x 100}}{\text{Netto-Betriebsleistung}}$$

1.10   Investitionsquote =   X

$$\frac{\text{Bruttoinvestition x 100}}{\text{Gesamtleistung}}$$

1.11   Return on Investment (RoI) =

Die Kennzahlen „Eigen- und Gesamtkapitalrendite" können besonders bei Unterkapitalisierung zu falschen Aussagen führen. Dieser Nachteil wird durch den ROI ausgeglichen, da neben der finanzpolitischen Analyse auch die betriebliche Leistungsfähigkeit beurteilt wird.

Die Grundformel des RoI-Konzepts lautet: X

(RoI) = Umsatzrentabilität x Kapitalumschlag

$$(RoI) = \frac{\text{Gewinn x 100}}{\text{Umsatz}} \quad x \quad \frac{\text{Umsatz}}{\text{Kapital}}$$

1.12   Mindestumsatz (out-of-pocket-point) =   X

$$\frac{\text{Ausgabenwirksame fixe Kosten x 100}}{\text{Deckungsbeitrag in \% des Umsatzes}}$$

1.13   Mindestumsatz   X

(Break-Even-Point der Substanzerhaltung) =

$$\frac{\text{Fixe Kosten x 100}}{\text{Deckungsbeitrag in \% des Umsatzes}}$$

1.14   Mindestumsatz der Plangewinnerzielung =   X

$$\frac{\text{(Fixe Kosten + Plangewinn) x 100}}{\text{Deckungsbeitrag in \% des Umsatzes}}$$

1.15   Leverage-Effekt =   X

$$\frac{\text{Gesamtkapital}}{\text{Eigenkapital}} \ x \ \frac{\text{Gewinn}}{\text{Gewinn + Fremdkapitalzinsen}}$$

2. Produktivitätskennzahlen	zu errechnen			
	jähr-lich	pro Quartal	monat-lich	Kommentar
2.1 Pro-Kopf-Leistung =	X	X	X	

$$\text{Pro-Kopf-Leistung} = \frac{\text{Netto-Betriebsleistung}}{\text{Zahl der korrigierten Beschäftigten}}$$

| 2.2 Pro-Kopf-Wertschöpfung | X | X | X | |

	Sparten			
	1	2	3	usw.
Pro-Kopf-Leistung ./. Pro-Kopf-Materialverbrauch				
Pro-Kopf-Wertschöpfung				

Diese Kennzahl ist sowohl für das Gesamtunternehmen als auch für einzelne Sparten zu ermitteln, um Unterschiede in der Wertschöpfung zu erkennen und möglichst „Störfaktoren" (z. B. Handel) zu eliminieren.

2.3 WPK-Wert (Wertschöpfungs-Personalkosten-Koeffizient)

	Sparten			
	1	2	3	usw.
Netto-Betriebsleistung ./. Materialeinsatz ./. Fremdleistungen				
= Brutto-Produktionsleistung und/oder Handelsleistung				
Personalkosten (einschl. PNK)				

$$\text{WPK-Wert} = \frac{\text{Brutto-Produktionsleistung (Wertschöpfung)}}{\text{Personalkosten}}$$

Auch hier sollte die Errechnung getrennt nach Sparten erfolgen. Dieser Wert zeigt die Auswirkung des Personaleinsatzes auf den Leistungsstand, speziell in den einzelnen Sparten.

| 2.4 Arbeitserlös je Fertigungsstunde | X | | | |

Als Fertigungsstunde darf nur die „produktive" Stunde (incl. möglicher Maschinenrüstzeiten) verstanden werden.

	Sparten							
	1	2	3	usw.				
Netto-Betriebsleistung ./. Materialeinsatz ./. Fremdleistungen ./. Ausgangsfrachten ./. Provisionen ./. anteil. Verwaltungs-/ Vertriebskosten								
Arbeitserlös Geleistete Fertigungsstunden Arbeitserlös je Fertigungsstd.								

2.5   Deckungsbeitrag je Fertigungsstunde

	Sparten							
	1	2	3	usw.	X	X	X	
Arbeitserlös je Fertigungsstd. ./. Lohnkosten je Fertigungsstd. (incl. LNK)								
Deckungsbeitrag/Fertigungsstd.								

2.6   Ausschussquote

Der Ausschuss entsteht durch Bearbeitungs- bzw. Material-
fehler, nicht aber durch Materialabfälle.

Abfallquote =

$$\frac{\text{Abfallmenge x 100}}{\text{Materialeinsatz}}$$

oder

$$\frac{\text{Abfallmaterial x 100}}{\text{Gesamter Materialverbrauch}}$$

Quote des Ausschussmaterials =

$$\frac{\text{Ausschuss in Mengeneinheiten x 100}}{\text{Mengeneinheiten, die in Ordnung sind}}$$

(Die Spalten X X X erscheinen rechts neben den Abschnitten 2.6 und 2.7.)

2.7   Eigentliche Auslastung

Arbeitsauslastung =
$$\frac{\text{tatsächliche Fertigungsstunden}}{\text{mögliche Fertigungsstunden}}$$

Maschinenauslastung (Laufquote) =
$$\frac{\text{tatsächliche Maschinenlaufzeit}}{\text{mögliche Maschinenlaufzeit}}$$

3. Finanzierungs- und Liquiditätskennzahlen	zu errechnen			
	Jähr-lich	pro Quartal	monat-lich	Kommentar
3.1 Anlagendeckung = $\frac{\text{Eigenkapital x 100}}{\text{Anlagevermögen}}$	X			
3.2 Entschuldungsgrad = $\frac{\text{Verfügbarer Cash flow x 100}}{\text{Netto-Verschuldung}}$ Netto-Verschuldung = Fremdkapital ./. liquide Mittel	X			
3.3 Liquiditätsverhältnis = $\frac{\text{Umlaufvermögen x 100}}{\text{kurzfristiges Fremdkapital}}$	X			
3.4 Verschuldungsgrad = $\frac{\text{Fremdkapital x 100}}{\text{Gesamtkapital}}$	X			
3.5 Verschuldungsfaktor = $\frac{\text{langfristige Effektiv-Verschuldung}}{\text{Cash flow}}$ Effektiv-Verschuldung = verzinsliches langfristiges Fremdkapital + kurzfristiges Fremdmittel ./. flüssige Mittel ./. kurzfristige Forderungen	X			
3.6 Eigenkapitalausstattung = $\frac{\text{Eigenkapital x 100}}{\text{Gesamtkapital}}$	X			
3.7 Liquidität ersten Grades = $\frac{\text{flüssige Mittel am Stichtag x 100}}{\text{kurzfristige Verbindlichkeiten am Stichtag}}$	X			
3.8 Working Capital = Umlaufvermögen ./. kurzfristige Schulden	X			
3.9 Amortisationszeit des Nettovermögens = $\frac{\text{Nettovermögen}}{\text{Cash flow}}$	X			

4. Kennzahlen zur Risikostruktur	zu errechnen			
	Jähr-lich	pro Quartal	monat-lich	Kommentar
4.1 Cash flow Umsatzrate = $\dfrac{\text{Cash flow} \times 100}{\text{Umsatz}}$	X			
4.2 DBU = $\dfrac{\text{Deckungsbeitrag} \times 100}{\text{Umsatz}}$	X	X		
4.3 Fixkostenstruktur = $\dfrac{\text{Fixe Kosten} \times 100}{\text{Umsatz}}$	X			
4.4 Mindestspanne = $\dfrac{\text{Gesamtumsatz} \times 100}{\text{Fixkosten}}$	X			
4.5 Kosten von Betriebsfunktionen = $\dfrac{\text{Herstellkosten} \times 100}{\text{Umsatz}}$	X			
4.6 Kosten von Betriebsfunktionen = $\dfrac{\text{Verwaltungs- und Vertriebskosten} \times 100}{\text{Umsatz}}$	X	X	X	
4.7 Auftragsreichweite = $\dfrac{\text{Auftragsbestand (per ultimo)} \times 100}{\text{Umsatz der letzten 12 Monate}}$	X	X		

5. Kennzahlen zum Materialbereich	zu errechnen			
	Jähr-lich	pro Quartal	monat-lich	Kommentar
5.1 Umschlagziffer des Fertigwarenlagers = $\dfrac{\text{Bestände an Fertigwaren}}{\text{Umsatzerlöse}}$	X			
5.2 Umschlagziffer des Materiallagers = $\dfrac{\text{Bestände an Roh-, Hilfs- u. Betriebsstoffen}}{\text{Aufwendungen f. Roh-, Hilfs- u. Betriebsstoffe}}$	X			
5.3 Durchschnittliches Zahlungsziel in Tagen = Zahlungsmoral des Kunden = Kundenkredite = $\dfrac{\text{Ø Verbindlichkeiten} \times 100}{\text{Einkaufsvolumen incl. MwSt.}}$	X			

	Jährlich	pro Quartal	monatlich	Kommentar
5.4 Materialanteil in % = Aufwendungen für Roh-, Hilfs- u. Betriebsstoffe x 100 / Gesamtleistung	X	X	X	
5.5 Termin-/Mengen-/Qualitätstreue der Lieferanten = Anzahl der beanstandeten Lieferungen (Termin, Qualität, Quantität) / Zahl der Lieferungen	X	X		
5.6 Materialintensität = Materialkosten x 100 / Netto-Betriebsleistung	X			
5.7 Materialgemeinkostensatz = Materialgemeinkosten x 100 / Fertigungsmaterial	X	X		
5.8 Grad der Lagerhaltung in Tagen = Durchschnittlicher Bestand in Euro x 360 / Gesamtmaterialkosten Euro/Jahr	X	X		
5.9 Pro-Kopf-Materialverbrauch = Materialeinsatz x 100 / Zahl der korrigierten Beschäftigten	X	X	X	

6. Kennzahlen zum Vertriebsbereich	zu errechnen			
	Jährlich	pro Quartal	monatlich	Kommentar
6.1 Kundenumsätze Anteil in % Plan = Umsatz des Kunden laut Plan x 100 / Gesamtumsatz laut Plan Um das tatsächliche Verkaufsverhalten aufzuzeigen, müsste diese Kennzahl spezifiziert werden, um Planabweichungen sichtbar werden zu lassen. Abweichung in % = Ist-Umsatz des Kunden ./. Plan-Umsatz des Kunden x 100 / Plan-Umsatz des Kunden	X	X	X	
6.2 Veränderungen im Artikelsortiment Umsatzanteil des Artikels in % = Mengenumsatz des Artikels laut Plan x 100 / Gesamtmengenumsatz laut Plan	X	X	X	

Abweichung vom Umsatzplan in % = Ist-Mengenumsatz des Artikels ./. Mengenumsatz x 100 Planmengenumsatz des Artikels	X	X	X	

Beispiel:

Artikel	Geplanter Mengen- umsatz	Ist- Mengen- umsatz	Abwei- chung in %
A	100	80	– 20 %
B	50	100	– 100 %
C	20	20	0

6.3 Wirtschaftlichkeit des Fuhrparks = Deckungsbeitrag in Euro des mit dem Fahrzeug getätigten Umsatzes Kosten des Fahrzeugs	X	X		
	X			

< 1, dann reicht Deckungsbeitrag nicht aus, die entspre-
chenden Fahrzeugkosten abzudecken
Auslastungsgrad (= 1, dann Optimum) =

Umsatz in kg oder Zeiteinheiten
(Stunden, Tage, Schichten)
Anzahl der Touren pro Zeiteinheit
x Ladekapazität des Fahrzeugs

6.4 Beurteilung von Außendienstmitarbeitern (AD)	X	X	X	

(je größer die Kennziffer, desto
günstiger die Relation)

Umsatz oder Deckungsbeitrag in Euro
pro AD und Zeiteinheit
Gesamtkosten des AD pro Zeiteinheit

Break-even-point des AD = Zuordenbare Kosten des AD % DB	X			
Grad der Lagerhaltung = Fertigfabrikate x 100 Umlaufvermögen	X	X	X	
Außenstandsdauer = Durchschnittlicher Bestand an Kundenforderungen x 360 Umsatz (Euro/Jahr)	X	X	X	

Abb. 83: Kennzahlenblatt für die Definition des RoI

	Kennzahlen-Definition
Titel	Return on Investment **(jahresbezogen)**
Anwendung	*Beurteilung der Rentabilität* Messung des „Periodenergebnisses" am durchschnittlich eingesetzten „Gesamtkapital": insbesondere zur Feststellung des Umfangs, in dem sich das Gesamtkapital (Eigen- und Fremdkapital) mit dem Periodenergebnis verzinst; insbesondere für den Vergleich mit der Eigenkapital-Rentabilität und der Gesamtkapital-Rentabilität
Formel	$= \dfrac{\text{Periodenergebnis x 100}}{\substack{\text{durchschnittlich eingesetztes}\\\text{Gesamtkapital}}} \times \dfrac{360}{\substack{\text{Beobachtungszeitraum}\\\text{(in Tagen)}}}$

Formel-inhalt	Zähler: **Periodenergebnis**
	    lt. *§ 275 (2) HGB* (Gesamtkostenverfahren)
	    lt. *§ 275 (3) HGB* (Umsatzkostenverfahren)
	
	Jahresüberschuss / Jahresfehlbetrag[1]
	(Posten 20 der GuV – Gesamtkostenverfahren
	(Posten 19 der GuV – Umsatzkostenverfahren)
	
	Nenner: **Durchschnittlich eingesetztes Gesamtkapital**
	    (=durchschnittlich eingesetztes Gesamtvermögen) lt. *§ 266 HGB*

Bilanzsumme
– ausstehende Einlagen auf das gezeichnete Kapital[2] (Aktivseite vor Anlagevermögen)
– aktivierte Aufwendungen für die Ingangsetzung und Erweiterung des Geschäftsbetriebes[3] (Aktivseite vor Anlagevermögen)
– passivisch ausgewiesene Wertberichtigungen[4]
+ erhaltene Anzahlungen auf Bestellungen[5]
= Gesamtkapital (= Gesamtvermögen)

Durchschnitt

$= \dfrac{\text{Anfangsbestand} + \text{Endbestand}}{2}$

Beobachtungszeitraum (in Tagen)

1 Jahr = 360 Tage
1 Monat = 30 Tage

| **Bemerkungen** | [1] Für Gesellschaften, die mit einer Obergesellschaft einen Gewinnabführungsvertrag geschlossen haben, gilt als Periodenergebnis auch der gemäß *§ 277 (3) HGB* ausgewiesene Betrag.
[2] vgl. dazu *§ 272 (1) HGB*
[3] vgl. dazu *§ 269 HGB*
[4] z. B. Sonderabschreibungen gemäß *§ 281 (1) HGB*
[5] sofern in der Bilanz von den Vorräten abgesetzt |

195

Abb. 84: Kennzahlen-Auswertungsblatt am Beispiel der Eigenkapitalquote

Bezeichnung	Eigenkapitalquote (Eigenkapitalanteil)	
Anwendung	Beurteilung des Eigenkapitalanteils am Gesamtkapital	
Zeitintervall	jährlich	
Formel	$\dfrac{\text{Eigenkapital} \times 100}{\text{Gesamtkapital}}$	
Formelinhalt	**Zähler:** gezeichnetes Kapital, Kapitalrücklagen, Gewinnrücklagen, Jahresüberschuss **Nenner:** Bilanzsumme	
Zahlenbeispiel	Vorjahr	Berichtsjahr
	$\dfrac{160.000 \times 100}{336.500} = 47,5\%$	$\dfrac{170.000 \times 100}{338.500} = 50,3\%$
Mögliche Ursachen der Abweichung	**Erhöhung:** – Vorjahresgewinn gestiegen – höherer Eigenkapitaleinsatz – Gesamtkapitalreduzierung **Verminderung:** – Verluste im Vorjahr – höheres Fremdkapital – zu geringer Bilanzgewinn	
Steuerungsmaßnahmen	– Zuführen von Eigenkapital – Prüfen, ob Verringerung des Fremdkapitals möglich ist	
Bemerkungen	**Allgemein:** Die Kennzahl kann keine präzise Aussage liefern, da das Eigenkapital sich z. B. bei Kapitalgesellschaften aus dem gezeichneten Kapital und den Rücklagen sowie den stillen Reserven zusammensetzt. Ungewiss ist auch, inwieweit Bewertungsschwankungen auf der Vermögensseite die Größe des Eigenkapitals beeinflusst haben. Je größer desto unabhängiger von Gläubigern und desto kreditwürdiger für Gläubiger, da großes Haftungskapital. Die Eigenkapitalquote ist (auch) von der Branche abhängig und beträgt nach offiziellen Statistiken zwischen 15 % und 30 %. An Stelle des EK-Anteils könnte auch der **Anspannungs-koeffizient (Anspannungsgrad)** errechnet werden. Er gibt das Verhältnis von Fremdkapital zum Gesamtkapital an.	

6.4.4 Beispiele für Kennzahlensysteme

Grundsätzlich besteht – wie Abbildung 85 zu entnehmen – die Möglichkeit, Kennzahlen zu einem System (auch als „Kennzahlenkombinationen" bezeichnet) zusammenzuführen.

Abb. 85: Beispiel zur Kennzahlenzerlegung

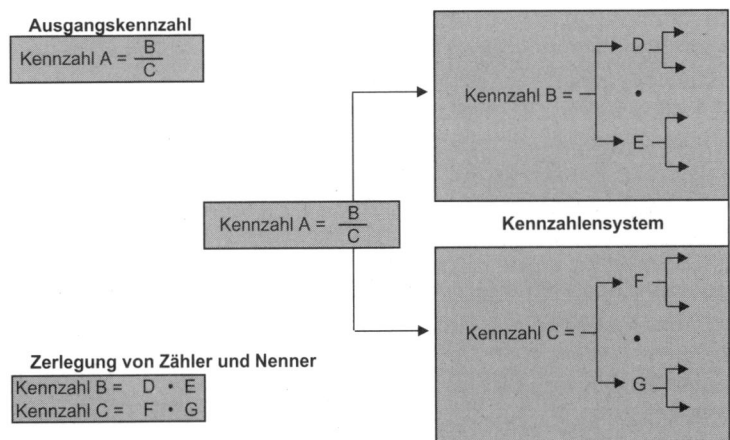

Mit Kennzahlensystemen, die in Großunternehmungen weit verbreitet sind, wird versucht, die betriebswirtschaftlichen **Interdependenzen von Einzelaussagen** deutlich zu machen, um so die Qualität der Gesamtaussage wesentlich zu erhöhen. Nach Meyer (1994, S. 42) umfassen betriebswirtschaftliche Kennzahlensysteme zwei oder mehr betriebswirtschaftliche Kennzahlen, die in rechentechnischer Verknüpfung oder in einem Sytematisierungszusammenhang zueinander stehen und die Informationen über einen oder mehrere betriebswirtschaftliche Tatbestände beinhalten. Man unterscheidet in Praxis und Theorie i.d.R. zwei Formen von Kennzahlensystemen:

- **Ordnungssysteme:** Sie teilen die Kennzahlen bestimmten Sachverhalten zu (z.B. Absatzbereich der Unternehmung) und erfassen hierdurch bestimmte Aspekte der Unternehmung.
- **Rechensysteme:** Sie beruhen auf der rechnerischen Zerlegung von Kennzahlen und haben die Struktur einer Pyramide.

Häufig in der Praxis vorfindbare Kennzahlensysteme sind das Du Pont-Kennzahlensystem, das ZVEI-Kennzahlensystem und das Rentabilitäts-Liquiditäts-Kennzahlensystem (kurz auch RL-Kennzahlensystem genannt).

6.4.4.1 Return on Investment-System (RoI) – Du-Pont-Kennzahlensystem

Das **Du-Pont-Kennzahlensystem** (vgl. Abbildung 86, auch 82 und 83) stellt, in Gestalt einer Kennzahlen-Pyramide, ein (logisch-deduktives) Rechensystem dar, das als Spitzenkennzahl den RoI (Return on Investment) verwendet. Es dient der Aufwands-, Ertrags-, Vermögens- und Kapitalanalyse. Dieses, bereits seit 1919 von der Chemiefirma **Du Pont de Nemours** angewandte Kennzahlensystem, bezieht sich nicht nur auf die Unternehmung als Ganzes, sondern hat eine weitaus größere Bedeutung erlangt, indem die Kennzahlen auch für einzelne Produktgruppen (Industrial Departments, Sparten, Divisions) ermittelt werden. Ganz allgemein kann der RoI als relativierter Gewinn aufgefasst werden, der mit Hilfe eines bestimmten Kapitaleinsatzes erzielt wird. Durch Erweiterung der RoI-Formel mit dem Umsatz im Zähler und im Nenner werden die eigenständigen Kennzahlen der **Umsatzrentabilität** (Umsatzgewinnrate) sowie der **Umschlagshäufigkeit des Gesamtkapitals** (Kapitalumschlag) gebildet. Grundsätzlich kann dieses bekannte „Du-Pont-System of Financial Control" zur betrieblichen Planung, Kontrolle und Steuerung herangezogen werden. Der Vorteil des Systems liegt zweifelsohne in seiner Anschaulichkeit.

Die Literatur kennt unterschiedliche Ausprägungen und Formen des Du-Pont-Systems bzw. RoI-Systems. Im Rahmen einer **externen Analyse**, bei der nur das Datenmaterial aus Bilanz und GuV zur Verfügung steht, muss die Aufspaltung des Gewinns auf Basis von Erträgen und Aufwendungen erfolgen. Bei **interner Analyse** auf der Grundlage einer Teilkostenrechnung ergibt sich der Gewinn aus Deckungsbeitrag minus fixe Kosten. Ferner ist das Rechnen mit kalkulatorischen Größen (Zusatz- und Anderskosten) möglich, und es können weitere Verfeinerungen, die auf spezielle Gegebenheiten des jeweiligen Betriebes abstellen, vorgenommen werden.

Abb. 86: Du-Pont-System bei Teilkostenrechnung

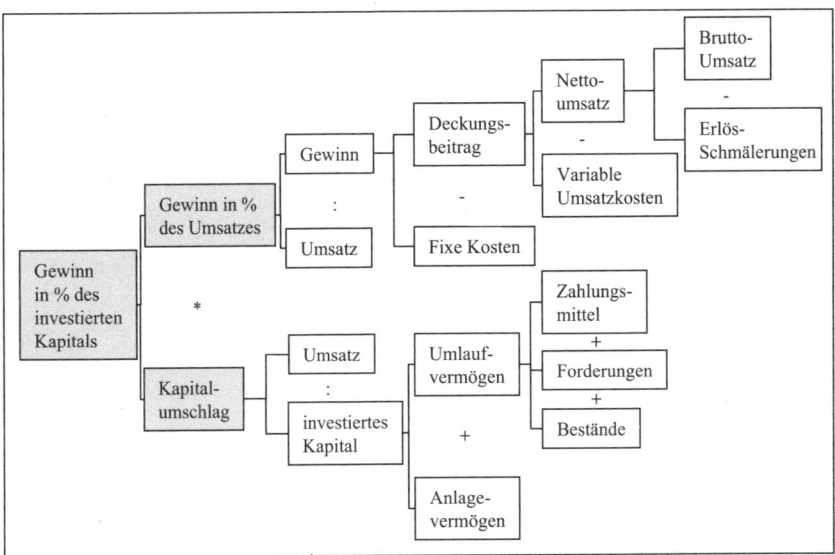

Abbildung 87 verdeutlicht beispielhaft die **Anwendung** dieses Systems in tabellarischer Form, wobei zu beachten ist, dass die Herstellkosten nicht auf die Produktion, sondern auf den Umsatz bezogen sind (vgl. Hering/Zeiner 1995, S. 206 ff.).

Abb. 87: Beispiel einer Du-Pont-Kennzahlenanalyse

	Jahr 01		Jahr 02	
Herstellkosten	338.393		349.474	
+ Vertriebskosten	49.259		50.867	
+ Verkaufskosten	35.219		36.334	
+ Verwaltungskosten	56.303		58.134	
= Selbstkosten	479.174		494.809	
– Umsatz	489.825		500.390	
= Gewinn (Umsatz – Selbstkosten)	10.615		5.581	
+ Zinsen	2.987		3.519	
= Gewinn + Zinsen	13.602		9.100	
: Umsatz	489.825		500.390	
Umsatzrentabilität	0,02777	0,02777	0,01819	0,01819
Umsatz		489.825		500.390
Vorräte	14.178		17.110	
+ Forderungen	13.896		16.843	
+ Liquide Mittel	4.120		3.490	
= Umlaufvermögen	32.194			
+ Anlagevermögen	35.711			
= Kapital	67.905			
Kapitalumschlag (Umsatz : Kapital)	7,2134	7,2134	6,398	6,398
RoI (Kapitalumschlag x Rentabilität)		20,04 %		11,64 %

6.4.4.2 Kennzahlensystem des Zentralverbandes der Elektrotechnik- und Elektronikindustrie e.V.

Das Kennzahlensystem des Zentralverbandes der Elektrotechnik- und Elektronikindustrie e.V. (ZVEI) ist ebenfalls als Pyramide konzipiert und vereinigt die Merkmale eines gemischten Rechen- und Ordnungssystems in sich (siehe Abbildung 88). Dieses System, erstmals 1969 vom ZVEI veröffentlicht, umfasst die Analysekategorien des Unternehmenswachstums und der Unternehmensstruktur und wird sowohl zur Unternehmensanalyse als auch als Planungsinstrument eingesetzt. Es handelt sich um ein sehr detailliertes und umfangreiches Kennzahlensystem (124 Kennzahlen, davon 88 mathematische Verknüpfungs- und Hilfsziffern!), dass sowohl der **Analyse im Zeit- und Betriebsvergleich** als auch der **Planung durch Schaffung geeigneter Zielgrößen** dienen soll. Im Jahre 1989 wurde es an die neuen Rechnungslegungsvorschriften des Bilanzrichtliniengesetzes angepasst und in Aufbau und Struktur verbessert. Das System erlaubt eine sehr differenzierte Aussage über das Betriebsgeschehen. Die praktische Arbeit mit dem ZVEI-System wird durch umfangreiche Unterlagen erleichtert. Jede Kennzahl des Systems (z. B. Kennzahl Nr. 100 Eigenkapital-Rentabilität, Kennzahl Nr. 103 Cash flow in % des Gesamtkapitals) ist auf einem Definitionsblatt mit folgenden Bestandteilen definiert: Kennzahlentitel, -anwendung, -formel und Formelinhalt im Zähler und Nenner (vgl. Horváth 1994, S. 567).

Das ZVEI-System zerfällt in zwei Analysekategorien Unternehmenswachstum und -struktur. Bei der **Wachstumsanalyse** werden absolute Zahlen verglichen (z. B. Auftragsbestand, Umsatzerlöse, Jahresüberschuss, Cash flow, Mitarbeiter). Hinter ihr steht demnach ein schnell durchzuführender Zeitvergleich (vgl. z. B. Hering/Zeiner 1995, S. 216 f.).

Bei der **Strukturanalyse** wird die Wirkung des Leverage-Effekts, die im Du-Pont-System außer Ansatz bleibt, mit einbezogen. Im Rahmen der Strukturanalyse wird als Spitzenkennzahl der Kennzahlenpyramide die **Eigenkapitalrentabilität** verwendet. Im weiteren wird die Unternehmung an Hand betriebswirtschaftlich relevanter Kennzahlengruppen analysiert, wobei die Rentabilität ausgehend vom RoI, die Ergebnisstruktur, die Kapitalstruktur und die Kapitalbindung die Analyseschwerpunkte bilden.

Abb. 88: Grundstruktur des ZVEI-Kennzahlensystems

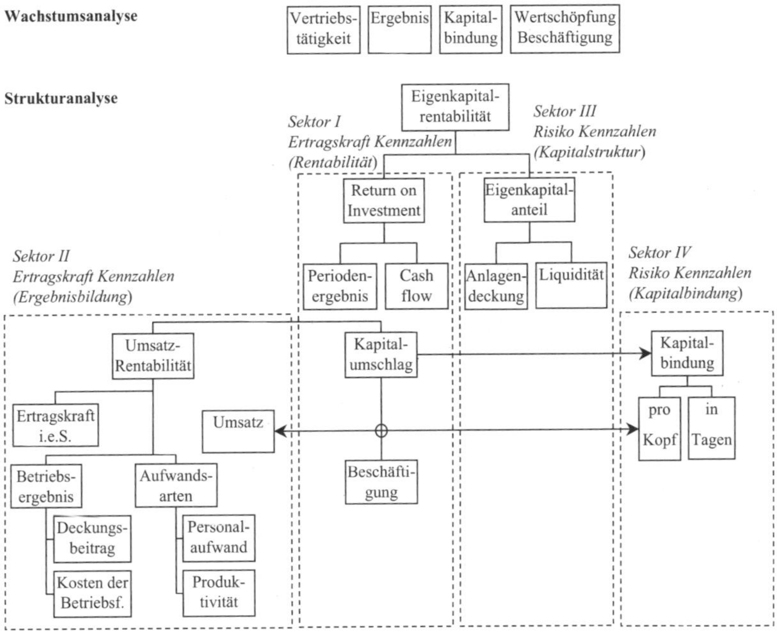

201

6.4.4.3 Rentabilitäts-Liquiditäts-Kennzahlensystem

Das Rentabilitäts-Liquiditäts(**RL**)**-Kennzahlensystem** ist ein Ordnungssystem, das gleichrangig den Erfolg (Rentabilitätsteil) und die Liquidität (Liquiditätsteil) als zentrale Kenngrößen betrachtet. Das von Reichmann und Lachnit entwickelte System umfasst 38 Kennzahlen, die in unterschiedlichen Zeitintervallen ermittelt werden. Das System findet Einsatz **primär als internes Planungs- und Kontrollinstrument.**

Es zerfällt in vier Teile, einen allgemeinen Teil mit Erfolgs- und Liquiditätszahlen zur laufenden Steuerung und einen Sonderteil, der ebenfalls in eine Erfolgs- und eine Liquiditätskomponente aufgespalten werden kann, in dem die speziellen Informationsbedürfnisse der Unternehmensleitung im Hinblick auf die jeweiligen Oberziele berücksichtigt werden. Allerdings eignet sich das System, vor allem in seiner erweiterten Fassung (RL-Bilanzkennzahlensystem und Controlling-Kennzahlensystem), auch für externe Analysezwecke (vgl. Reichmann 1993, S. 29 ff. und S. 51 ff.). Der Vorteil des RL-Kennzahlensystems liegt in der Gleichbehandlung von Rentabilität und Liquidität sowie in der relativ einfachen Anwendung.

6.5 Betriebsabrechnungsbogen

Zielsetzungen, Fragestellungen und Datenbasis:
Der sogenannte Betriebsabrechnungsbogen (BAB) ist mit der Zielsetzung verbunden, das Management auf übersichtliche Weise in Tabellenform mit Informationen über die in den **Kostenstellen bezüglich der einzelnen Kostenarten angefallenen Gemeinkosten zu versorgen** (Ein Beispiel für einen BAB ist in Abbildung 89 aufgeführt, Bea/Dichtl/Schweitzer 1991, S. 518 f.). Zugleich dient das in ihm erfasste Datenmaterial in verschiedener Hinsicht als Grundlage zur Gewinnung entscheidungsrelevanter Informationen. Das wird aus den folgenden **Aufgaben des BAB** deutlich:

„(1)   Die primären Gemeinkostenarten nach dem Verursachungsprinzip auf die Kostenstellen zu verteilen,

(2)   die Kosten der allgemeinen Kostenstellen auf nachgelagerte Kostenstellen umzulegen,

(3)   die Kosten der Hilfskostenstellen auf die Hauptkostenstellen umzulegen,

(4)   Kalkulationssätze für jede Kostenstelle durch Gegenüberstellung von Einzel- und Gemeinkosten für die Vor- und Nachkalkulation zu ermitteln,

(5)   Kostenstellenüberdeckungen und -unterdeckungen, die bei der Verwendung von Normalkostensätzen als Differenz zwischen verrechneten (Durchschnitts-) Kosten und entstandenen (Ist-) Kosten auftreten, festzustellen,

(6)   die Berechnung von Kennzahlen zur Kontrolle der Wirtschaftlichkeit der einzelnen Kostenstellen zu ermöglichen" (Wöhe 1996, S. 1283).

Als **Informationsbasis** zur Erstellung und Nutzung eines BAB wird benötigt:
- die Gliederung nach Kostenstellen und Kostenarten,
- die in den einzelnen Kostenstellen primär stattgefundenen Faktorverbräuche und deren Bewertung,
- Kenntnis des Systems der innerbetrieblichen Leistungsverflechtung sowie der mathematischen Verfahren zur Ermittlung der Kostenumlagen,
- die betreffenden Einzelkosten oder andere Bezugsgrößen zwecks Ermittlung der Kalkulations- bzw. Verrechnungssätze,
- Kenntnis der Kennzahlen zur Wirtschaftlichkeitskontrolle und ihrer Berechnungsmöglichkeiten.

Schilderung des Ablaufs:

Die Betriebsabrechnung wird in den folgenden **vier Schritten** vorgenommen (Arnold/Botta/Hoefener/Pech 1998, S. 298):
1. „Übernahme und Verteilung der Einzelkosten
2. Übernahme und Verteilung der primären Gemeinkosten
3. Verteilung der sekundären Gemeinkosten
4. Ermittlung der Gemeinkostenzuschläge".

Abb. 89: BAB

#	Konto Nr.	Bezeichnung	Zahlen der Kostenarten-rechnung	Allgemeine Kostenstellen 1 Wasserversorgung	Allgemeine Kostenstellen 2 Kraftzentrale	Fertigungshilfskostenstelle Lohnbüro	Materialkostenstelle Lager	I	II	III	Verwaltungskostenstelle	Vertriebskostenstelle
		1. Erfassung der primären Kostenstellenkosten										
1	432	Hilfslöhne	49.876	4.763	5.839	9.377	5.844	2.576	3.123	2.987	8.976	6.39
2	435	Gehälter	113.245	5.310	2.985	4.213	14.390	5.289	4.890	6.055	45.825	24.28
3	438	Gesetzliche Sozialleistungen	16.397	1.017	891	1.379	2.070	784	809	935	5.434	3.07
4	412	Hilfs- und Betriebsstoffe	7.318	783	956	1.038	819	843	918	966	195	80
5	413	Werkzeuge und Geräte	14.645	1.485	1.691	843	748	2.473	3.504	1.976	412	1.51
6	450	Instandhaltung	5.380	512	648	876	173	879	213	1.348	310	42
7	420	Heiz-, Brennstoffe, Energie	29.456	–	20.718	–	505	–	–	–	2.885	5.34
8	460	Steuern, Gebühren, Versicherungen	23.609	783	211	–	924	1.205	735	1.878	10.925	6.94
9	490	Verschiedene Gemeinkosten	19.972	1.815	2.079	3.128	1.695	1.416	2.347	1.208	3.465	2.81
10	481	Kalkulatorische Abschreibungen	65.800	5.800	8.500	6.000	4.900	10.500	13.800	6.200	5.500	4.60
11	482	Kalkulatorische Zinsen	46.370	3.980	6.105	4.280	2.990	8.455	5.395	4.435	6.750	3.98
12		Summe der primären Kostenstellenkosten	392.068	26.248	50.623	31.134	35.058	34.420	35.734	27.988	90.677	60.18
		2. Verteilung der sekundären Kostenstellenkosten										
13		Umlage Allgemeine Hilfskostenstelle 1		./.26.248	3.058	2.819	1.758	3.764	6.317	3.672	1.548	3.3
14		Umlage Allgemeine Hilfskostenstelle 2			./.53.679	4.957	3.148	12.613	19.224	7.568	4.052	2.1
15		Umlage Fertigungshilfskostenstelle				./.38.910	–	11.456	18.961	8.493	–	
16		Gesamtkosten der Hauptkostenstellen	392.068	–	–	–	39.964	62.253	80.236	47.721	96.277	65.6
		3. Bildung von Kalkulationszuschlagsätzen										
17		Zuschlagsbasis Materialeinzelkosten	320.480				320.480					
18		Zuschlagsbasis Fertigungslöhne	228.019					95.568	86.433	46.018		
19		Zuschlagsbasis Herstellkosten									778.673	778.6
20		Kalkulationszuschlagssätze					12,47%	65,14%	92,83%	103,7%	12,3642%	8,4268

204

Beispiel zur Problematik der Nutzbarkeit des BAB als Steuerungsinstrument:

Im folgenden soll auf das BAB-Beispiel (siehe obige Abbildung 89) näher Bezug genommen werden. Nach einem knappen Überblick über wichtige Zusammenhänge soll die Problematik der Nutzung von BAB-Informationen für die Selbstkostenkalkulation der Kostenträger einer problemorientierten Erörterung unterzogen werden. Im BAB sind in den Zeilen die (Gemein-) Kostenarten, in den Spalten die Kostenstellen aufgeführt. Die Kostenstellen werden weiter unterteilt in Haupt- und Hilfskostenstellen. Zu den Hauptkostenstellen zählen das Materiallager, die drei Fertigungshauptkostenstellen (FKS) I, II und III sowie die Verwaltungs- und die Vertriebskostenstelle. Die Hilfskostenstellen bestehen aus den beiden Allgemeinen Kostenstellen Wasserversorgung und Kraftzentrale sowie aus der Fertigungshilfskostenstelle (Lohnbüro). In den Zeilen 1–11 werden die primären Kostenarten so erfasst, wie sie ursprünglich in den einzelnen Kostenstellen anfallen (als „primäre Kostenstellenkosten"). Zeile 12 enthält für die einzelnen Kostenstellen jeweils die Summe der primären Kostenstellenkosten. Nun kann die schrittweise Umlage der Kosten der Allgemeinen Kostenstellen und der Fertigungshilfskostenstelle auf die Hauptkostenstellen erfolgen (Verteilung der sekundären Kostenstellenkosten). Diese Umlage wird nach Maßgabe der innerbetrieblichen Leistungsverflechtung vorgenommen, auf die hier jedoch nicht näher eingegangen werden soll (vgl. Zeilen 13–15). Der interessierte Leser findet dazu z. B. nähere Informationen in: Zdrowomyslaw 2001a, S. 312 ff. oder in: Zdrowomyslaw u. a. 1998, S. 46 ff. und S. 213 ff. Im Ergebnis dessen konzentrieren sich nunmehr sämtliche Kosten auf die Hauptkostenstellen (vgl. Zeile 16). Eines der wichtigsten mit Unterstützung des BAB zu lösenden Probleme ist die Aufschlüsselung (Umlage) der Gemeinkosten auf die Kostenträger. Die Zuordnung der Gemeinkosten einer Kostenstelle zu den Kostenträgern sollte, wenn sie „plausibel" sein soll, nach Maßgabe der Inanspruchnahme der Leistungen der Kostenstelle durch die einzelnen Kostenträger erfolgen.

Da sich aber eine solche Inanspruchnahme vielfach nicht direkt nachweisen und damit auch nicht messen lässt, muss von Annahmen ausgegangen werden, bei deren Zugrundelegung zumindest indirekt auf einen entsprechenden Zusammenhang geschlossen werden kann. Zur Problemlösung sind im Laufe der Zeit unterschiedliche Ansätze entwickelt worden, die im Folgenden kurz erörtert werden sollen.

Beim Verfahren der **klassischen Zuschlagskalkulation** wird von dem Grundgedanken ausgegangen, dass die Gemeinkosten einer Kostenstelle proportional zur Inanspruchnahme einer bestimmten auf die betreffende Kostenstelle bezogenen Einzelkostenart oder einer anderen „Kostengesamtheit" auf die Kostenträger zu verteilen sind. Diese Einzelkostenarten oder die betreffende Kostengesamtheit fungieren dann als „Bezugsgrößen" der Gemeinkostenverrechnung auf die Kostenträger. Solche Bezugsgrößen sind: die Materialeinzelkosten (Fertigungsmaterial) für die Verrechnung der Gemeinkosten der Materialkostenstelle, die Lohneinzelkosten (Fertigungslöhne) für die Umlage der Fertigungsgemeinkosten und die Herstellkosten (als Kostengesamtheit, bestehend aus der Summe sämtlicher Material- und Fertigungskosten) für die Zurechnung der Verwaltungs- und Vertriebskosten auf die Kostenträger. Rechnerisch wird diese Vorgehensweise durch die Bildung so genannter **Kalkulationszuschlagssätze** realisiert. Ein Kalkulationszuschlagssatz entsteht durch Division der Gemeinkosten einer Kostenstelle durch die entsprechende Bezugsgröße und kann durch Multiplikation mit 100 % auch in Prozent angegeben werden. Für die Fertigungshauptkostenstelle I (FKS I) ergibt sich in dem obigen BAB z. B. ein Zuschlagssatz z von:

$$z = \frac{\text{Fertigungsgemeinkosten FKS I}}{\text{Fertigungslöhne FKS I}} = \frac{62.253}{95.568} = 0,6514 \text{ oder } 65,14\%.$$

Beansprucht nun ein bestimmter Kostenträger in FKS I beispielsweise Fertigungslöhne in Höhe von 48.000 GE, so erhält man durch Multiplikation mit oben ermitteltem Kalkulationssatz die ihm zuzurechnenden Gemeinkosten in Höhe von 31.267,20 GE. Auf diese Weise kann im Rahmen der Selbstkostenkalkulation eine Verrechnung der Gemeinkosten der Kostenstellen auf die Kostenträger vorgenommen werden (vgl. Abbildung 90). Eine solche Vorgehensweise ist jedoch grundsätzlich als **problematisch** zu beurteilen. Zwar trifft der dabei unterstellte Zusammenhang für eine Welt zu, in der in der Fertigung der Grundsatz „Ein Mann eine Maschine" gilt, d. h. in der sich die maschinenabhängigen Gemeinkosten annähernd proportional zur Anzahl der Mitarbeiter und damit zu den Fertigungslöhne verhalten (wie das etwa in den zwanziger Jahren des vorigen Jahrhunderts der Fall war). In den letzten Jahrzehnten jedoch vollzog sich besonders im modernen Maschinen- und Anlagenbau im Zuge der Automatisierung und integrierten Informationsverarbeitung ein starkes Anwachsen der maschinenabhängigen Gemeinkosten bei gleichzeitiger Freisetzung von Arbeitskräften in der Fertigung. Daraus resultieren für Fertigungskostenstellen einerseits häufig Kalkulationszuschlagssätze von 1.000 % und mehr. Andererseits wird dadurch kein reales Bild mehr über die Inanspruchnahme der Maschinenkapazitäten und damit der maschinenabhängigen Gemeinkosten durch die Kostenträger vermittelt, denn die „lohnintensiven" Kostenträger sind in Wirklichkeit weniger „maschinenintensiv" und umgekehrt. Somit kommt es zu einer verzerrten Zurechnung der Fertigungsgemeinkosten auf die Kostenträger, was zu Fehleinschätzungen durch das Management und infolge dessen zu **Fehlsteuerungen** im Unternehmen führt.

Dieses Problem kann überwunden werden, indem in den Fertigungskostenstellen statt der Fertigungslöhne die durch die Kostenträger beanspruchten **Maschinenstunden** als Bezugsgröße gewählt werden. Die Division der Gemeinkosten einer Kostenstelle durch die Anzahl der in dieser Kostenstelle geleisteten Maschinenstunden ergibt den **Maschinenstundenverrechnungssatz**. Werden dann die von einem Kostenträger in Anspruch genommenen Maschinenstunden mit dem Maschinenstundenverrechnungssatz multipliziert, so ergeben sich die diesem Kostenträger zuzurechnenden Fertigungsgemeinkosten. Über die Verwendung von Maschinenstundensätzen sind demzufolge die maschinenabhängigen Gemeinkosten (und damit häufig der größte Anteil der Gemeinkosten einer Fertigungskostenstelle) weitgehend verursachungsgerecht den Kostenträgern zurechenbar.

Ein lange Zeit ungelöstes Problem betrifft die Umlage der Gemeinkosten der indirekten Bereiche (Verwaltung, Planung und Steuerung, Vertrieb et cetera) auf die Kostenträger. Die Verwendung von Kalkulationszuschlagssätzen mit den Herstellkosten als Basis liefert in der Regel kein adäquates Bild von der wirklichen Inanspruchnahme von Produktionsfaktoren dieser Bereiche durch die Kostenträger. Zum Beispiel kann ein erhöhter Planungs-, Rechen- und -Steuerungsaufwand, den ein komplexeres Produkt im Bereich Produktionsplanung und -steuerung verursacht, nicht mit Hilfe eines Kalkulationssatzes berücksichtigt werden, der die Herstellkosten als Bezugsgröße verwendet (weil ja die im Fertigungs- und Materialbereich angesiedelten Herstellkosten in keinerlei ursächlichem Zusammenhang zur Faktorbeanspruchung der indirekten Bereiche stehen).

Als **Problemlösung** bieten sich hier Informationen an, die mit Hilfe der **Prozesskostenrechnung** gewonnen werden können (vgl. 5.8.2 und Zdrowomyslaw 2001a, S. 333 ff.). Wird also im Zusammenhang mit der Erarbeitung und Nutzung des BAB bei der Selbstkostenkalkulation auf Maschinenstundensatz- und Prozesskostenrechnung zurückgegriffen, kann ein großer Teil der Gemeinkosten weitgehend verursachungsgerecht zugeordnet werden. Nur noch die „Rest"-Gemeinkosten sind dann unter Zugrundelegung herkömmlicher Zuschlagsrechnungen umzulegen. Somit kann zusammenfassend festgestellt werden, dass der BAB in Kombination mit modernen Instrumenten der Kostenkalkulation ein wertvolles Instrument zur Steuerung von Wertschöpfungsprozessen im Unternehmen darstellt.

Abb. 90: Schema der Selbstkostenkalkulation – Verrechnung der Gemeinkosten auf die Kostenträger

| Kostenstellen und Kostenarten | | Kostenträger (KT) | | | |
| | | KT 1 (10 Stück) | | KT 2 (100 Stück) | |
		GE Gesamt	GE pro Stück	GE gesamt	GE pro Stück
Materialkosten-stelle	Materialeinzel-kosten	**110.000**	11.000	**210.480**	2.104,8
	Materialgemein-kosten	13.717	1.371,7	26.246,8	262,47
	Materialkosten*	123.717	12.371,7	236.726,8	2.367,27
FKS I	Fertigungs-Löhne I	**48.000**	4.800,0	**47.568**	475,68
	Fertigungs-Gemeinkosten I	31.267,2	3.126,72	30.985,8	309,86
	Fertigungs-Kosten I*	79.267,2	7.926,72	78.553,8	785,54
FKS II	Fertigungs-Löhne II	**42.000**	4.200	**44.443**	444,33
	Fertigungs-Gemeinkosten II	38.988,6	3.898,86	41.247,2	412,47
	Fertigungs-Kosten II*	80.988,6	8.098,86	85.680,2	856,80
FKS III	Fertigungs-Löhne III	**18.000**	1.800	**28.018**	280,18
	Fertigungs-Gemeinkosten III	18.666	1.866,6	29.054,7	290,55
	Fertigungs-kosten III*	36.666	3.666,6	57.072,7	570,73
Materialkosten-stelle + FKS I–III	Herstellkosten Summe der Positionen*	320.638,8	32.063,88	458.033,5	4.580,34
Verwaltungs-kostenstelle	Verwaltungs-kosten	39.644,4	3.964,44	56.632,2	566,32
Vertriebs-kostenstelle	Vertriebskosten	27.019,6	2.701,96	38.597,6	385,98
Summe	**Selbstkosten**	**387.302,8**	**38.730,28**	**553.263,3**	**5.532,63**

6.6 Kurzfristige Erfolgsrechnung

Zielsetzungen, Fragestellungen und Datenbasis:
Die **Kurzfristige Erfolgsrechnung** (vgl. Zdrowomyslaw 2001a, S. 437 ff., Vollmuth 1994, S. 113 ff.) – auch KER genannt oder gelegentlich auch als BWA (Bertriebswirtschaftliche Auswertungen) bezeichnet –, ist in der Praxis ein sehr verbreitetes Führungsinstrument (siehe diesbezüglich z. B. die Musterauswertungen der DATEV). Nach Vollmuth (1999, S. 133) ist sie „eines der wichtigsten Steuerungsinstrumente für die Unternehmensleitung und die Führungskräfte." Es handelt sich um ein Rechenwerk, das die Verbindung der Kostendaten mit den Leistungswerten ermöglicht und mit dem das bzw. ein Betriebsergebnis ermittelt wird (vgl. Bussiek 1994, S. 175, Vollmuth 1994a, S. 98). Das Rechenwerk ist eben keine Kostenträgerstück- (Kalkulation), sondern eine Kostenträgerzeitrechnung –

sprich eine **Periodenbetrachtung**. Die KER hat eine gewisse Nähe zur RoI-Berechnung und zur Deckungsbeitragsrechnung, da unter Verwendung der Deckungsbeitragsrechnung den Umsatzerlösen die variablen und fixen Kosten gegenübergestellt werden, um das Betriebsergebnis einer Abrechnungsperiode zu ermitteln.

Schilderung des Ablaufs:
Kennzeichen des Aufbaus und des Ablaufs der KER sind:

- Die KER orientiert sich in ihrem Aufbau am Jahresabschluss (vgl. Zdrowomyslaw 2001); allerdings **basiert** das Rechenwerk nicht auf Aufwendungen und Erträgen, sondern auf **Kosten und Leistungen (Erlösen)**. Kalkulatorische Kostenansätze (z. B. kalkulatorische Abschreibungen) und nicht bilanzielle Ansätze kommen zur Verrechnung.
- Im Gegensatz zum Jahresabschluss muss die KER – wie der Name schon sagt – in **kürzeren Abständen** erfolgen. Je nachdem, welche weiteren Ergebnisrechnungen durchgeführt werden, bietet sich dazu ein Zeitraum von einem Viertel Jahr – noch besser von einem Monat – an.
- Um einen besseren Einblick in die Kosten- und Leistungsstruktur eines Unternehmens zu erhalten, sollten **Kostenträgergruppierungen** vorgenommen werden. Die Aufteilung der Umsatzerlöse in Produktgruppen, Verkaufsgebiete und Kundengruppen erlaubt eine genauere Analyse der Umsätze und Kosten und gewährt einen besseren Einblick in die Ertragskraft von Unternehmen. Diese Art der KER wird vielfach auch als **Artikelergebnisrechnung** bezeichnet (vgl. Zdrowomyslaw 2001a).
- Grundsätzlich kann das Betriebsergebnis nach dem Gesamt- oder dem Umsatzkostenverfahren ermittelt werden. Beim **Gesamtkostenverfahren** werden den in der Abrechnungsperiode erstellten Leistungen aus den Umsatzerlösen zuzüglich Bestandserhöhungen (abzüglich Bestandsminderungen) an fertigen und unfertigen Erzeugnissen zuzüglich aktivierter Eigenleistungen, bewertet zu Herstellkosten, die **gesamten** Kosten der Periode gegenübergestellt. Beim **Umsatzkostenverfahren** werden die Umsatzerlöse nicht den Gesamtkosten der Abrechnungsperiode, sondern den Selbstkosten der **abgesetzten** Leistungen gegenübergestellt.

Beispiel:
Abbildung 91 zeigt beispielhaft den Aufbau einer Kurzfristigen Erfolgsrechnung (vgl. Vollmuth 1999, S. 13 ff.).

Abb. 91: Aufbau der Kurzfristigen Erfolgsrechnung (Umsatzkostenverfahren)

Kurzfristige Erfolgsrechnung (KER)			Produktgruppe 1			
			Monat		Kumuliert	
			TEuro	%	TEuro	%
1.	**Brutto-Umsatzerlöse**					
2.	Erlösschmälerungen					
3.	**Netto-Umsatzerlöse**	(1–2)		100		100
4.	Fertigungsmaterial					
5.	Fertigungslöhne					
6.	Strom					
7.	Frachten					
8.	Verpackungen					
9.	Provision					
10.	Fremdleistungen					
11.	Hilfsstoffe					
12.	Bestandsveränderungen					
13.	Summe der variablen Kosten	(4 bis 12)				
14.	**Deckungsbeitrag 1**	(3 bis 13)				
15.	Marketing und Vertrieb					
16.	Produktion					
17.	Materialwirtschaft					
18.	Summe der speziellen Fixkosten	(15 bis 17)				
19.	**Deckungsbeitrag 2**	(14–18)				
20.	Unternehmensleitung					
21.	Finanz- und Rechnungswesen					
22.	Personalwesen					
23.	Controlling					
24.	Allgemeine Verwaltung					
25.	Summe der allgemeinen fixen Kosten	(20 bis 24)				
26.	**Betriebsergebnis**	(19–25)				
27.	Neutrale Erträge					
28.	Neutrale Aufwendungen					
29.	Neutrales Ergebnis	(27–28)				
30.	**Unternehmensergebnis**	(26+29)				

6.7 Break-Even-Analyse

Zielsetzungen, Fragestellungen und Datenbasis:
Die Break-Even-Analyse (Synonyme: Gewinnschwellen-, Nutzenschwellenanalyse, Untersuchung des Toten Punktes) wird angewendet, wenn es darauf ankommt, mit Hilfe eines einfachen Verfahrens Schlüsse aus einer **Zusammenführung wesentlicher betriebswirtschaftlicher Informationen** (Absatzmenge, Verkaufspreis, Fixkosten und variable Stückkosten) zu ziehen. Inwieweit beispielsweise die Erreichung eines bestimmten Gewinns möglich ist, kann mit Hilfe dieses Verfahrens festgestellt werden.

Für das Management eines Unternehmens kann etwa bei neuen Produkten die Frage relevant sein, ab welcher Absatzmenge angestrebte Gewinnziele realisiert werden können. Die Break-Even-Analyse findet so bei der Fundierung von **Neuproduktentscheidungen** Verwendung. Ein neues Produkt gilt als empfehlenswert, wenn die, zumeist durch die Marktforschung ermittelte, erwartete Absatzmenge nicht kleiner ist als die Break-Even-Absatzmenge, d. h. die Gewinnschwelle erreicht wird.

Typische weitere **Anwendungsfragen** der Gewinnschwellen-Analyse sind:
- Wie beeinflussen Änderungen in der Kostenstruktur den Break-Even-Punkt?
- Wie wirken Verkaufspreisänderungen auf den Toten Punkt?
- Inwieweit beeinflussen Verkaufspreis- und Mengenänderungen den Gewinn?
- Wie wirken Verfahrensänderungen (die z. B. zu höheren Fixkosten und niedrigeren variablen Stückkosten führen) auf die Nutzenschwelle bzw. den Gewinn?

Darüber hinausgehende Fragen können durch **Kostenvergleiche** in ähnlicher Art und Weise wie mit der Break-Even-Analyse geklärt werden:
- Ab welchem Umsatz lohnt es sich freie Handelsvertreter durch angestellte Reisende mit fixen Gehaltsbestandteilen zu ersetzen?
- Ist es sinnvoll, eine ältere durch eine neuere Maschine mit zumeist höheren Fixkosten abzulösen?
- Ab welchem Punkt lohnt es sich, ein älteres Produktionsverfahren durch ein technologisch fortgeschritteneres mit in der Regel höheren fixen Kosten zu ersetzen?

Als **Datenbasis** zur Realisierung einer Break-Even-Analyse müssen folgende Informationen vorhanden sein:
- Erkenntnisobjekte (z. B. verschiedene neue Produktvarianten),
- Umsatzerlöse (erwartete Verkaufspreise und Absatzmengen),
- fixe Kosten und
- variable Kosten (variable Stückkosten und Absatzmengen)

Die Nutzenschwellen-Analyse beruht – wie Abbildung 92 zu entnehmen – auf Teilkosteninformationen, nämlich auf der Unterscheidung zwischen fixen und variablen Kosten. Erstgenannte fallen für die vorhandene Kapazität auch an, wenn nichts produziert wird. Deshalb lassen sie sich auch als Stillstandskosten oder als Kosten der Betriebs- bzw. Produktionsbereitschaft bezeichnen. Variable Kosten hingegen entstehen erst mit der Aufnahme der Produktion. Sie verändern sich mit der hergestellten Menge.

Schilderung des Ablaufs:

Mit der Untersuchung des Toten Punktes werden die Absatzmenge und die dazugehörigen Umsatzerlöse ermittelt, bei denen die mengenabhängigen (variablen) Kosten und die mengen**un**abhängigen (fixen) Kosten gedeckt sind. Während sich ein Unternehmen vorher in der **Verlustzone** befindet, wird nach dem Break-Even-Point Gewinn erzielt und damit die **Gewinnzone** erreicht. Der Break-Even-Umsatz wird durch Multiplikation der Break-Even-Absatzmenge mit dem Stückerlös bzw. dem Verkaufspreis errechnet. Das Gewinnmaximum wird an der Kapazitätsgrenze erreicht. Es kann nicht mehr produziert werden. Hier ist der Abstand zwischen den Umsatzerlösen und den Gesamtkosten am größten.

Abb. 92: Break-Even-Analyse

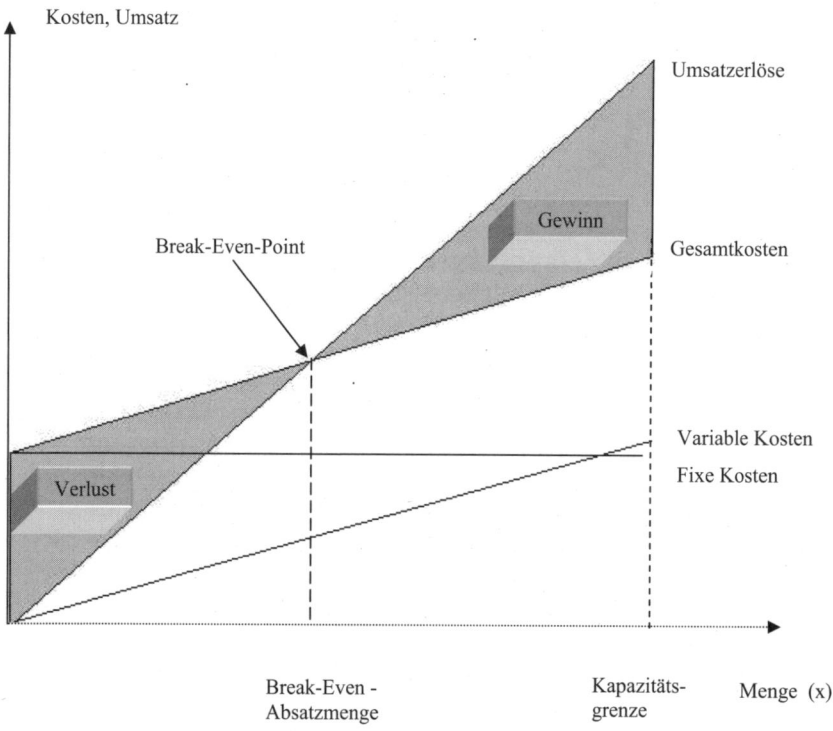

Formal wird vom Toten Punkt aus das Lot auf die Mengenachse gefällt, um zum **Break-Even-Absatz** zu kommen. Diese Absatzmenge wird mit folgender Formel ermittelt:

$$\text{Break-Even-Absatzmenge} = \frac{\text{Fixkosten der Periode}}{\text{Stückerlös} - \text{variable Stückkosten}}$$

Kritisch ist anzumerken, dass mit der Break-Even-Analyse nicht geklärt wird, wann die Nutzenschwelle erreicht wird. Eine zeitliche Einschätzung unterbleibt also. Zur Klärung der Frage des Zeitpunktes des Erreichens der Gewinnschwelle können ergänzend Verfahren der Investitionsrechnung (siehe Abschnitt 5.9) eingesetzt werden. Außerdem kann die Marktforschung versuchen in Erfahrung zu bringen, mit welchen Kaufwahrscheinlichkeiten seitens der Kundschaft zu rechnen ist.

Die Gewinnschwellen-Analyse beruht – über diese skeptische Anmerkung hinaus – auf einigen Voraussetzungen bzw. **Prämissen.** So wird davon ausgegangen, dass nur ein Produkt hergestellt wird. Außerdem wird angenommen, dass Kosten, Verkaufspreise und Kapazitäten bekannt sind. Die Preise, die variablen Stückkosten und die Fixkosten werden dabei als mengenunabhängig unterstellt. Weiterhin wird davon ausgegangen, dass produzierte und abgesetzte Menge übereinstimmen, und demnach keine Lagerhaltung berücksichtigt werden muss.

Es lässt sich folgendes **Fazit** ziehen: Trotz dieser – zum Teil realitätsfernen – Annahmen **veranschaulicht die Break-Even-Analyse wichtige ökonomische Grundsachverhalte im Gesamtzusammenhang.** Es liegt ein zwar grobes, jedoch leicht handhabbares Controlling-Instrument vor, mit dem eine Vielzahl von Fragestellungen beantwortet werden kann (vgl. Reichmann 1993, S. 83 ff.; Preißner 1999, S. 73 ff.).

Beispiel:
Ein Automobilhersteller plant einen neuen Mittelklasse-PKW mit einem Verkaufspreis von 20.000 Euro. Dabei werden variable Stückkosten pro Kraftfahrzeug von 15.000 Euro kalkuliert. Außerdem wird für neue Produktionsanlagen von einem Fixkostenblock von 500.000.000 Euro ausgegangen. Die Geschäftsleitung geht auf Basis von Marktforschungsuntersuchungen davon aus, dass von diesem Typ mindestens 200.000 Stück verkauft werden können.

Folgende Fragen sind zu klären:
a) Wieviel Autos muss der Produzent herstellen, um in die Gewinnzone zu kommen?
b) Welcher Umsatz wird am Break-Even-Point erreicht?
c) Soll der neue Autotyp eingeführt werden?
d) Welche Kosten, Umsatzerlöse und welcher Gewinn entsteht, wenn 200.000 Stück verkauft werden?

Lösungen:
a) Break-Even-Absatzmenge $\quad = \quad \dfrac{\text{Fixkosten der Periode}}{\text{Stückerlös} - \text{variable Stückkosten}}$

$$= \quad \frac{500.000.000}{20.000 - 15.000}$$

$$= \quad 100.000 \text{ Stück}$$

b)   Break-Even-Umsatz = 100.000 Stück x 20.000 Euro = 2 Mrd. Euro

c)   c) Das neue Auto sollte eingeführt werden, da die Gewinnschwelle schon bei 100.000 Stück erreicht wird, aber 200.000 Stück abgesetzt werden können.

d)   Kosten = 500.000.000 Euro + 200.000 Stück x 15.000 Euro = 3,5 Mrd. Euro
     Umsatzerlöse = 200.000 Stück x 20.000 Euro = 4 Mrd. Euro
     Gewinn = 4 Mrd. Euro – 3,5 Mrd. Euro = 500.000.000 Euro

Checkliste zum Vorgehen:
1.   Verkaufspreise, Absatzmengen und Umsatz ermitteln.
2.   Fixkostenblock, variable und gesamte Kosten abschätzen.
3.   Break-Even-Absatzmenge ermitteln.
4.   Entscheidung (z. B. über Produktneueinführung) fällen.

6.8 Deckungsbeitragsrechnung

Da in der Marktwirtschaft die Preisbildung durch den Ausgleich zwischen Angebot und Nachfrage erfolgt, gilt der Preis als eine von außen, d.h. vom Absatzmarkt vorgegebene Größe. Einen Preis zu „machen", d.h. ihn auf Basis der internen Kostensituation zu kalkulieren, ist unter marktwirtschaftlichen Bedingungen zunehmend schwerer. Dadurch tritt das klassische Instrumentarium der Kostenrechnung mit dem Schwerpunkt der Kalkulation (Kostenträgerstückrechnung) in der Bedeutung hinter eine Rechnungsform zurück, mit der die **„Auskömmlichkeit"** der auf Basis der Preise erzielten Absatzmengen und damit der Umsätze für ein Unternehmen **geprüft** wird. Bei dieser Rechnung handelt es sich um die sogenannte **Deckungsbeitragsrechnung**. Mit ihrer Hilfe können eine Vielzahl von Managementaufgaben gelöst werden. (Vgl. hierzu Witt 1991.)

Die Deckungsbeitragsrechnung beruht auf einer **Teilkosten- und einer Erlösrechnung**. Als wesentliche Teilkostenrechnungssysteme kommen die auch als „Direct Costing" bezeichnete Grenz(plan)kostenrechnung (vgl. hierzu Kilger 1993) und die Relative Einzelkostenrechnung in Betracht. Erstgenannte basiert auf dem zuvor bei der Break-Even-Analyse aufgezeigten Unterschied zwischen fixen und variablen Kosten.

Die sogenannte Relative Einzelkostenrechnung wurde von Paul Riebel entwickelt. Sie versucht Bezugsobjekten in entsprechenden Hierarchien nur die sie jeweils betreffenden Einzelkosten zuzuordnen (vgl. hierzu Riebel 1994). Dieser Ansatz wird hier nicht weiter verfolgt, da er wegen seiner Komplexität nach allgemein herrschender Einschätzung in der Praxis keine große Verbreitung besitzt.

6.8.1 Einstufige Deckungsbeitragsrechnung

Zielsetzungen, Fragestellungen und Datenbasis:
Die einstufige Deckungsbeitragsrechnung gilt als Grundform dieses Verfahrens. Sie wird als kurzfristige Erfolgsrechnung (Kostenträgerzeitrechnung, siehe Abschnitt 6.6) verwendet und dient damit der **unterjährigen, kurzfristigen Steuerung** des Unternehmens. In der Industrie wird sie zumeist monatlich erzeugt, um daraus Förderungswürdigkeiten von Bezugsobjekten (z. B. Produkte) abzuleiten. Da sie systematisch Markt- (Absatz, Verkaufspreise und Umsatzerlöse) und Unternehmensinformationen (variable und fixe Kosten) miteinander verknüpft, stellt sie **das marktorientierte, kaufmännische Feinsteuerungsinstrument** überhaupt dar!

Durch die Gegenüberstellung von Erlösen und variablen Kosten entstehen Deckungsbeiträge. Ihre Bezeichnung ist darauf zurückzuführen, dass sie einen **Beitrag zur Deckung des verbleibenden Fixkostenblocks und zur Erzielung des Betriebsergebnisses** leisten. Die Deckungsbeitragsrechnung sollte nach den wesentlichen Erkenntnisobjekten eines Unternehmens ausgewertet werden können. Dies können zum Beispiel
- Produkte und Produktgruppen,
- Kunden und Kundengruppen,
- Aufträge und Auftragsgruppen,
- Absatzkanäle sowie
- Außendienstmitarbeiter und Vertriebsbezirke

sein. Alle wesentlichen, zu verknüpfenden Informationen sind für solche Erkenntniszwecke bei der Fakturierung in der Rechnung zu erfassen.

Typische **Fragestellungen**, die mit der einstufigen Deckungsbeitragsrechnung beantwortet werden können, sind:
- Welche Erfolge erzielen Product- oder Key-Account-Manager bei der Betreuung ihrer Produkte bzw. der für das Unternehmen besonders wichtigen Kunden?
- Welche Produkte sind aus dem Sortiment zu nehmen?
- Welche Produktgruppen sollen mit dem Marketing-Mix besonders gefördert werden?
- Welche Kunden(gruppen) und Absatzkanäle sind für unser Unternehmen besonders interessant?
- Welche Entlohnung sollten Außendienstmitarbeiter für die Erfolge in den von ihnen betreuten Gebieten erhalten?

Als **Datenbasis** zur Realisierung einer einstufigen Deckungsbeitragsrechnung müssen folgende Informationen vorhanden sein:
- Erkenntnisobjekte (z. B. Produkte, Kundengruppen, Regionen),
- Umsatzerlöse (Verkaufspreise und Absatzmengen),
- der fixe Kostenblock und
- variable Kosten (variable Stückkosten und Absatzmengen).

Erläuterung des Ablaufs:

Mit Hilfe der **einstufigen Deckungsbeitragsrechnung** (siehe hierzu Abbildung 93) wird im ersten Schritt durch Subtraktion der variablen Kosten von den Umsatzerlösen der Deckungsbeitrag eines Erkenntnisobjektes (z. B. der einzelnen Produkte) errechnet. Bei kurzfristigen Sortimentsentscheidungen werden die fixen Kosten nicht berücksichtigt, da sie sich mit Mengenanhebungen oder -senkungen ex definitione nicht verändern. Es wird ausschließlich mit dem Deckungsbeitrag operiert. Erst von der Summe der produktbezogenen Deckungsbeiträge werden die verbleibenden fixen Kosten abgezogen. Es ergibt sich das Betriebsergebnis als auf die unterjährige Periode bezogener Gewinn oder Verlust.

Wesentliche „**Stellschrauben**" bis zum Deckungsbeitrag sind damit der **Verkaufspreis**, die **Absatzmenge** und die **variablen Stückkosten**. Im Fall negativer Deckungsbeiträge kann eine Beeinflussung der Situation nur durch eine Erhöhung der Preise oder eine Senkung der variablen Kosten geschehen. Im Fall positiver Deckungsbeiträge können außerdem noch die Absatzmengen vergrößert werden, um den Gesamtdeckungsbeitrag noch stärker zu erhöhen. Dies setzt flexible und freie Kapazitäten voraus.

Abb. 93: Einstufige Deckungsbeitragsrechnung

Bezugsobjekte (z.B. Produkte 1..N)	Produkt 1	...	Produkt N
Umsatzerlöse			
- variable Kosten			
= Deckungsbeitrag			

Gesamtdeckungsbeitrag: Σ DB
- fixe Kosten - K_f

= Betriebsergebnis Gewinn / Verlust

Besonders für das Marketing ist die Deckungsbeitragsrechnung von entscheidender Bedeutung zur kaufmännischen Steuerung des Sortiments und der Verkaufsbezirke. In der Praxis wird zumeist die **Summe des Deckungsbeitrages** der Produkte über eine oder mehrere Perioden hinweg zur Erfolgsbeurteilung herangezogen. Ein allgemeines Beispiel soll zeigen, welche Wirkung die den Absatzmarkt mit dem Unternehmen verkoppelnde Deckungsbeitragsrechnung entfalten kann (vgl. Czenskowsky 1999, S. 475 ff.).

Beispiel:

In einem deutschen, mittelständischen Unternehmen werden im Marketing von einem Produkt-Manager Armbanduhren und Taschenrechner betreut. Da er neben einem Fixum auch mit einem variablen Gehaltsbestandteil, bezogen auf seine Deckungsbeiträge, entlohnt wird, hat unser Produkt-Manager ein besonderes Augenmerk auf deren Entwicklung. Über einen längeren Zeitraum hinweg bemerkt er, dass seine Deckungsbeiträge und damit auch seine Entlohnung geringer ausfallen. Seine Analysen zeigen, dass die Absatzmarktseite sich unverändert stabil zeigt. Seine Umsätze und die Preise stimmen. Die variablen Kosten hingegen sind im Laufe der Zeit stark gestiegen. Für die variablen Kosten der Produkte ist in dem Unternehmen aber die Produktion verantwortlich. Gespräche mit dem Produktions- und Einkaufsleiter weisen auf gestiegene Lohnkosten und Beschaffungspreise als Ursachen für die negative Deckungsbeitragsentwicklung hin. An beiden Ursachen sei nach Erklärung der Verantwortlichen nichts zu ändern. Die Gespräche hinterlassen den Produkt-Manager unzufrieden, da sein Einkommen sinkt. Daraufhin recherchiert er – in Absprache mit der Geschäftsführung – in Südost-Asien hinsichtlich günstigerer Bezugsquellen für Zukaufteile, und es gelingt ihm tatsächlich preiswertere Lieferanten als in Europa ausfindig zu machen. Mit dem Ergebnis kehrt er nach Deutschland zurück. Zukünftig wird günstiger eingekauft, und der Deckungsbeitrag und damit auch das Einkommen des Produkt-Managers verändert sich wieder positiv. Es zeigt sich die Wirkung der Deckungsbeitragsrechnung: Der vom Produkt-Manager verspürte **Marktdruck** wird auf Basis der mit Hilfe der Deckungsbeitragsrechnung gewonnenen Erkenntnisse **in das Unternehmen hineinkanalisiert!**

Zur Optimierung des Produktprogramms kann theoretisch – unter der Prämisse der unbegrenzten Marktaufnahmefähigkeit für die einzelnen Produkte und der Nichtexistenz von Engpasssituationen – auch der **Stückdeckungsbeitrag** (= Verkaufspreis – variable Kosten) herangezogen werden. Je höher der Stückdeckungsbeitrag, desto förderungswürdiger das Produkt. Tritt ein Engpass auf, findet der relative, auf den Engpass bezogene Deckungsbeitrag Verwendung. Bei mehreren Engpässen wird die lineare Optimierung eingesetzt.

Zugleich ist aus den variablen Kosten die **kurzfristige Preisuntergrenze** herzuleiten. Da die Fixkosten unabhängig von der Ausbringungsmenge sind, müssen die variablen Kosten mindestens durch die Verkaufspreise gedeckt sein, damit nicht schon bei der Herstellung der Produkte Verluste produziert werden. Langfristig muss die volle Kostendeckung erzielt werden und ein Gewinn existieren, um am Markt überleben zu können.

Eliminierungsentscheidungen im Produktprogramm können mit negativen Deckungsbeiträgen begründet werden. Ein Produkt-Manager in einem gewinnmaximierend agierenden Unternehmen würde Produkte mit negativem Deckungsbeitrag aus dem Sortiment nehmen, da sie die Summe des Gesamtdeckungsbeitrages schmälern.

Allerdings gibt es immer wieder Gründe dafür, warum Unternehmen Produkte mit negativem Deckungsbeitrag im Sortiment belassen:

- Das Image des Unternehmens hängt an diesem Produkt.
- Es besteht ein Zwang zum Vollsortimenter (z. B. im Großhandel).
- Im Produktprogramm bestehen Verbundwirkungen, sodass bei Herausnahme des Produktes andere Produkte mit positivem Deckungsbeitrag Einbußen erleiden.
- Es besteht die unternehmenspolitische Absicht die Konkurrenz durch Niedrigpreise zu verdrängen.
- Saisonale Gründe führen zu vorübergehenden Preissenkungen.

Insgesamt muss immer die **Hoffnung auf steigende Preise** (z. B. durch die Bemühungen des unternehmenseigenen Marketing) bzw. sinkende variable Kosten (z. B. durch laufende Kostensenkungsprogramme des Controlling) und damit erneut positive Deckungsbeiträge vorhanden sein. Die dauerhafte Hinnahme negativer Deckungsbeiträge widerspricht unternehmerischem Handeln.

Beispiel:
Ein Angelhersteller hat vier verschiedene Produkte in seinem Sortiment. Der Fixkostenblock hat eine Höhe von 200.000 Euro. Zur Analyse des Produktprogramms mit Hilfe einer einstufigen Deckungsbeitragsrechnung stehen Ihnen als Controller noch folgende Planinformationen zur Verfügung:

Produkte	Preis in Euro/Stück	Absatz	variable Stückkosten in Euro
Angel 1	120,–	10.300	80,–
Angel 2	130,–	15.000	100,–
Angel 3	170,–	8.500	120,–
Angel 4	250,–	6.000	280,–

Folgende Fragen sind zu klären:
a) Wie hoch sind die Deckungsbeiträge und das Betriebsergebnis auf Basis der einstufigen Deckungsbeitragsrechnung?
b) Zu welcher Entscheidung raten Sie der Unternehmensführung ausschließlich auf Basis der einzelnen Deckungsbeiträge?
c) Was folgt rechnerisch aus einer solchen Entscheidung?
d) Welche Maßnahmen hätten darüber hinaus ergriffen werden können, um die Situation positiv zu verändern?

Lösungen:
a) Die Höhe der Deckungsbeiträge und das Betriebsergebnis ist Abbildung 94 zu entnehmen.

Abb. 94: Lösung Einstufige Deckungsbeitragsrechnung

Produkte	Angel 1	Angel 2	Angel 3	Angel 4
Umsatzerlös	1.236.000	1.950.000	1.445.000	1.500.000
variable Kosten	824.000	1.500.000	1.020.000	1.680.000
Deckungsbeitrag	412.000	450.000	425.000	- 180.000

⇩

Gesamtdeckungsbeitrag:	1.107.000
- fixe Kosten	- 200.000
= Betriebsergebnis (Gewinn)	907.000

b) Auf Basis der Deckungsbeiträge ist Angel 4 aus dem Sortiment zu eliminieren, da ein negativer Stückdeckungsbeitrag von minus 30 Euro zu einem negativen Deckungsbeitrag von minus 180.000 Euro führt. Der Verkaufspreis deckt noch nicht einmal die variablen Stückkosten.

c) Durch die Herausnahme von Angel 4 hätte sich die Summe des Gesamtdeckungsbeitrages auf 1.287.000 Euro erhöht und der Gewinn sich auf 1.087.000 Euro verbessert.

d) Außerdem hätte versucht werden können, den Preis je Stück bei Angel 4 zu erhöhen und die variablen Stückkosten zu senken.

Checkliste zum Vorgehen:
1. Erkenntnisobjekte (in der Regel zumindest Produkte, Kunden und Regionen) festlegen.
2. Umsatzerlöse der Erkenntnisobjekte ermitteln.
3. Deckungsbeiträge durch Abzug der variablen Kosten von den Umsatzerlösen ermitteln.
4. Förderungswürdigkeiten und evtl. Einstellungsbedarfe der gewählten Erkenntnisobjekte festlegen.
5. Deckungsbeiträge aufsummieren.
6. Betriebsergebnis durch Abzug der Fixkosten von der Summe der Deckungsbeiträge ermitteln.

6.8.2 Mehrstufige Deckungsbeitragsrechnung

Zielsetzungen, Fragestellungen und Datenbasis:
Die Entwicklung der fortgeschrittenen Volkswirtschaften ist durch ein hohes Maß an Technisierung und Automatisierung und durch einen Ersatz der menschlichen Arbeitskraft durch die Maschine gekennzeichnet. Auch in der deutschen Wirtschaft **erhöhen sich** aufgrund der Investitionen in Anlagen und Maschinen in der Regel **die fixen Kosten** über die vermehrten Abschreibungen. Bei der einstufigen Deckungsbeitragsrechnung sind aber gerade diese Fixkosten nicht weiter transparent, da sie nur als fixer Kostenblock einer Periode ausgewiesen werden.

Um diese **Intransparenz in einem wachsenden Kostenblock** zu beseitigen, wurde von Agthe die **stufenweise Fixkostendeckungsrechnung** entwickelt (vgl. Agthe 1959). Sie wird synonym auch als mehrstufige oder stufenweise Deckungsbeitragsrechnung bezeichnet. Mit ihrer Hilfe soll eine stärkere Transparenz in Bezug auf verschiedene Fixkostenschichten und damit hinsichtlich der wichtigen Strukturmerkmale der Organisation eines Unternehmens erzeugt werden. Auf dieser Basis können dann auch Entscheidungen über die Veränderung dieser Strukturen getroffen werden. Die entsprechenden Deckungsbeiträge sind damit die Information für die Beurteilung der Erfolgsstruktur eines Unternehmens!

Typische **Fragestellungen**, die mit der mehrstufigen Deckungsbeitragsrechnung beantwortet werden können, sind:
- Welche Erfolge erzielen Produkte und Produktgruppen unter der Berücksichtigung ihnen zuzuordnender Fixkosten?
- Welche Produkte und Produktgruppen sind aus dem Sortiment zu nehmen?
- Welche Kostenstellen oder Werke arbeiten erfolgreich und sind daher für unser Unternehmen besonders interessant?
- Stehen Schließungsentscheidungen für bestimmte Kostenstellen oder Werke an?
- Welche Entlohnungen sollen Werksleiter für die Erfolge in den von ihnen betreuten Werken erhalten?

Als **Datenbasis** zur Realisierung einer mehrstufigen Deckungsbeitragsrechnung müssen folgende Informationen vorhanden sein:
- Erkenntnisobjekte (z. B. Produkte, Produktgruppen, Unternehmensbereiche wie Werke, Sparten etc., das Gesamtunternehmen),
- Umsatzerlöse (Verkaufspreise und Absatzmengen),
- die fixen Kosten (aufgegliedert nach den Erkenntnisobjekten) und
- variable Kosten (variable Stückkosten und Absatzmengen).

Schilderung des Ablaufs:

In der mehrstufigen Deckungsbeitragsrechnung (siehe Abbildung 95) wird der Fixkostenblock zum Beispiel in

- **Produktart-** (nicht dem einzelnen Stück aber der Produktart zurechenbare Fixkosten, z. B. Kosten für eine produktartbezogene Marktforschungsaktionen),
- **Produktgruppen-** (z. B. produktgruppenbezogene Werbungskosten),
- **Kostenstellen-** (z. B. Gehälter der Kostenstellenleiter, die für die Produktion mehrerer Produktgruppen zuständig sind),
- **Bereichs-** (z. B. Kosten für die Betriebsfeuerwehr in verschiedenen Werken) und
- **Unternehmensfixkosten** (z. B. die Kosten des Vorstandes)

aufgelöst.

Vom ersten Deckungsbeitrag werden diese einzelnen, den Erkenntnisobjekten zugeordneten Fixkostenschichten dann stufenweise subtrahiert. Es ergeben sich als Zwischenergebnisse weitere z. B. Produktart-, Produktgruppen-, Kostenstellen- und Bereichsdeckungsbeiträge bis wiederum nach Berücksichtigung der Unternehmensfixkosten das Betriebsergebnis erreicht wird. (Vgl. ein praktisches Beispiel der stufenweisen Deckungsbeitragsrechnung als kurzfristige Erfolgsrechnung bei Czenskowsky 1999a, S. 285.)

Bei dieser **mehrstufigen „Auskömmlichkeitsprüfung"** der erzielten Preise, Absatzmengen und der sich daraus ergebenden Umsatzerlöse hinsichtlich der Unternehmensstrukturen kann sich zeigen, dass beispielsweise Produktgruppen oder Bereiche keine Deckungsbeiträge mehr erwirtschaften und damit das Unternehmensergebnis negativ belasten. Dann ist von den Entscheidern und dem unterstützenden Controlling darüber nachzudenken, ob und inwieweit bei diesen Bezugsobjekten Fixkosten abbaubar sind. Entsprechende Kostensenkungsprogramme können Ergebnis dieser gemeinsamen Überlegungen sein. Gerade bei schwerwiegenden Entscheidungen, wie z. B. Werksschließungen, sind außerdem sorgfältige Marktanalysen hinsichtlich der Möglichkeiten einer Preis- oder Absatzmengenerhöhung notwendig.

Abb. 95: Mehrstufige Deckungsbeitragsrechnung

Unternehmensbereiche	Gesamtunternehmen							
	Werk X				Werk Y			
Kostenstellen	I		II		III		IV	
Produktgruppen	A		B		C	D	E	
Produktarten	1	2	3	4	5	6	7	8
Umsatzerlöse								
- variable Kosten								
= Deckungsbeitrag I								
- Produktartfixkosten								
= Deckungsbeitrag II	1	2	3	4	5	6	7	8
- Produktgruppenfixkosten								
= Deckungsbeitrag III	A		B		C		D	E
- Kostenstellenfixkosten								
= Deckungsbeitrag IV	I		II		III		IV	
- Bereichsfixkosten								
= Deckungsbeitrag V	Werk X				Werk Y			
- Unternehmensfixkosten								
= Betriebsergebnis	Gesamtunternehmen							

Beispiel:

Ein Unternehmen produziert Industrieöfen und geht für ein Folgejahr von folgenden Planzahlen (siehe Abbildung 96) aus:

Abb. 96: Planzahlen des Beispiels Mehrstufige Deckungsbeitragsrechnung

Werk	Stralsund				Eichstädt	
Produktgruppe	Schmelzöfen		Glühöfen		Brennöfen	
Produktart	1	2	3	4	5	6
• Absatzmengen	400	600	500	400	200	300
• Stückerlöse (Euro)	2.500	4.000	2.000	1.500	500	250
• variable Stückkosten (Euro)	2.200	3.900	1.500	1.000	200	100

Zur Fertigung der Glühöfen sind außerdem Sonderanlagen bei der Produktart 3 für 50.000 Euro und bei der Produktart 4 für 100.000 Euro notwendig. Der Produktion von Schmelzöfen werden 10.000 Euro Fixkosten zugeordnet, der Herstellung von Glühöfen 120.000 Euro und der Fertigung von Brennöfen der Produktart 5 insgesamt 15.000 Euro und dem Produkt 6 rund 10.000 Euro für spezielle Prüfwerkzeuge. Für das Werk in Stralsund entstehen Fixkosten mit dem Betrag von 200.000 Euro und für Eichstädt 120.000 Euro. Darüber hinaus entstehen Gesamtunternehmensfixkosten in Höhe von 60.000 Euro.

Folgende Fragen sind zu klären:
a) Wie hoch sind die verschiedenen Deckungsbeiträge und das Betriebsergebnis auf Basis der stufenweisen Fixkostendeckungsrechnung?
b) Zu welcher Entscheidung raten Sie der Unternehmensführung ausschließlich auf Basis der einzelnen Deckungsbeiträge?
c) Was folgt rechnerisch aus einer solchen Entscheidung?
d) Welche Maßnahmen hätten darüber hinaus ergriffen werden können, um die Situation positiv zu verändern?

Lösungen:
a) Die Höhe der Deckungsbeiträge und das Betriebsergebnis ist Abbildung 97 zu entnehmen.

Abb. 97: Lösung Mehrstufige Deckungsbeitragsrechnung

Werk	Stralsund				Eichstädt	
Produktgruppe	Schmelzöfen		Glühöfen		Brennöfen	
Produktart	1	2	3	4	5	6
Umsatzerlöse	1.000.000	2.400.000	1.000.000	600.000	100.000	75.000
- variable Kosten	880.000	2.340.000	750.000	400.000	40.000	30.000
= Deckungsbeitrag I	120.000	60.000	250.000	200.000	60.000	45.000
- Produktartfixkosten	...	...	50.000	100.000	15.000	10.000
= Deckungsbeitrag II	120.000	60.000	200.000	100.000	45.000	35.000
Summe der Produkt-artdeckungsbeiträge	180.000		300.000		80.000	
- Produktgruppenfixkosten	10.000		120.000		...	
= Deckungsbeitrag III	170.000		180.000		80.000	
Summe der Produkt-gruppendeckungsbeiträge	350.000				80.000	
- Werksfixkosten	200.000				120.000	
= Deckungsbeitrag IV	150.000				- 40.000	
Summe der Werksdeckungsbeiträge	110.000					
- Unternehmensfixkosten	60.000					
= Betriebsergebnis	50.000					

b) Auf Basis der Deckungsbeiträge wäre das Werk Eichstädt zu schließen, da ein negativer Werksdeckungsbeitrag von minus 40.000 Euro entsteht. Die Produktgruppendeckungsbeiträge der Brennöfen mit ihren Varianten 5 und 6 decken nicht mehr die Werksfixkosten.

c) Durch die Schließung des Werkes Eichstädt hätte sich die Summe des Werks-
deckungsbeitrages auf 150.000 Euro erhöht und der Gewinn sich auf 90.000
Euro verbessert.

d) Es könnte unter anderem versucht werden die Werksfixkosten zu senken. Sie
erscheinen im Verhältnis zu Stralsund sehr hoch. Darüber hinaus kann versucht werden, die anderen Fixkostenschichten in Eichstädt zu verringern, die
variablen Stückkosten der Produkte 5 und 6 zu senken. Außerdem ist zu prü-
fen, ob ihre Preise zu erhöhen sind. Insgesamt sind weitere Analysen notwendig.

Checkliste zum Vorgehen:
1. Erkenntnisobjekte (z. B. Produkte, Produktgruppen, Werke und das Gesamtunternehmen) festlegen.
2. Umsatzerlöse der Basiserkenntnisobjekte (in der Regel die Produkte) ermitteln.
3. Erste direkt mengenabhängige Deckungsbeiträge (Deckungsbeitrag I) durch
   Abzug der variablen Kosten von den Umsatzerlösen ermitteln.
4. Förderungswürdigkeiten und Einstellungsbedarfe der gewählten Erkenntnisobjekte festlegen.
5. Deckungsbeiträge aufsummieren.
6. Summe der Deckungsbeiträge stufenweise um weitere Fixkostenschichten
   bereinigen und dadurch weitere Deckungsbeiträge ermitteln.
7. Dabei jeweils Förderungswürdigkeiten und Einstellungsbedarfe hinsichtlich
   der weiteren Erkenntnisobjekte festlegen.
8. Gegebenenfalls Entscheidungen über Investitionen zur Kapazitätserweiterung bzw. Abbaubarkeit der Fixkosten festlegen.

6.9 ABC/XYZ-Analyse

Sowohl ABC- als auch XYZ-Analyse liefern wesentliche Informationen der
quantitativen Strukturierung von Güter- oder Artikelgesamtheiten nach bestimmten Kriterien. Während sich die ABC-Analyse auf die Erfassung von Mengen-
Wert-Relationen bezieht, wird bei der XYZ-Analyse die Menge mit einem anderen als dem Wertkriterium gekoppelt (z. B. mit der Bestellhäufigkeit oder mit
Qualitätsmerkmalen).

6.9.1 ABC-Analyse

Zielsetzungen, Fragestellungen und Datenbasis:
Die ABC-Analyse dient dazu, in einer zugrundeliegenden Datenmenge **Konzen-
trationsschwerpunkte** zu **erkennen**, und damit wesentliche von weniger wichtigen Informationen für Planungs-, Kontroll- und Steuerungsprozesse zu unterscheiden. Wenngleich die Ursprünge dieses Instrumentes im volkswirtschaftli-

chen Bereich zur Darstellung von Konzentrationsprozessen angesiedelt sind, hat es mittlerweile Eingang in zahlreiche betriebswirtschaftliche Untersuchungen gefunden. Dieses Instrument ist multifunktional sowohl für Großunternehmen als auch mittlere und kleine Unternehmen anwendbar. Zu nennen wären z. B.

- **Beschaffungscontrolling** (Klassifizierung der Artikel nach ABC-Kriterien im Rahmen der Lagerhaltung),
- **Vertriebscontrolling** (Durchführung von Artikel-, Umsatz- und Kundenanalysen nach dem ABC-Prinzip),
- **Kostencontrolling** (ABC-Analyse der Kostenarten, Kostenstellen und Kostenträger) (vgl. Hering/Draeger 1999, S. 466 ff.; Bramsemann 1993, S. 321 ff.).

Der ABC-Analyse liegt die Erkenntnis zugrunde, dass ein relativ hoher Wertanteil einer Gesamtmasse durch einen relativ kleinen Mengenanteil derselben repräsentiert wird. Erfahrungsgemäß kann in diesem Zusammenhang von der sogenannten 20:80-Regel ausgegangen werden: Nur **20 % des Mengenanteils verkörpert 80 % des Wertanteils**. Aus dieser Erkenntnis resultiert die Klassifikation in eine wertmäßig bedeutsame A-Klasse (ca. 20 % der Repräsentanten der Gesamtheit vereinen ca. 80 % des Wertvolumens auf sich), die B-Klasse (etwa weitere 30 % der Repräsentanten vereinen ca. 15 % des Wertvolumens auf sich) sowie eine wertmäßig eher unbedeutende C-Klasse (etwa 50 % der Repräsentanten vereinen ca. 5 % des Wertvolumens auf sich). Natürlich ergeben sich im Einzelfall Werte für die Intervallgrenzen, die von den oben angegebenen mehr oder weniger stark abweichen.

Schilderung des Ablaufs:
Eine ABC-Analyse läuft grundsätzlich in folgenden Schritten ab:
1. Formulierung der Aufgabenstellung (z. B. Kunden-Umsatz-ABC-Analyse)
2. Datenerfassung (z. B. Kunden- und zugehörige Umsatzdaten)
3. Ermittlung der Wertsumme (z. B. der Umsatzsumme)
4. Rangfolgenbildung nach absteigenden Wertanteilen (z. B. Sortierung nach fallenden Umsätzen)
5. Aufaddieren sowohl der Wertanteile als auch der Prozentanteile am Gesamtwert (z. B. Ermittlung der kumulierten Umsatzsumme sowie des kumulierten Prozentanteils)
6. Festlegen der Intervallgrenzen für die Prozentsätze zur Abgrenzung des A-, B- und des C-Bereichs nach unternehmensspezifischen Gegebenheiten und Einsatzfeldern
7. Grafische Darstellung (sogenannte Lorenzkurve) sowie Auswertung und Beurteilung der Daten (vgl. Hering/Draeger 1999, S. 466).

Beispiel:

Die Verbauchsstatistik der Lagerbuchhaltung eines Unternehmens liefert für zehn verschiedene Artikel folgendes Bild, vgl. Abbildung 98 (durchgehendes Beispiel nach Bramsemann 1993, S. 322 ff.):

Abb. 98: Aufstellung der Lagerartikel

Artikel Nr.	Verbrauchesmenge Stück	Preis € /Stück	Verbrauchswert €	Rang
1	48.000	18,00	864.000	1
2	17.000	37,00	629.000	2
3	6.000	72,00	432.000	3
4	100.000	0,66	66.000	8
5	60.000	4,00	240.000	5
6	4.000	18,20	72.800	7
7	50.000	6,00	300.000	4
8	125.000	0,80	100.000	6
9	40.000	0,25	10.000	10
10	140.000	0,40	56.000	9
Summe	590.000		2.769.800	

Nach vorgenommener ABC-Analyse ergibt sich folgende Datenstruktur, die Abbildung 99 zeigt:

Abb. 99: Klassifizierung der Artikel nach A-, B- und C-Kriterien

Artikel Nr.	Kumulierter Verbrauchswert €	%	Kumulierte Verbrauchsmenge Stück	%	Klasse
1	864.000	31,19	48.000	8,13	A
2	1.493.000	53,90	65.000	11,02	A
3	1.925.000	69,49	71.000	12,03	A
7	2.225.000	80,33	121.000	20,51	A
5	2.465.000	89,00	181.000	30,68	B
8	2.565.000	92,80	306.000	51,86	B
6	2.637.800	95,23	310.000	52,54	B
4	2.703.800	97,61	410.000	69,49	C
10	2.759.800	99,64	550.000	93,22	C
9	2.769.800	100,00	590.000	100,00	C

Aus den neu strukturierten Daten lässt sich die Grafik laut Abbildung 100 (Lorenzkurve) ableiten.

Abb. 100: Grafische Darstellung der ABC-Analyse (Lorenzkurve)

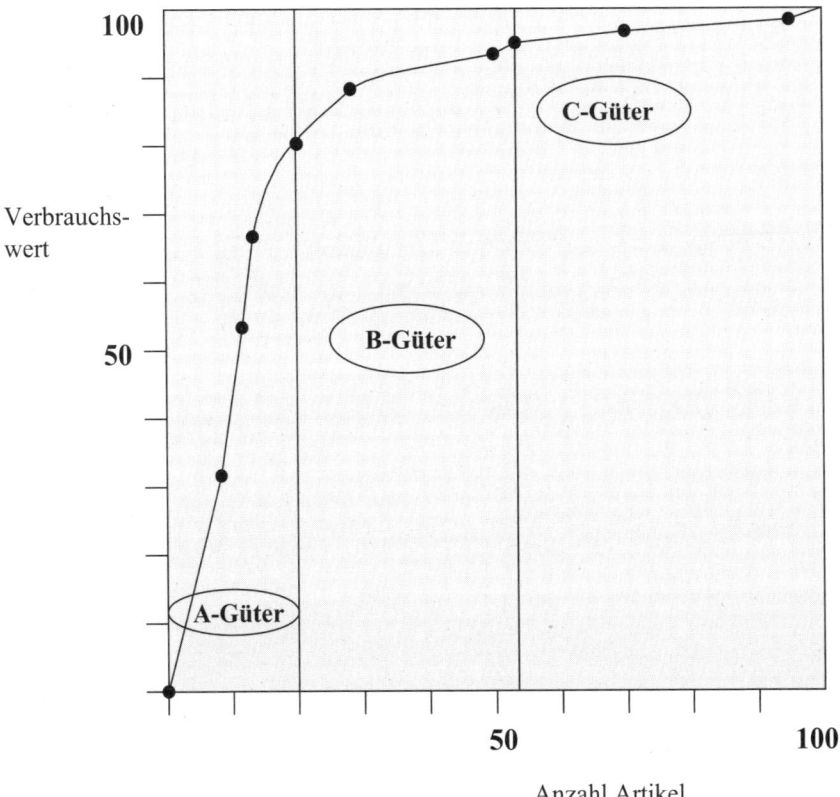

6.9.2 XYZ-Analyse

Zielsetzungen, Fragestellungen und Datenbasis:
Während die ABC-Analyse von einem Mengen-Wertverhältnis ausgeht, können auch **weitere Kriterien** zur Beurteilung von Artikeln herangezogen werden. Solche Kriterien können z. B. sein:
- die **Prognosegenauigkeit** (X-Teile mit hoher Prognosegenauigkeit, Y-Teile mit mittlerer Prognosegenauigkeit und Z-Teile mit geringer Prognosegenauigkeit);
- die **Bestellhäufigkeit** (X-Materialien mit hoher Bestellhäufigkeit, Y-Materialien mit normaler Bestellhäufigkeit und Z-Materialien mit geringer Bestellhäufigkeit);
- die **Verbrauchshäufigkeit** (X-Materialarten mit hoher Konstanz des Verbrauchs, Y-Materialarten mit trendmäßig steigenden oder fallenden bzw. saisonal schwankenden Verbrauchsverläufen und Z-Materialarten mit unregelmäßigen Verbrauchsverläufen.

Erläuterung des Ablaufs:

Eine XYZ-Analyse könnte in folgenden Schritten ablaufen:

1. Formulierung der Aufgabenstellung (z. B. Bestellhäufigkeits-XYZ-Analyse).
2. Erfassen der Daten (z. B. Bestellhäufigkeit der Materialien).
3. Festlegen der Intervallgrenzen für X-, Y- und Z-Materialien.
4. Einordnung der Materialien auf Grund der erfassten Daten zu in die X-, Y-bzw. Z-Klasse.

6.9.3 Kombination von ABC- und XYZ-Analyse

Da üblicherweise aus einer Kombination von ABC- und XYZ-Analyse besonders entscheidungsrelevante Informationen gewonnen werden können, sollte ihr in der Praxis besondere Aufmerksamkeit beigemessen werden. Deshalb wird in Anlehnung an Hering/Rieg (vgl. 2001, S. 83 f.) folgende Kombination einer ABC- mit einer XYZ-Analyse am Beispiel des Lagerwertes vorgestellt (siehe Abbildung 101).

Abb. 101: Beispiel einer Kombination von ABC- und XYZ-Analyse

Wert Häufigkeit des Gebrauchs	A wertvoll	B weniger wertvoll	C geringwertig
X sehr häufig	AX	BX	CX
Y häufig	AY	BY	CY
Z selten	AZ	BZ	CZ

Aus diesem Schema ergeben sich für das Controlling unter anderem die folgenden relevanten Informationen:

- Bei den **AX-Teilen** (hoher Wert und sehr häufig gebraucht) wäre eine Just-in-Time-Lieferung angezeigt, woraus die Forderung nach einer genauen Überwachung der Lieferzeiten resultiert.
- Bei den **AZ-Teilen** (hoher Wert und selten gebraucht) sollte eine bedarfsgerechte Lieferung möglichst auf Abruf angestrebt, d. h. ebenfalls nach dem Just-in-Time-Prinzip verfahren werden.
- Bei den **CX-Teilen** (geringer Wert und sehr häufig gebracht) handelt es sich um Massenartikel, die günstig zu beschaffen sind und stets vorhanden sein müssen. Hier erweisen sich jeweils wenige Bestellungen in großen Mengen als sinnvoll.

Fragen zum Kapitel 6:

1. Erläutern Sie den Stellenwert eines Berichtswesens für ein Unternehmen!
2. Was wird unter einer Berichtshierarchie im Controlling verstanden?
3. Welche Überlegungen sprechen für den Einsatz von Grafiken im Controlling?
4. Was ist ein Budget?
5. Was sagt Ihnen die Abkürzung ZBB und welches Vorgehen der Planung hängt mit diesem Instrument zusammen?
6. Wie ist ein Soll-Ist-Vergleich üblicherweise aufgebaut und welche Arbeitsschritte sind durchzuführen?
7. Aus welchen Komponenten setzt sich die Gesamtabweichung im Rahmen der flexiblen Plankostenrechnung zusammen?
8. Beurteilen Sie, ob die Verwendung von Grundzahlen oder Verhältniszahlen mehr Aussagewert besitzt!
9. Wann wird von einem Kennzahlensystem gesprochen?
10. Skizzieren und erläutern Sie das RoI-Schema!
11. Worin besteht die Besonderheit des ZVEI-Kennzahlensystems?
12. Wie ist ein BAB aufgebaut und welche Daten sind für die Erstellung eines BAB's erforderlich?
13. Was verbirgt sich hinter der Abkürzung KER, und wieso wird dieses Instrument als ein sehr wichtiges Steuerungsinstrument der Unternehmensführung in Theorie und Praxis betrachtet?
14. Welche zwei Arten der KER sind zu unterscheiden?
15. Wie lässt sich die Break-Even-Analyse grafisch veranschaulichen?
16. Welche Entscheidungen lassen sich mittels der einstufigen Deckungsbeitragsrechnung begründen?
17. Mit Hilfe welcher „Stellschrauben" lässt sich ein Deckungsbeitrag beeinflussen?
18. Welcher Kostenblock wird in der mehrstufigen Deckungsbeitragsrechnung in welcher Form näher analysiert?
19. Was ist unter einer ABC-Analyse zu verstehen und welche Einsatzgebiete gibt es für sie?
20. Was wird unter der XYZ-Analyse verstanden und unter welchen Umständen ist eine XYZ-Analyse sinnvoll?

7. Aktuelle Entwicklungstendenzen und Zukunft des Controlling

Die Kernfrage dieses siebten Kapitels lautet: **„Wie sehen aktuelle und zukünftige Entwicklungen des Controlling aus?"**

Lernziele:
- Nach Bearbeitung dieses Teils sind Ihnen die wichtigsten Aspekte der Gegenwart und der Zukunft des Controlling geläufig.
- Ihnen wird der Zusammenhang zwischen modernen Managementkonzepten und den damit verbundenen neuen Anforderungen an das Controlling deutlich.
- Sie können die sich andeutenden Entwicklungstendenzen erläutern und in Orientierungsgesprächen in der Praxis mit diskutieren.

In der jüngsten Vergangenheit sind eine Vielzahl moderner Managementkonzepte entwickelt und vorgestellt worden. Sie sind mit dem Anspruch verbunden, die organisatorischen Rahmenbedingungen für die Lösung entscheidender betriebswirtschaftlicher Führungsprobleme der heutigen Zeit zu schaffen. Sowohl bei der Schaffung als auch der Ausnutzung dieser Bedingungen kommt den Instrumenten des Controlling essentielle Bedeutung zu. Mehr noch: Vielfach können Controllinginstrumente erst im Rahmen solcher Konzepte ihre volle Wirksamkeit erreichen. In diesem Sinne stellen diese Managementkonzepte für das Controlling eine aktuelle Herausforderung dar. Weitere Entwicklungen werden in diesem Kapitel diskutiert und zum Abschluss als Ausblick vorgestellt.

7.1 Controlling und moderne Managementkonzepte

In den folgenden Unterabschnitten werden die modernen Managementkonzepte Just-In-Time, Computer Integrated Manufacturing, Lean Management, Supply Chain Management und das Management virtueller Unternehmensstrukturen vorgestellt. Anschließend wird deren Beziehung zum Controlling geschildert.

7.1.1 Just-In-Time

In den letzten Jahrzehnten eingetretene Marktsättigungen und der damit vollzogene Übergang vom **Verkäufermarkt zum Käufermarkt** brachten und bringen neue Rahmenbedingungen für die Entfaltung der Wettbewerbskräfte hervor. Der Kundennutzen wurde zum absolut dominierenden Wettbewerbsfaktor, und neben die bereits etablierten Faktoren Kosten und Qualität avancierte „Zeit" zu einem **eigenständigen Wettbewerbsfaktor** von zunehmendem Stellenwert. Denn Zeit ist „eine Schlüsselgröße für die Gewinnung von Marktanteilen, die Kapitalbindung in der logistischen Kette, die Geschwindigkeit und Flexibilität bei der Umsetzung von Kundenwünschen in marktfähige Produkte, die Kundenbelieferung sowie für die Wirtschaftlichkeit und Rentabilität einer Unternehmung" (Wildemann 1995, S. 8).

Dem daraus resultierenden Erfordernis zur organisatorischen Neustrukturierung der Wertschöpfungskette wurde mit der Entwicklung und Umsetzung von Just-In-Time (JIT) Rechnung getragen. JIT stellt zugleich ein neues **logistisches Gestaltungskonzept** dar, das der Forderung nach „Bedarfserfüllung zum richtigen Zeitpunkt in richtiger Qualität und Menge am richtigen Ort" (Wildemann 2000, S. 52) gerecht wird. Im Rahmen des Wertschöpfungsnetzwerkes konzentrieren sich die Gestaltungsaktivitäten von JIT auf die folgenden drei Prozesse (vgl. Wildemann 1995, S. 7):

- den **Materialflussprozess,**
- den **Informationsflussprozess** und
- den **Entwicklungsprozess.**

Während sich der Materialfluss von den Zulieferern bis zu den Abnehmern erstreckt, verläuft der Informationsfluss in entgegengesetzter Richtung, denn alle Aktivitäten haben ihren Ausgangspunkt in den Kundenwünschen. Die Anwendung des JIT-Konzepts auch auf den (Forschungs- und) Entwicklungsprozess trägt dem Umstand Rechnung, dass aufgrund der tendenziellen Verkürzung der Produktlebenszyklen auch der Reduzierung der Entwicklungszeiten ein besonderer Stellenwert beizumessen ist. **Bausteine** von **JIT** sind nach Wildemann (vgl. Wildemann 2000, S. 53 ff.):

- Integrierte Informationsverarbeitung,
- Fertigungssegmentierung und
- produktionssynchrone Beschaffung.

Die **integrierte Informationsverarbeitung** zielt auf eine Vereinfachung der Informations- und Koordinationsaufgaben bei der Flussoptimierung ab. Dies gelingt durch Bildung selbststeuernder Regelkreise, wobei eine Umkehrung der Bringschuld in eine Holpflicht durch die potenziellen Verbraucher erfolgt. Dadurch erübrigt sich eine detaillierte Ablaufregelung, und die zentrale Steuerung wird durch einen marktwirtschaftlichen Mechanismus ersetzt.

Die Erreichung solcher Ziele wie wettbewerbsfähige Kosten, Verkürzung der Lieferzeit, höhere Flexibilität und Qualitätssicherheit kann wesentlich durch **Fertigungssegmentierung** unterstützt werden. Dabei werden mehrere Stufen der logistischen Kette eines Produkts in einer Organisationseinheit (dem Segment) integriert, in Verbindung mit der Übertragung auch indirekter Funktionen in das Segment. Damit übernimmt jedes Segment in gewissem Umfang ganzheitliche Aufgaben und erhält die volle Kostenverantwortung. Somit fungieren solche Segmente (in der Regel) als Cost Center.

Die Sicherung einer **produktionssynchronen Beschaffung** nach JIT-Prinzipien setzt Aktivitäten wie Teileauswahl, Lieferantenauswahl und -bewertung, die Analyse des Informationsflusses zwischen Abnehmer und Lieferant, der einsetzbaren Informations- und Kommunikationstechnologien sowie Qualitätssicherungs- und Speditionskonzepte voraus. Die positiven Wirkungen von JIT mit dem Ziel einer kundennahen Produktion und Logistik schlagen sich vor allem in Form von Zeitverkürzungen, Bestandssenkungen, Flexibilitätserhöhungen und Qualitätsverbesserungen nieder (vgl. Wildemann 2000, S. 55).

7.1.2 Computer Integrated Manufacturing

Computer Integrated Manufacturing (CIM, interpretiert als Computerintegrierte Produktion und Informationsverarbeitung) ist eine moderne **Informationstechnologie**. Sie führt zu einer Verbesserung der unternehmensinternen Wertschöpfungsprozesse durch Reduzierung der Personalkosten, der Bestände und der Durchlaufzeiten. Durch Steigerung der Reaktionsfähigkeit auf Marktveränderungen, durch bewirkte Qualitätsverbesserungen oder durch den Aufbau von Marktzugangsbeschränkungen kann die Wettbewerbsposition eines Unternehmens nachhaltig gestärkt werden (vgl. auch Wildemann 1995, S. 11).

Die Erlangung von dauerhaften, durch Konkurrenten **nicht imitierbare Wettbewerbsvorteile** ist ein wichtiges Anliegen, das mit der Einführung von CIM-Konzepten verbunden wird. Dazu genügt es jedoch nicht, wenn bestehende Aufbau- und Ablaufstrukturen mit integrierter Datenverarbeitung versehen werden. Vielmehr muss eine CIM-Strategie mit adäquaten organisatorischen Veränderungen gekoppelt werden, denn man kann nicht erwarten, dass etwa bestehende Defizite im organisatorischen Ablauf der Produktion automatisch durch neue Informationstechnologien beseitigt werden können. Wildemann bringt das sehr treffend wie folgt zum Ausdruck: „Ohne Veränderung der bestehenden Organisationsstruktur werden die angestrebten ökonomischen CIM-Wirkungen kaum erreicht, ungeeignete Strukturen werden vielmehr durch integrierte Datenverarbeitung gefestigt" (Wildemann 1995, S. 12). Wegen der zunehmenden Komplexität informationstechnischer Beziehungen sollten **flache Hierarchiestufen** angestrebt werden, um interdisziplinäre Denk- und Verhaltensweisen zu fördern. Die durch die Verknüpfung von Daten entstehende Prozessorientierung, die technische, betriebswirtschaftliche sowie Büroinformations- und Kommunikationssysteme integriert, ist dabei durch Reorganisation und Reintegration von Tätigkeiten zu unterstützen (vgl. Wildemann 1995, S. 13).

Als CIM-gerecht kann eine Aufbauorganisation dann angesehen werden, wenn sie neben der Prozess- und Objektorientierung gekennzeichnet ist „durch starke Dezentralisierung von Kompetenz und Koordination, flache Organisationsstrukturen und wenige Schnittstellen. ... Die Abläufe sind abgestimmt, möglichst überlappt und hinsichtlich des Material- und Informationsflusses von hoher Synchronität. Daraus resultiert ein geändertes CIM-Verständnis. CIM muss verstanden werden als Rahmenkonzept und als eine von mehreren Voraussetzungen für effiziente Leistungsprozesse in Unternehmen" (Wildemann 1995, S. 14). Damit wird zugleich deutlich, dass CIM seine höchste Effektivität und Effizienz erst dann erreichen kann, wenn seine Einführung organisch gekoppelt ist mit der Einführung anderer moderner Managementkonzepte wie JIT, Lean Management, Supply Chain Management oder dem Management virtueller Unternehmensstrukturen.

7.1.3 Lean Management

Die fortschreitende Individualisierung der Kundenwünsche bringt es mit sich, dass nur diejenigen Anbieter im Markt bestehen können, die auf sich rasch ändernde Anforderungen sowie auf die von Kunde zu Kunde wechselnden Ansprüche schnell, flexibel, effektiv und effizient durch Bereitstellung von adäquaten Problemlösungen reagieren und zielorientiert agieren können. Die in diesem Zusammenhang von der Produkt- und Leistungsseite ausgehende erhöhte Komplexität kann jedoch von Unternehmen mit stark hierarchisch geprägten Organisationsstrukturen nicht mehr beherrscht werden. Mitarbeiter, die nach tayloristischen Prinzipien der Arbeitsteilung eng begrenzte Einzelaufgaben ausführen, sind nicht in der Lage, rasch auf aufgetretene Kundenprobleme zu reagieren, geschweige denn, sie zu antizipieren. Dazu bedarf es vielmehr der **Bildung von Teams oder Gruppen von Mitarbeitern**, die mehrere miteinander gekoppelte Teilprozesse der Wertschöpfungskette ganzheitlich und eigenverantwortlich betreiben (Reintegration der Arbeit!).

In diesem Sinne basiert die Leistungsfähigkeit von Lean Management (LM) „vor allem auf der Team- und Gruppenarbeit über die gesamte Innovations- und Wertschöpfungskette, einer schnellen Kommunikation aller am Wertschöpfungsprozess Beteiligten, einem effizienten Einsatz von Ressourcen, einer Vermeidung von Verschwendung sowie einem ständig laufenden, von allen Mitarbeitern getragenen Verbesserungsprozess" (Wildemann 1995, S. 16). Damit **knüpft LM** einerseits **an** prozessorientierte Gestaltungsprinzipien von **JIT an**. Andererseits **geht es aber** insofern **über** die **Optimierung operativer Wertschöpfungs- und Innovationsprozesse hinaus**, als es die wertanalytischen Grundaussagen von JIT um die Grundrichtungen Organisation, Führung und Mitarbeiter-know-how erweitert. In diesem Zusammenhang wird zugleich sowohl innerhalb von als auch zwischen den Unternehmensbereichen eine konsequente Kundenorientierung angestrebt, d.h. es kommt zur bewussten **Herausbildung interner Lieferanten-Kunden-Beziehungen** (vgl. Wildemann 1995, S. 17).

Die **Gestaltungsprinzipien des LM** nach Wildemann können wie folgt kurz zusammengefasst werden (vgl. Wildemann 1995, S. 17ff):

- In effizienten Organisationen denkt und handelt man nicht in Funktionen oder Hierarchien, sondern in **Prozessen**. Im Vordergrund stehen Geschäftsprozesse mit dazugehörigen Planungs- und Steuerungsfunktionen. Rasche Problemerkennung und -lösung muss möglich sein.
- Jede Art der betrieblichen Leistungserstellung hat einen angemessenen Beitrag zur Optimierung des Kundennutzens zu leisten. In diesem Sinne sind **auch innerbetriebliche Leistungsverflechtungen** unter dem Aspekt von **Lieferanten-Kunden-Beziehungen** zu sehen: Mit jedem weiteren Schritt in der Prozesskette ist auf effiziente Weise ein effektiver Beitrag zur Erzielung von Kundennutzen zu leisten.
- Das **Problemlösungspotenzial der Mitarbeiter** entscheidet maßgeblich über die Wettbewerbsfähigkeit des Unternehmens. Damit werden Kreativität, Wissen und organisatorisches Lernen unmittelbar zu kritischen Wettbewerbsfaktoren.

7.1.4 Supply Chain Management

Durch zunehmende Arbeitsteilung werden Unternehmen gezwungen, sich auf ihre **Kernkompetenzen** zu besinnen. Damit einher geht die Fremdvergabe (Outsourcing) von Unternehmensfunktionen an Zulieferunternehmen. Das stellt die Abnehmerunternehmen wiederum vor wachsende Probleme bei der Bewältigung der zunehmenden Komplexität. Die daraus resultierenden höheren (beschaffungs-) marktseitigen Unsicherheiten konnten Unternehmen in der Vergangenheit häufig nur durch einen stark erhöhten Kontroll- und Koordinationsaufwand kompensieren (vgl. auch Wildemann 2000, S. 62).

Als alternative Organisationsformen zur Bewältigung von Marktunsicherheit können die sich in jüngster Zeit herausbildenden **unternehmensübergreifenden Netzwerkstrukturen** angesehen werden. Im Idealfall handelt es sich dabei um Wertschöpfungspartnerschaften, in denen Unternehmen auf enger Vertrauensbasis simultan sowohl mit ihren Lieferanten und Sublieferanten als auch mit ihren Kunden und gegebenenfalls auch deren Kunden auf effektive und effiziente Weise kooperieren.

Die wirtschaftliche Relevanz und der Stellenwert solcher Netzwerke werden von Wildemann wie folgt charakterisiert: „Der Netzwerkgedanke ermöglicht es, externe Kompetenzen zu erschließen, zusammenzuführen, in den eigenen Leistungsprozess zu integrieren, und damit Beziehungen personeller, finanzieller und informatorisch-kommunikativer Art effizient auszugestalten und zu steuern. Dabei wird die Festlegung der Wahrnehmung der Aufgaben auf diese Weise vorgenommen, dass jeweils das Unternehmen im Netzwerk die Funktionen wahrnimmt, die es besser als die übrigen Unternehmen beherrscht. Das Netzwerk als Alternative zu immer größer werdenden Unternehmen hat sich in vielen Branchen durchgesetzt. Von einem beherrschenden Unternehmen initiierte Netze finden sich häufig in der Computer- und Elektronikindustrie, in der Automobil-, aber auch in der europäischen Möbel- und Textilindustrie." (Wildemann 2000, S. 64 f.)

Die in solchen Netzwerken besonders ausgeprägte **Kundenorientierung** macht zugleich deutlich, dass neben dem Kostenaspekt den Leistungsanspekten bei der Beurteilung von Effektivität und Effizienz eine zunehmende Bedeutung beizumessen ist. Desweiteren ist es naheliegend, dass die JIT-Konzepte gerade im Rahmen solcher Netzwerkstrukturen ihre Potenziale zur Generierung von Wettbewerbsvorteilen optimal zur Entfaltung bringen können. In letzter Zeit zeichnet sich eine differenzierte Ausprägung von Netzwerkstrukturen in folgenden beiden Grundrichtungen ab:

1. Sind die differenzierten Kundenanforderungen so strukturiert, dass daraus eine gut überschaubare Marktsegmentierung in Verbindung mit guter Prognosequalität bei der Ermittlung der Entwicklung der Kundenbedürfnisse abgeleitet werden kann (d. h. die von der Produktseite ausgehende Komplexität – kurz „Produktkomplexität" – vergleichsweise niedrig ist), erweisen sich häufig stabile, auf längere Dauer ausgerichtete Wertschöpfungspartnerschaften – sogenannte strategische Netzwerke als adäquate Organisationsform. Das Management solcher **strategischer Netzwerke** wird auch als Supply Chain Management (SCM) bezeichnet. Es soll in den weiteren Ausführungen dieses Abschnitts kurz charakterisiert werden.

2. Wechseln die Kundenbedürfnisse stark von Kunde zu Kunde, ist die Entwicklung wesentlicher Kundenbedürfnisse schlecht prognostizierbar oder ergeben sich während der Erarbeitung der Problemlösungen für die Kunden häufige und unvorhersehbare Änderungen, so liegt eine hohe produktseitige Komplexität („Produktkomplexität") vor. Solche z. B. häufig im Projektmanagement anzutreffenden Verhältnisse verlangen den Auftragnehmern ein besonders flexibles Reagieren bzw. Agieren ab. Dafür eignen sich auf längere Dauer relativ fest gefügte Netzwerke weniger. Vielmehr ist hier eine solche Organisationsform geeignet, die jeweils **projekt- oder aufgabenbezogen optimale Netzwerkstrukturen** aufbaut. Auf diese Weise entstehen virtuelle Unternehmensstrukturen, d. h. ein solches Netzwerk agiert – allerdings nur projekt- oder aufgabenbezogen – wie ein einziges Unternehmen.

Abb. 102 (Hahn 2000, S. 12) bringt in aggregierter Form die Wesensmerkmale des SCM zum Ausdruck.

Abb. 102: Definition des Supply Chain Management

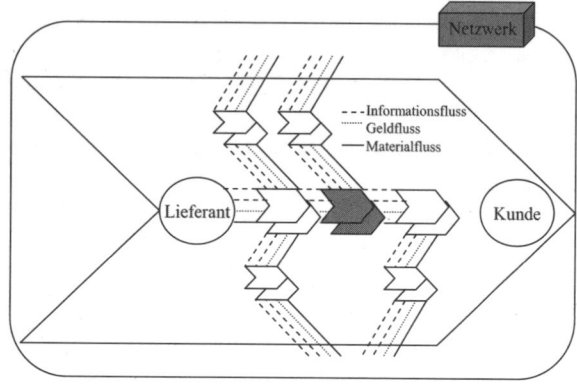

Supply Chain Management (SCM)

Planung, Steuerung und Kontrolle des gesamten Material- und Dienstleistungsflusses, einschließlich der damit verbundenen Informations- und Geldflüsse, innerhalb eines Netzwerkes von Unternehmungen und deren Bereiche, die im Rahmen von aufeinanderfolgenden Stufen der Wertschöpfungskette an der Entwicklung, Erstellung und Verwertung von Sachgütern und/oder Dienstleistungen partnerschaftlich zusammenarbeiten um Effektivitäts- und Effizienzsteigerungen zu erreichen.

Supply Chain Management ist somit durch Orientierung auf eine **ganzheitliche Logistik** unternehmensübergreifender strategischer Netzwerke charakterisiert. Innerhalb solcher Netzwerke wird eine Optimierung der Material-, Informations- und Geldflüsse von den Rohstofflieferanten bis zu den Endabnehmern angestrebt. Dabei sind die JIT-Bausteine (integrierte Informationsverarbeitung, Fertigungssegmentierung und produktionssynchrone Beschaffung) den Rahmenbedingungen globaler Netzwerke anzupassen, wobei der Anwendung moderner Informations- und Kommunikationssysteme ein besonderer Stellenwert zukommt (vgl. Wildemann 2000, S. 75 f., Hahn 2000, S. 12 ff.).

SCM ist vor allem mit solchen positiven Effekten verbunden, wie Erhöhung der Liefertreue, Verkürzung der Liefer- und Durchlaufzeiten, Reduzierung der Bestände, Verbesserung der Kapazitätsauslastung, Verringerung des Steuerungsaufwandes sowie Senkung der Kosten des Einkaufs, des Vertriebs und der Produktion. Fallstudien belegen, dass durch SCM besonders in den indirekten Bereichen der im Netzwerk integrierten Unternehmen bedeutende **Produktivitätssteigerungspotenziale** erschlossen werden können. Die durch SCM erreichbaren signifikanten Verbesserungen der Wirtschaftlichkeit werden dann möglich, wenn es gelingt, die Teiloptima der einzelnen Unternehmen durch ein am Netzwerk orientiertes Gesamtoptimum zu ersetzen. Nach Wildemann gehen die Wirkungen des SCM zurück „auf die Schaffung von Transparenz über die gesamte Wertschöpfungskette und damit Vermeidung von Informationsasymmetrien" (Wildemann 2000, S.82). Ein noch zu lösendes Problem kann darin gesehen werden, den aus Kostensenkungs- und Leistungssteigerungspotenzialen resultierenden Nutzen zu messen.

7.1.5 Management virtueller Unternehmensstrukturen

Nach Mertens, Griese und Ehrenberg (1998, S. 3) kann ein virtuelles Unternehmen (VU) wie folgt definiert werden: „Ein VU ist eine Kooperationsform rechtlich unabhängiger Unternehmen und/oder Einzelpersonen, die eine Leistung auf der Basis eines gemeinsamen Geschäftsverständnisses erbringen. Die kooperierenden Einheiten beteiligen sich an der Zusammenarbeit vorrangig mit ihren Kernkompetenzen und wirken bei der Leistungserstellung gegenüber Dritten wie ein einheitliches Unternehmen. Dabei wird auf die Institutionalisierung zentraler Managementfunktionen zur Gestaltung, Lenkung und Weiterentwicklung des VU weitgehend verzichtet und der notwendige Koordinations- und Abstimmungsbedarf durch geeignete Informations- und Kommunikationssysteme gedeckt. Das VU ist mit einer Mission verbunden und endet mit dieser."

Im Projektmanagement beispielsweise tritt das eigens zur Projektentwicklung und -realisation geknüpfte Netzwerk wie ein einheitliches und zielgerichtet handelndes Unternehmen auf, dessen Zweck mit der Fertigstellung des Projekts erfüllt ist. Dabei setzt sich das **Projektteam** aus Mitarbeitern der in das Netzwerk eingebundenen Unternehmen, d. h. aus „Kernkompetenzträgern", zusammen. Der Teamleiter besitzt volle eigene Entscheidungsbefugnis, und die Mitglieder des Teams lösen ganzheitlich strukturierte, aus den Erfordernissen des Projektfortschritts abgeleitete Aufgaben eigenverantwortlich. Das Auftreten vieler Probleme kann durch intensive Kommunikation und Kooperation in Verbindung mit einem von Anfang an zu schaffenden gemeinsamen Aufgabenverständnis (Commitment) von vornherein vermieden werden. Sollten dennoch Probleme auftreten, so können diese schnell erkannt und gemeinsam gelöst werden, bevor größere Effektivitäts- und Effizienzverluste eintreten. Dadurch erweist sich ein in eine solche Netzwerkstruktur eingebundenes Projektmanagement einem solchen von vornherein überlegen, das von Unternehmen mit stark hierarchischen Organisationsformen getragen wird.

Die in einen Netzwerkverbund einzubeziehenden Unternehmen sollten idealerweise die folgenden **Voraussetzungen** erfüllen bzw. schaffen, um eine hohe „Integrationskompetenz" in das virtuelle Unternehmen einzubringen:
* flache Hierarchien, nach Kernkompetenzen ausgerichtete modulare (oder „fraktale"), nach dem Lean-Management-Prinzip aufgebaute Unternehmensstrukturen;
* Organisation der Prozessabläufe nach dem Just-In-Time-Prinzip;
* qualifizierte Nutzung modernster Informations- und Kommunikationstechniken.

Darüber hinaus sollte dem Netzwerk ein Unternehmen angehören, dessen Kernkompetenz darin besteht, als **Initiator und Koordinator** aufgaben- oder projektbezogener Netzwerkstrukturen zu fungieren. Ein solches Unternehmen wird auch als „Kernteam" bezeichnet. Ein besonderer Vorteil virtueller Unternehmensformen liegt auch in einer drastischen Reduzierung der bei konventionellen Organisationsformen im Zusammenhang mit der Informationsbeschaffung anfallenden

Transaktionskosten (z. B. Kosten für Anbahnung und Abschluss von Geschäfts-verträgen mit Lieferanten, Dienstleistern und Kunden, Kontrolle der Einhaltung der Verträge, Koordination der Geschäftsbeziehungen zu Vertragspartnern usw.) begründet (vgl. Wildemann 2000a, S. 24). Wie die Gestaltung virtueller Unter-nehmensstrukturen in der Realität zur Gewinnung von Qualitäts-, Zeit- und Kos-tenvorteilen führt, demonstrieren Loose, Schröder und Schünemann (2001, S. 1 – 20) an einem Praxisbeispiel.

7.2 Controlling als Gestaltungsfaktor und Erfolgssicherungsinstrument moderner Managementkonzepte

Die in 7.1 in ihren Grundzügen beschriebenen modernen Managementkonzepte können als adäquate Organisationsformen unternehmensinterner, aber auch unter-nehmensübergreifender Wertschöpfungsprozesse angesehen werden: Sie tragen – entsprechend ihrer jeweiligen spezifischen Ausrichtung – neuesten Entwicklungs-bedingungen und -erfordernissen der Arbeitsteilung Rechnung. Wenngleich bei der Einführung der Konzepte des JIT, CIM, LM, SCM sowie des Managements virtueller Unternehmensstrukturen in dieser Reihenfolge eine gewisse historische Aufeinanderfolge festgestellt werden kann, besteht zwischen ihnen doch eine starke logische Verzahnung und Durchdringung. So konnten die im JIT-Konzept enthaltenen Potenziale erst durch integrierte Datenverarbeitung (CIM) voll zur Entfaltung gebracht werden, wären LM-Strukturen ohne funktionsfähige JIT- und CIM-Bausteine völlig wirkungslos, ist ein SCM oder ein Management virtueller Unternehmen ohne integrierte und unternehmensübergreifend wirkende JIT-, CIM- und LM-Strukturen nicht effizient durchführbar. Zugleich können JIT, CIM und LM erst im Rahmen der zuletzt genannten Konzepte ihre höchste Wirksam-keit erreichen.

Der Zusammenhang zwischen Controlling und der Einführung sowie Nutzung moderner Managementkonzepte ist ein wechselseitiger. Einerseits muss das Con-trolling den Führungskräften methodische Unterstützung geben bei der Auswahl, Einführung und Umsetzung der für das Unternehmen günstigsten **Organisations-strukturen**. Damit wird es seiner Koordinationsfunktion, hier speziell seiner sys-tembildenden Koordination (Mitwirkung an der Schaffung geeigneter Organisa-tions- und Prozessstrukturen), aber auch seiner Servicefunktion gegenüber dem Management sowie zugleich seiner Innovations- und Anpassungsfunktion ge-recht. Ist das neue Organisationskonzept erst einmal eingeführt und umgesetzt, wird das Controlling in seiner systemkoppelnden **Koordinationsfunktion** (Lö-sung der laufenden Abstimmungsprobleme im Wertschöpfungsprozess) wirksam.

Für die erfolgreiche Umsetzung solcher Organisations- und Managementkonzepte ist es jedoch unabdingbar, dass strategische, strukturelle, technologische und kul-turelle Aspekte in ihrem Zusammenhang begriffen und bei der Gestaltung in adä-quater Weise berücksichtigt werden (vgl. Rollberg 1996, S. 127 ff.). Daraus er-wächst eine besondere gemeinsame Verantwortung für Manager und Controller, ohne deren Wahrnehmung die erhofften Wettbewerbsvorteile niemals erreicht werden können.

Im so verstandenen Sinne ist Controlling sowohl ein wesentlicher Gestaltungsfaktor bei der Einführung moderner Managementkonzepte als auch ein Instrument zur Sicherung des laufenden Erfolgs auf Basis der neu eingeführten Organisationsstrukturen. Andererseits kann das Controlling unter den gegenwärtigen Bedingungen verstärkten Wettbewerbsdrucks seine planenden, kontrollierenden und steuernden Aktivitäten nur dann optimal entfalten, wenn die den Prozessen zugrunde liegenden Organisationsprinzipien modernsten Gestaltungsgrundsätzen gerecht werden.

Für Unternehmen, die vor dem Problem einer Umstrukturierung ihres Organisationskonzepts stehen, ergibt sich die Frage, welches bzw. **welche** der **möglichen neuen Konzepte** den Zielsetzungen des Unternehmens unter Berücksichtigung der jeweiligen Kontextbedingungen am besten gerecht wird bzw. werden. Wenngleich als Antwort auf diese Frage noch keine „Patentrezepte" entwickelt werden konnten, kann eine nach den Ausprägungen der Kriterien Produktkomplexität und Marktunsicherheit vorgenommene Einteilung (siehe Abbildung 103, vgl. Pribilla/ Reichwald/Goecke 1996, S. 5) als Groborientierung hilfreich sein.

Abb. 103: Produktkomplexitäts-Marktunsicherheits-Matrix

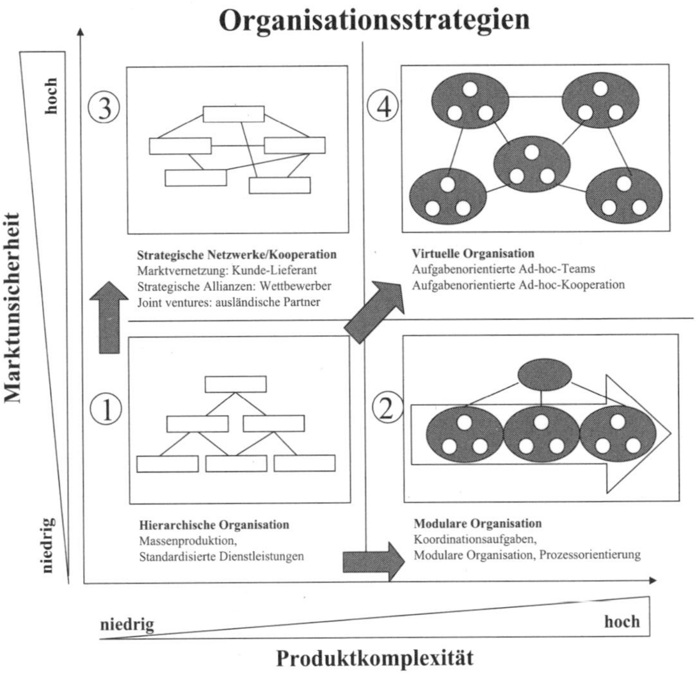

Organisationsstrategien

239

Die den vier Feldern der Matrix entsprechenden Organisationsformen können wie folgt charakterisiert werden (vgl. Pribilla/Reichwald/Goecke 1996, S. 4 ff.):

- **1. Feld: Produktkomplexität niedrig, Marktunsicherheit niedrig**
  Hier sind hierarchische Organisationen mit tayloristischen Formen der Arbeitsteilung angesiedelt. Solche Strukturen sind geeignet, solange stabile Märkte sichere Absatzmöglichkeiten gewährleisten und die Produktkomplexität aufgrund noch wenig individualisierter Kundenwünsche vergleichsweise niedrig ist. Solche Organisationsformen, die bis in die achtziger Jahre erfolgversprechend waren, ermöglichten über die Nutzung der ökonomischen Vorteile hoher Produktionsmengen die Erlangung der Kostenführerschaft. Das Leitbild für produktivitätsorientierte Innovationsstrategien bildete die Erfahrungskurve. Durch dieses tayloristische Muster erfolgreicher Unternehmensführung wurde auch die betriebswirtschaftliche Methodik von Planung, Steuerung und Kontrolle der betrieblichen Wertschöpfung maßgeblich geprägt. Infolge dessen bestimmen die in diesem Zusammenhang entwickelten Instrumente der Planung, des Rechnungswesens und des Controlling vielfach noch bis heute den betrieblichen Alltag. Das Beschreiten innovativer Wege bei der Umgestaltung der Organisationsstrukturen muss daher mit einer Neugestaltung und Anpassung auch der Instrumente an das veränderte Bedingungsgefüge einhergehen.

- **2. Feld: Produktkomplexität hoch, Marktunsicherheit niedrig**
  Werden Unternehmen mit zunehmender Individualität der Kundenwünsche konfrontiert, führt dies zu höherer Variantenvielfalt der Produkte und damit zu höherer Komplexität des Produkt- und Leistungsprogramms. Die Einbeziehung der Kunden in die Entwicklung oder der Lieferanten in die Produktion erweist sich als sinnvoll, um die erforderlichen Veränderungen flexibel, effektiv und effizient vornehmen zu können. Eine solche verstärkt kundenorientierte Ausrichtung der Wertschöpfungsprozesse verlangt zugleich nach neuen Organisationsformen zur Gestaltung der Prozessabläufe. Formen der Team- und Gruppenorganisation sind besser als die bisherigen hierarchischen Strukturen in der Lage, den aus höherer Komplexität resultierenden anspruchsvolleren Koordinationsaufgaben gerecht zu werden. Solche modularen Organisationsstrukturen ermöglichen eine schnellere Kommunikation und führen damit zu flexiblerer Koordination. Der direkte und unmittelbare Informationszugang und -austausch ermöglicht Flexibilitätserhöhung, Qualitätsverbesserung, Zeitersparnis und Kostensenkung bei der Leistungserstellung. Im Rahmen der organisatorischen Neustrukturierung werden Unternehmensteile, Produkt- oder Marktsegmente dezentralisiert und erhalten Eigenverantwortlichkeit und Autonomie bei der Durchführung ihrer Markt- und Wettbewerbsaktivitäten. Es handelt sich also um Organisationsstrukturen, die weitgehend von Lean-Management-Prinzipien geprägt sind (vgl. dazu auch 7.1.3).

- **3. Feld: Produktkomplexität niedrig, Marktunsicherheit hoch**
  Sind Unternehmen mit ihren Leistungsprogrammen hohen Marktunsicherheiten ausgesetzt, so müssen sie rasch auf Marktveränderungen und Trendwenden reagieren können. Hier kann sich der Zusammenschluss mehrerer Unternehmen zu einem strategischen Netzwerk als geeignete Organisationsform erweisen (vgl. dazu auch die Ausführungen in 7.1.4). Ein guter Kommunikations- und Informationsfluss sowohl im Unternehmen als auch über die Unternehmensgrenzen hinaus zu den Kooperationspartnern erweist sich dabei als entscheidend für das Bestehen im Wettbewerb. Von Vorteil ist es, wenn die im Netzwerk verbundenen Unternehmen bereits modular (d. h. nach dem LM-Prinzip) strukturiert sind und dadurch mit ihren Kernkompetenzen zum Gesamterfolg des Netzwerks beitragen können. Solche Kooperationsformen verbinden die Vorteile von Dezentralisierung und Zentralisierung miteinander. Daher können sie eine interessante strategische Alternative für kleine und mittelständische Unternehmen darstellen.

- **4. Feld: Produktkomplexität hoch, Marktunsicherheit hoch**
  Wird das Produkt- und Leistungsprogramm von Unternehmen zunehmend komplexer und ist es gleichzeitig mit hohen Marktunsicherheiten konfrontiert, so müssen Modularisierung und kundenorientierte Prozessgestaltung zugleich mit der umfassenden Anwendung modernster Informations- und Kommunikationstechnologien einhergehen. Nur auf diese Weise wird es z. B. möglich, rasch wechselnde, projektbezogene Aufgaben unter unmittelbarer Einbeziehung von Kunden, Lieferanten sowie verschiedenen Dienstleistern zügig, qualitätsgerecht und kostengünstig zu lösen. Die bereits in 7.1.5 beschriebenen virtuellen Unternehmensstrukturen erweisen sich hier als adäquate Organisationsform.

Moderne Managementkonzepte können jeweils als das Ergebnis eines Entwicklungspfads angesehen werden, „der von der Zielsetzung geprägt ist, die Nachteile einseitiger Funktionsoptimierung durch eine prozessorientierte Strukturierung von Unternehmenssystemen zu beseitigen" (Wildemann 1995, S. 29). Die aus diesen Veränderungen resultierenden Anforderungen an ein systemorientiertes Controlling der Wertschöpfungskette können wie folgt charakterisiert werden (vgl. Wildemann 1995, S. 29 ff. sowie Wildemann 2000, S. 81 f.):

- **Neubestimmung des Verhältnisses von operativem und strategischem Controlling:**
  Untersuchungen belegen u. a., dass bis zu 80 % der direkten Kosten durch strategische Investitionsentscheidungen im Technologie-, Organisations- und Personalbereich sowie in Lieferantenbeziehungen festgelegt werden. Dadurch wird zugleich der Gestaltungsspielraum des operativen Controlling stark eingeschränkt. Demzufolge kommt es in erster Linie darauf an, durch strategische Entscheidungen optimale Rahmenbedingungen für die Wertschöpfung zu schaffen und diese dann im Rahmen der operativen Prozessgestaltung optimal auszuschöpfen.

Dies kann jedoch nur dann funktionieren, wenn strategisches und operatives Controlling stets gut aufeinander abgestimmt sind.

- **Unterstützung kontinuierlicher Verbesserungen:**
„Während die Verbesserung in Quantensprüngen punktuell und zeitlich befristet auftritt und der Produktivitätsvorsprung durch Imitationsstrategien der Konkurrenz kompensiert werden kann, geht die kontinuierliche Verbesserung auf ein stetiges Bestreben zurück, das wegen seiner Vielgestaltigkeit und Individualität von der Konkurrenz nur schwer kopiert werden kann und somit zu dauerhaften Wettbewerbsvorteilen führt" (Wildemann 1995, S. 31).

- **Neues Produktivitätsverständnis:**
Die reine Input-Output-Betrachtung ist durch eine Denkweise zu ersetzen, bei der die Optimierung des Transformationsprozesses zwischen Input und Output in den Mittelpunkt aller Aktivitäten zur Verbesserung der Input-Output-Relation gerückt wird.

- **Stärkere Markt- und Kundenorientierung:**
Diesem Denkansatz trägt insbesondere das Reverse-Engineering Rechnung. Mit diesem Ansatz wird das Ziel verfolgt, ausgehend vom Ergebnis die gesamte Wertschöpfungskette zu reorganisieren und sie auf die spezifischen Anforderungen des jeweils gegebenen Markt-, Technologie- und Wettbewerbsumfeldes auszurichten. Dabei gilt es gewissermaßen, „den Produktionsprozess vom Markt aus neu zu entwickeln" (Wildemann 1995, S. 37). Ein effizientes Controlling von Zielkosten (Target Costing – vgl. Abschnitt 5.8.1), -terminen und -qualitäten ist unabdingbare Voraussetzung, um den Reverse-Engineering-Ansatz mit Leben zu erfüllen.

- **Mehrdimensionales Kosten- und Leistungscontrolling:**
Neben einer Totalkostenbetrachtung bedarf es zugleich adäquater Messgrößen zur Beurteilung der Leistungsfähigkeit von Wertschöpfungsketten. Desweiteren muss das Controlling verstärkt auch nicht-monetäre Kennzahlen als Beurteilungsmaßstäbe mit einbeziehen, weil sich diese vor allem durch ihre hohe Motivationswirkung auszeichnen.

- **Veränderungen im Selbstverständnis des Controlling:**
Moderne Managementkonzepte erfordern ein Controllingverständnis, das gekennzeichnet ist durch eine auf Zielvereinbarung beruhende Selbststeuerung von Wertschöpfungs- und Managementprozessen durch die beteiligten Teams und Mitarbeiter. Auf diese Weise gewinnen Formen eines „Selbstcontrolling" immer mehr an Bedeutung.

- **Neuorganisation der Controllingaufgaben:**
Neustrukturierungen der Unternehmensorganisation müssen mit der Neuorganisation der Controllingaufgaben einhergehen. Die für hierarchische Organisationsstrukturen typischen Formen eines Fremdcontrolling, verbunden mit der Neigung zu einem ineffizienten „Übercontrolling" müssen ersetzt werden durch ein den schlankeren Prozessen in adäquater Weise angepasstes „Lean Controlling" (vgl. dazu auch Peemöller 1997, S. 53 f.), das entsprechende Formen von Selbstcontrolling mit einschließt.

- **Herausbildung unternehmensübergreifender Controllingsysteme:**
Netzwerkstrukturen im Sinne von SCM oder virtuelle Unternehmensstrukturen bedürfen unternehmensübergreifender Planungs-, Kontroll- und Steuerungsmechanismen, um die Wertschöpfungsaktivitäten der einzelnen Netzwerkteilnehmer so zu koordinieren, dass tendenziell ein Gesamtoptimum für das gesamte Netzwerk erreicht werden kann.
Im Falle eines Controlling strategischer Netzwerke spricht man bereits von Supply Chain Controlling (vgl. z. B. Zäpfel/Piekarz 1996, S. 7). Im Rahmen virtueller Unternehmen sollte die Wahrnehmung von Controllingfunktionen in der Verantwortung des Kernteams liegen, wobei ein Selbstcontrolling aller in das Netzwerk eingebundener Teams und Mitarbeiter anzustreben ist.

7.3 Risikomanagement und -controlling

Worin besteht die **Bedeutung** des Themas Risikocontrolling? Dazu ein erster Hinweis: „Mehr als eine Million Schadenfälle mit einem volkswirtschaftlichen Schaden in Höhe von zwei Milliarden werden jährlich in Deutschland gemeldet" (Kotsiwos 2006, S. 87). Es wird deutlich, wie umfangreich die Risiken (auch Bedrohungen, Gefahren) für Unternehmen in Deutschland sind. **Risikopotentiale** entstehen durch die immer globalere Beschaffung, die Distribution von Gütern in weltweite Absatzmärkte und durch die Vernetzung von Zulieferern, Produktionsunternehmen, Händlern und Dienstleistern in der Supply-Chain (vgl. dazu auch die Ausführungen in den Abschnitten 7.1 und 7.2).

Für die deutsche Wirtschaft hat das Risikopotential in den letzten Jahren stark zugenommen. Die Gründe hierfür sind vielfältig. Durch die **Globalisierung** wächst die Weltwirtschaft zusammen. Deutsche Unternehmen sind nicht mehr nur national oder in anderen europäischen Ländern aktiv, sondern richten ihre Tätigkeit verstärkt auch interkontinental aus. Dadurch erreichen sie nicht nur neue Märkte, sondern müssen sich auch einer größeren Konkurrenz stellen. Dies erhöht den Kostendruck. Auch die **Komplexität** der Leistungen nimmt zu. All das zwingt die Unternehmen zunehmend dazu, immer größere Risiken einzugehen, um im **Wettbewerb** zu bestehen. Die Risiken müssen **frühzeitig identifiziert** werden, um ihnen zu begegnen. Dies kann mit einem systematischen **Risikocontrolling** geschehen. Der mit seiner Einführung zunächst verbundene hohe Aufwand sollte keineswegs gescheut werden, denn sein Nutzenpotenzial kann in der Folgezeit im Zuge seines weiteren Ausbaus immer besser ausgeschöpft und ständig weiter erhöht werden.

Die Auseinandersetzung mit Risiken wird mehr und mehr ein Thema für große, kleine und mittelständische Unternehmen (vgl. Kirchner 2002). Die Bedeutung des Risikocontrolling für deren Entwicklung ist offensichtlich, denn unternehmerisches Handeln ist immer auch mit Bedrohungen verbunden. Dabei bilden jedoch die sich aus Risiken ergebenden Chancen oft das Potential für künftiges Wachstum – eine Erfahrung, die u. a. im Zusammenhang mit SWOT-Analysen (vgl.

5.1.5) immer wieder gemacht werden kann. Dies gilt für alle Branchen. Desweiteren hat sich auch in den letzten Jahren die Risikosituation verändert. Gründe dafür sind die immer größere Vielfalt an Kundenbedürfnissen, Innovationen bzgl. des elektronischen Datenaustauschs und neue vertragsrechtliche Risiken, wie z. B. die Produkthaftung (vgl. Boes 2006, S. 5).

Was ist nun aber unter einem „Risiko", dem „Risikomanagement" bzw. „-controlling" zu verstehen? Im Sprachgebrauch bezieht sich der **Begriff Risiko** auf einen negativen Fall, d. h. die Prognose eines Schadens oder Verlustes. Im positiven Fall wird unter Risiko auch die Vorhersage eines Nutzens oder Gewinns verstanden. Was als Schaden oder Nutzen gilt, hängt immer vom Betrachter ab. Betriebswirtschaftlich ist unter Risiko die **Wahrscheinlichkeit des Eintretens eines negativen Ereignisses** bezogen auf den finanziellen Schaden zu verstehen (vgl. Keitsch 2007, S. 4; b-wise GmbH 06.04.2008, o. S.).

Das Risikomanagement wurde ursprünglich insbesondere im Bereich der Kreditinstitute eingeführt (vgl. etwa Rolfes/Schierenbeck/Schüller 1997). Es ist „...die systematische Berücksichtigung der mit den unternehmerischen Aktivitäten verbundenen Risiken und deren Bewältigung mit Hilfe geeigneter Maßnahmen..." (Grandjot 2006, S. 19). Die Definition zeigt, dass nicht alle Risiken vollständig vermieden und ausgeschlossen werden können, da unternehmerisches Handeln das Eingehen von Risiken erfordert. Mit dem Risikocontrolling soll **Transparenz über die Risikosituation** eines Unternehmens geschaffen und zudem das **Chance-Bedrohungs-Verhältnis** offenbart und optimiert werden.

Die **dynamische Entwicklung** vieler Märkte und die **Globalisierung** bedeuten ein **Anstieg des Risikos** für Unternehmen und machen ihre Aktivitäten anfälliger für den Eintritt von Schadensereignissen. Verdeutlicht werden die Komplexität der Unternehmensverbindungen und die damit einhergehenden Risikopotentiale durch die bei den Original Equipment Manufacturern populärer werdenden beschaffungssynchronen Fertigungskonzepte wie Just-in-Time oder Just-in-Sequence. Dazu kommen gesetzliche Vorschriften, wie z. B. das Gesetz zur Kontrolle und Transparenz im Unternehmensbereich (KonTraG) und Basel II, die das frühzeitige Erkennen von Bedrohungen erforderlich machen.

Bei einigen Unternehmen fehlt jedoch die **Akzeptanz für die Implementierung und konsequente Umsetzung eines Risikocontrolling**. Dadurch entstehen nämlich ein neuer Aufgabenbereich, eine neue Organisationseinheit oder Stelle und damit zunächst ein höherer Abstimmungs-, Zeit- und sonstiger Aufwand für alle Führungskräfte. Deshalb wird es umfassend in einigen Unternehmen noch nicht akzeptiert. Da jedoch bereits ein großer Schadensfall die Existenz eines KMU bedrohen kann, sollten sich die Unternehmen verstärkt mit diesem Thema auseinander setzen. Zudem kann sich ein Unternehmen durch die **Einführung des Risikocontrolling** einen **Wettbewerbsvorteil** verschaffen, da sich die Qualität seiner betriebswirtschaftlichen Führung verbessert. Somit sichert es seine Existenz und erhöht seine Wettbewerbsfähigkeit.

Das Risikocontrolling macht die Bedrohungssituation im Unternehmen transparent. Mögliche **Risiken** sollen **frühzeitig identifiziert** und zeitgerecht **abwehrende Maßnahmen eingeleitet** werden. Dabei gibt es Bedrohungen, die vollständig vermieden und Risiken, die lediglich vermindert oder deren Auswirkungen reduziert werden können. Zunächst basiert das Risikocontrolling auf der **Festlegung von risikopolitischen Grundsätzen und Zielen**, welche sich aus dem Zielsystem eines Unternehmens ableiten. Denn die potentiellen Risiken, die die Erreichung der Unternehmensziele negativ beeinflussen können, lassen sich erst anhand von gesetzten Zielen erkennen. Zuständig für das Definieren der Grundsätze und Ziele ist die Unternehmensführung.

Die **primären Ziele**, die mit der Einführung eines Risikocontrolling verfolgt werden, sind:
- Sicherung der Unternehmensziele und des künftigen Unternehmenserfolges,
- nachhaltige Erhöhung des Unternehmenswertes und
- Optimierung der Risikokosten.

Darüber hinaus können auch **soziale Ziele**, die sich aus der gesellschaftlichen Verantwortung des Unternehmens ableiten, eine Rolle spielen (vgl. Grandjot 2006, S. 19 ff.; Jung/Nowitzky 2006, S. 63 ff.).

Aus diesen Zielen lassen sich **Nutzenerwartungen** für ein Unternehmen ableiten, denen negativ nur der entstehende **Arbeitsaufwand** und die **Risikokosten** gegenüber stehen. Das sind Kosten, die durch das Risikocontrolling entstehen. Zum **Nutzen** zählen:
- Bessere Entscheidungsfindung,
- Reduzierung und bessere Kontrolle des unternehmerischen Gesamtrisikos,
- Sicherung des Unternehmenserfolges,
- Verbesserung der Unternehmensbewertung und somit des Kredit-Ratings,
- Ausweitung des unternehmerischen Handlungsspielraums,
- Früherkennung, Minimierung und Bewältigung von Gefahren,
- Verbesserung der Kommunikation sowie des Umgangs mit Bedrohungen und Chancen,
- Erkennung und Realisierung von Chancen für das Unternehmen (vgl. Lukas 18.03.2008, o. S.; Schweizerische Vereinigung für Qualitäts- und Management-Systeme 18.03.2008, o. S.).

7.3.1 Prozess des Risikocontrolling

In welchen Schritten verläuft ein in sich geschlossenes Risikocontrolling? Es setzt sich aus vier Elementen zusammen, die aufeinander aufbauen und sich gegenseitig beeinflussen. Diese **vier Elemente** bilden den **Regelkreis des Risikocontrolling**:
- Risikoidentifikation,
- Risikoanalyse,
- Risikosteuerung,
- Risikoüberwachung.

Der Regelkreis beschreibt einen Prozess, der durch das Unternehmen ständig überwacht und gesteuert werden muss, um **neue Risiken zu entdecken** und die **Wirkung und Nachhaltigkeit bereits eingeleiteter Maßnahmen zu verbessern**.

7.3.1.1 Risikoidentifikation

In der ersten Phase, der Risikoidentifikation, geht es um das **Erkennen** und die **Analyse** von **Störfaktoren** sowie deren **Auswirkungen** auf das Unternehmensgeschehen. Es wird versucht, die **potentiellen Bedrohungen** mit unterschiedlichen, z. T. typischen Controlling-Methoden zu **identifizieren** und zu **dokumentieren**. Dazu gehören z. B. Checklisten, Chancen-Risiken-Analysen, Fehlerbaum-Analysen, die Szenario-Technik, ABC-Analysen, Risk-Maps, Sensitivitätsanalysen oder das Brainstorming (vgl. Grandjot 2006, S. 20 sowie die Abschnitte 5.1, 5.6 und 5.9 in diesem Buch). Beim **Risikocontrolling** z. B. in der **Logistik**, die im **Folgenden als Erkenntnisobjekt genutzt** wird, erfolgt die Risikoidentifikation entlang der Supply-Chain. Diese wird nach Prozessschritten und -partnern, die ein Bedrohungspotential enthalten, untersucht (vgl. Kajüter 2003, S. 111 ff.; Stemmler 2005, S. 2 ff.).

Da sich Versorgungsketten in ihren Eigenschaften unterscheiden, hängt die Art der möglichen Risiken von der betrachteten Supply-Chain ab. Bei interkontinentalen sind z. B. andere Bedrohungspotentiale auszumachen als bei rein nationalen Versorgungsketten. Daher gibt es auch keine vollständigen Listen mit einer Übersicht möglicher Gefahren. In dieser ersten Phase nicht identifizierte Risiken werden im weiteren Prozess des Risikocontrolling nicht mehr verfolgt. Deshalb ist hier sorgfältig zu agieren. Der Gesamterfolg beruht auf den Maßnahmen, die auf Grund der identifizierten Bedrohungen entwickelt werden (vgl. Jung/Nowitzky 2006, S. 65).

Als **Quellen von Bedrohungen** kommen in Frage:
- **Externe**, umfeldbezogene **Risikoquellen**: Sie entstehen aus den Verbindungen der Supply Chain mit ihrem Umfeld, z. B. Naturgewalten (höhere Gewalt), politische, soziale und wirtschaftliche Ereignisse.
- **Interne Risikoquellen**: Sie liegen in den in der Versorgungskette agierenden Unternehmen und wirken auf die Supply Chain, z. B. Ausfälle von Maschinen, Informationssystemen oder Infrastruktur.
- **Risikoquellen des Netzwerkes**: Sie sind durch die Struktur des Supply Chain Netzes bedingt, z. B. Unsicherheiten durch mangelnde Leistungsfähigkeit, Chaos durch Überreaktionen und Fehlinformationen sowie Trägheit durch mangelnde Reaktionsfähigkeit (vgl. Czenskowsky/Piontek 2007, S. 97).

7.3.1.2 Risikoanalyse

An die Risikoidentifikation schließt sich die **Risikoanalyse** bzw. **-bewertung** an. In dieser Phase werden die zuvor erkannten Bedrohungen genau analysiert und eingeschätzt. Da nicht alle Risiken die Supply-Chain im gleichen Maße beeinflussen, werden sie priorisiert (vgl. Grandjot 2006, S. 20 f.). Die **Risikobewertung** erfolgt anhand von **drei Fragestellungen**:

- Wie hoch ist die **Eintrittswahrscheinlichkeit** des identifizierten Risikos?
- Wie ist/sind die **Auswirkung/en** auf die Supply-Chain **beim Eintritt der Bedrohung**?
- Welche **Möglichkeiten der Einflussnahme** bestehen **auf den Eintritt** des Risikos?

Am schwierigsten ist es, eine Aussage über die **Eintrittswahrscheinlichkeit** der Bedrohung zu treffen. Sie kann **anhand von Beobachtungen und Erfahrungswerten** oder durch **Einschätzungen von Experten**, z. B. professionellen Risk-Managern, erfolgen. Aussagen über die Auswirkungen des Eintritts eines Risikos lassen sich fast immer in Kosten bewerten. Die Chancen der Einflussnahme lassen sich relativ gut einschätzen, da die eigenen Möglichkeiten, auf bestimmte Situationen Einfluss zu nehmen, im Vorfeld genau abgewogen werden können.

Nachdem die Bedrohungen bewertet wurden, findet eine **Risiko-Klassifizierung** statt, d. h. die Ergebnisse der Risikobewertung werden aufgegriffen und ein **Ranking aller Bedrohungen** eines Unternehmens erstellt. Es sind nicht immer die Risiken am wichtigsten, die eine besonders hohe Eintrittswahrscheinlichkeit haben. Vielmehr können auch Bedrohungen mit einer geringen Wahrscheinlichkeit eine hohe Folgewirkung für das Unternehmen mit sich bringen und sollten dann mit höchster Priorität eingestuft werden. Zur Darstellung der Risikobewertung und -klassifizierung haben sich das **Risikoportfolio** und **Risk Maps** bewährt (vgl. Kajüter 2003, S. 129 ff.; Stemmler 2005, S. 8).

Die **Risiko-Klassifizierung** geschieht in **zwei Gruppen**. Die eine bilden die **Bedrohungen**, die in ihrer **Eintrittswahrscheinlichkeit und/oder** ihrer **Auswirkung beeinflussbar** sind. Die andere bilden die **Risiken**, die **nicht beeinflussbar** sind aber beobachtet werden sollten. Für diese letzte Art von Bedrohungen ist es ratsam **Rückzugsstrategien** zu entwickeln, um im Ernstfall eine Alternative parat zu haben. Hat ein Kunde eines Logistikdienstleisters, der so genannte Verlader z. B. ein großes Insolvenzrisiko, kann der Dienstleister parallel schon mit anderen potentiellen Auftraggebern Kontakt aufnehmen und verhandeln. So hat er im Falle der Insolvenz potentielle Neukunden parat. In beiden Risiko-Gruppen ist eine Priorisierung vorzunehmen. Sie legt fest, in welcher Reihenfolge die identifizierten und bewerteten Risiken anzugehen sind. Dabei lässt sich durch die Multiplikation der Eintrittswahrscheinlichkeit mit den quantifizierten Auswirkungen ein so genannter Erwartungswert ermitteln (vgl. Jung/Nowitzky 2006, S. 66).

7.3.1.3 Risikosteuerung

In der dritten Phase des Risikocontrolling-Prozesses, der Risikosteuerung, geht es darum, **geeignete Gegenmaßnahmen** zu den Bedrohungen **zu entwickeln** und **umzusetzen**. Dabei können **vier** wesentliche **Vorgehensweisen** verfolgt werden (vgl. hierzu Grandjot 2006, S. 21 f.):

- Risikovermeidung,
- Risikoverminderung,
- Risikoabwälzung/-übertragung,
- Risikoübernahme.

Bei der **Risikovermeidung** wird versucht, die Wahrscheinlichkeit des Eintritts einer Bedrohung auf Null „herunterzudrücken". So können z. B. risikobehaftete Entscheidungen zum Wohle der Sicherheit vermieden werden. Durch das Vermeiden dieser Tätigkeiten bzw. Entscheidungen wird bewusst auf die Erfüllung anderer Ziele verzichtet. Das bedeutet z. B., dass bewusst ein Auftrag abgelehnt wird, der zwar hohe Einnahmen aber auch ein hohes Risikopotential mit sich bringt. Bei Risikovermeidung entsteht keine Bedrohung, allerdings auch kein Nutzen für das Unternehmen.

Bei der **Risikoverminderung** werden gefahrenbehaftete Entscheidungen nicht komplett vermieden. Es wird versucht, das bestehende Chancenpotential zu nutzen. Um die Bedrohung gering zu halten, wird das unternehmenseigene Know-How eingesetzt, um Risiko minimierende Maßnahmen zu ergreifen. Die Bedrohung durch einen Warenschaden während eines Transportes kann z. B. durch die Ladungssicherung minimiert werden. Dadurch wird nicht nur die Eintrittswahrscheinlichkeit dieses Schadens minimiert, sondern zugleich auch die sonstigen Auswirkungen dieses Risikos (Unfälle, Reklamationen, Stornierungen weiterer Aufträge etc.).

Bei der **Übertragung von Bedrohungen** geht es in erster Linie darum, die wirtschaftlichen Risikoauswirkungen auf einen externen Träger zu verlagern. Dies sind zumeist **Versicherungen**. Dabei bezahlt der Versicherungsnehmer dem -geber eine Prämie und erhält im Gegenzug, bei Eintritt des versicherten Risikos, finanzielle Mittel. Zur **Abwälzung von Bedrohungen** ist es auch möglich, risikobehaftete Dienstleistungen an andere Unternehmen abzutreten. Im Falle des Eintritts eines Schadens wäre dann das beauftragte Unternehmen dafür finanziell haftbar. Weiterhin können Risiken durch Vertragsbedingungen, wie z. B. die Allgemeinen Deutschen Spediteursbedingungen (ADSp) oder die Logistik-Allgemeinen Geschäftsbedingungen (Logistik-AGB), auf andere beteiligte Parteien übertragen werden. Bei diesen beiden Möglichkeiten kann jeweils **nur der finanzielle Schaden abgewälzt** werden. **Weitere Bedrohungen**, wie Imageschäden, Vertrauensverluste oder der Absprung von Kunden **können** dadurch **nicht verhindert werden**.

Im Fall der Risikoübernahme werden die Konsequenzen des Eintritts eines Risikos bewusst in Kauf genommen. Dies kann erfolgen, wenn die Bedrohung als tragfähig eingeschätzt wird. Daher ist es wichtig, dass für das Risiko und den evtl. eintretenden Schaden ein **ausreichendes Deckungspotential** im Unternehmen vorhanden ist. Darüber hinaus sollten nur Risiken übernommen werden, die gleichzeitig eine Chance für das Unternehmen darstellen.

7.3.1.4 Risikoüberwachung

In der vierten und letzten Phase des Risikocontrolling setzt sich das Unternehmen mit einer **systematischen Überwachung von Bedrohungen** auseinander. Diese Aufgabe wird kontinuierlich und zeitlich unbegrenzt verfolgt. Dies ist notwendig, da sich Veränderungen in den Potentialen eines Risikos ergeben können, und die **Maßnahmen der Risikosteuerung** ggf. **angepasst** werden müssen. Außerdem ist auf eine korrekte Umsetzung der Maßnahmen aus der Risikoüberwachung zu achten.

Die Risikoüberwachung erfolgt als **fortlaufende Tätigkeit** oder **periodische Prüfung**. Erstere hat den Vorteil, dass sie in Echtzeit verläuft. Dadurch ist ein schnelleres Reagieren auf sich ändernde Bedingungen möglich. Das macht diese Methode der Überwachung wirkungsvoller als die periodische, in bestimmten zeitlichen Abständen stattfindende Prüfung (vgl. Schweizerische Vereinigung für Qualitäts- und Management-Systeme 18.03.2008, o. S.).

7.3.2 Management von Risiken

Welche **allgemeinen Risiken** treten bei Unternehmen auf? Hier wird ein **Überblick** über relevante **Bedrohungen durch Finanzrisiken** und **externe Risiken** gegeben.

7.3.2.1 Finanzrisiken

Finanzrisiken spielen eine große Rolle, da sie sich direkt auf die Liquidität des Unternehmens auswirken (vgl. hierzu Keitsch 2007, S. 30 ff.). Im ungünstigsten Fall können sie zu einer vorübergehenden oder gar dauerhaften **Zahlungsunfähigkeit** führen. So birgt z. B. jeder Geschäftsabschluss mit einem Kunden die Bedrohung des Ausfalls der Einnahmen durch dessen Insolvenz. Diese Bedrohung kann nicht versichert werden, und **im schlimmsten Fall** bedeutet sie auch die **Insolvenz** für das betroffene Unternehmen. Deshalb ist es von existentieller Bedeutung, immer über eine **Liquiditätsreserve** zu verfügen.

Für das Unternehmen besteht die Möglichkeit, sich gegen das **Risiko des Zahlungsmittelausfalls** zu schützen, in dem es Geschäfte nicht abschließt, bei denen diese Bedrohung vorhanden ist. Dadurch entgehen dem Unternehmen allerdings auch die entsprechenden Einnahmen. Was tun, um einerseits das Risiko zu minimieren und andererseits das Geschäft abzuschließen? Das Unternehmen sollte sich im Vorfeld über die **Liquidität und Bonität des Vertragspartners** z. B. bei Auskunfteien, Banken oder Sparkassen informieren. Eine andere Möglichkeit, den Zahlungsmittelausfall zu minimieren, besteht in den Zahlungsbedingungen. So kann Vorkasse oder Bezahlung bei Lieferung vereinbart werden. Dadurch stellt das Unternehmen sicher, dass es den Preis bei Erfüllung seiner Leistung auch erhält.

Ein weiteres finanzielles **Risikopotential** international tätiger Unternehmen, deren Leistungen nicht in Euro vergütet werden, besteht **im Wechselkurs**. Da er ständigen Schwankungen unterworfen ist, entsteht das **Risiko eines unterschiedlichen realen Rechnungswertes**. Dies birgt aber nicht nur eine **Verlustgefahr**, sondern im günstigen Fall auch die **Chance auf Kursgewinne. Gegen** das **Wechselkursrisiko** kann sich ein Unternehmen **absichern**, in dem es bei Vertragsabschluss ein **Devisentermingeschäft** vereinbart. Dabei werden ein Termin und ein fester Kurs für den Währungstausch festgelegt, so dass ein **Schutz vor Wechselkursschwankungen** besteht (vgl. Grandjot 2006, S. 24 f.).

Finanzielle Bedrohungen können auch entstehen, wenn das Unternehmen beim Angebot mit Zahlen arbeitet, die zu problematischen Kalkulationsergebnissen bei der Preisgestaltung führen. Diese können das Unternehmen „teuer zu stehen kommen". Um das **Risiko der Kalkulation und Preisbildung zu vermeiden**, ist eine **aussagefähige Kostenrechnung** und eine **detaillierte Recherche und Analyse** der betreffenden Zahlen nötig (vgl. Vogel Industrie Medien GmbH & Co.KG 12.04.2008, o. S.).

7.3.2.2 Externe Risiken

Externe Bedrohungen **wirken aus der Umwelt** auf das Unternehmen ein. Diese können kaum aktiv beeinflusst werden. Zu diesen Risiken zählen z. B.:
- Naturereignisse, wie z. B. Erdbeben, Überflutungen und Sturm,
- Soziale Risiken, wie z. B. Einbruch oder Diebstahl,
- Politische Risiken, wie z. B. Krieg, Streik oder staatliche Beschlagnahme,
- Technische Risiken, wie z. B. ein erhöhtes Brandrisiko.

Für das Management von externen Bedrohungen gilt das **Prinzip**, diese **rechtzeitig zu erkennen und Gegenmaßnahmen einzuleiten**, da der Unternehmer nur passiven Einfluss auf diese hat. Weiter bietet sich die Übertragung dieser Risiken auf Versicherungen an. Diese offerieren z. B. einen zusätzlichen Versicherungsschutz zur normalen Transportversicherung. Damit werden Schäden wie Feuer, Einbruch, Diebstahl, Sturm, Überschwemmungen und Streik abgedeckt.

7.4 Zukunft des Controlling

In diesem Abschnitt werden teilweise bereits erwähnte und neue Aspekte der zukünftigen Entwicklung des Controlling in Thesenform dargestellt:

Internationale Entwicklungen:
- Angesichts der Globalisierung und der Orientierung an den Informationsbedürfnissen der weltumspannenden Finanzmärkte werden Controller zunehmend internationale Kompetenzen bei der Steuerung von Unternehmen aufbauen müssen. Die Entwicklungen im Rechnungswesen deutscher Konzerne bei der Bilanzierung nach International Accounting Standards / International Financial Reporting Standards (IAS / IFRS) und nach den Generally Accepted Accounting Principles (GAAP) weisen auf entsprechende Bedürfnisse hin.
- Die neuerdings auftretenden „Biltroller" zeigen dabei die verstärkte Hinwendung zu den Controllingwurzeln des externen Rechnungswesens. Jedoch bedeutet dies keineswegs den Verzicht auf die Einbeziehung spezieller entscheidungsrelevanter Daten des internen Rechnungswesens.
- Die aktuelle Krise der internationalen Finanzmärkte und des weltweit agierenden kapitalistischen Bankensystems erfordert ein verstärktes Augenmerk auf das Thema Risikocontrolling zu legen.

Organisatorische Entwicklungen:
- Non-Profit-Organisationen bzw. nicht erwerbswirtschaftlich orientierte Unternehmen setzen sich verstärkt mit dem Controlling auseinander. Darüber hinaus hält auch in gewinnorientierten Unternehmen der Trend zur Dezentralisierung der Controlling-Idee an, sodass die Arbeitsmarktsituation für Controller insgesamt positiv bleibt.
- Die Controlling-Kenntnisse werden als betriebswirtschaftliches Basis-Knowhow vermehrt auch in die Ausbildung technisch gelagerter Berufsbilder integriert. Das ergänzt den Trend, dass Entscheider in der Linie wieder vermehrt ihre Aufgaben im Zusammenhang mit der Planung und Steuerung entdecken.
- Das Controlling selbst wird sich vermehrt kundenorientiert verhalten, als Dienstleister verstehen und seine Leistungen unter Kosten/Nutzen-Aspekten betrachten. Es werden beispielsweise vermehrt Fragen nach dem „Preis" von Monatsberichten gestellt (vgl. Reischauer 1998, S. 61).

Funktionale Entwicklungen:
- Der anhaltend hohe Wettbewerbsdruck in der Wirtschaft, die Erkenntnis, dass der Erfolg jedes Unternehmens letztlich am Absatzmarkt gemacht wird und das Customer Relationship Management lassen das Marketing- und Vertriebs-Controlling als wesentlichen zukünftigen dezentralen Controllingbereich erscheinen.
- Wegen der Bedeutung externer Umwelt- und Marktinformationen für die strategische Planung und Steuerung wird die Beziehung zwischen Controlling und Marktforschung tendenziell noch enger.

- Angesichts der Knappheit hoch qualifizierter Fachkräfte und der zunehmenden Bedeutung des Humankapitals für die Unternehmenssicherung und -entwicklung kommt dem Personal-Controlling eine besondere Bedeutung zu.
- Die Ausdehnung der internationalen Handelsströme und das unternehmensübergreifende Denken in Wertschöpfungsketten erfordert ein Logistik- bzw. ein „Supply Chain"-Controlling.

Instrumentelle Entwicklungen:
- In letzter Zeit deuten sich in zunehmendem Maße Tendenzen einer Integration chaostheoretischer Gedankengänge in das Instrumentarium des Controlling an (vgl. Schünemann 2000). Dadurch soll es gelingen, Turbulenzen und andere „Unwägbarkeiten", die aus höherer Komplexität und Dynamik der Wertschöpfungsprozesse resultieren, besser zu beherrschen.
- Ziel- und Kennzahlensysteme werden in Verbindung mit der Idee der Balanced Scorecard als Basis des Controlling begriffen, weil sie harte und weiche Faktoren sowie Ziele, Strategien und Maßnahmen bei der Planung und Steuerung von Unternehmensprozessen systematisch berücksichtigen.
- In der Folge der Überlegungen zur Prozesskostenrechnung mit der verstärkten Durchdringung des Gemeinkostenblocks wird der Aufbau prozessorientierter Controllingstrukturen in vielen Branchen noch die nähere Zukunft bestimmen.
- Angesichts der hohen Insolvenzzahlen in der deutschen Wirtschaft, des Gesetzes zur Kontrolle und Transparenz im Unternehmensbereich (KonTraG) sowie der geforderten Bonitäts- und Unternehmensratings werden Risiko-Management- und Frühwarnsysteme von zunehmender Bedeutung im Controlling sein.
- Zur Beherrschung risikobehafteter Situationen bietet sich einerseits die Entwicklung neuer methodischer Instrumentarien an (z.B. Methoden der Chaoserkennung, Chaosvermeidung und Chaoserzeugung). Andererseits gilt es, bekannte und bewährte Methoden gezielter zur Risikoerkennung und -abwehr einzusetzen. Letzteres betrifft im Prinzip sämtliche Instrumente des strategischen Controlling (z.B. Sensitivitätsanalysen, Portfolioanalysen, Stärke-Schwächen-Analysen, Gap-Analysen, Szenario-Technik). Vergleiche insbesondere dazu auch diverse Beiträge des „Controller Magazin" der letzten Jahre (vgl. Controller Magazin der Jahrgänge 2001 bis 2009).

EDV-Entwicklungen:
- Internet- und E-Commerce-basierte Unternehmen auf dem „neuen Markt" erfordern neue, hochspezialisierte Netz-(Web-)Controllingaktivitäten. Aktuell angebotene Seminare weisen auf entsprechende Bedürfnisse hin.
- Die Kopplung des betriebswirtschaftlichen Know-hows mit Systemkenntnissen aus dem Bereich der Datenverarbeitung wird in der Praxis vermehrt benötigt. Symptome dieser Entwicklung zeigen sich in der Zunahme der anwendungsorientierten Lehre z.B. mit den Controlling-Modulen der Standard-Software SAP R/3 an deutschen Hochschulen.

Fragen zum Kapitel 7:

1. Skizzieren Sie die modernen Managementkonzepte hinsichtlich ihrer Verbindung zum Controlling.
2. Welche Felder weist die Produktkomplexitäts-Marktunsicherheits-Matrix auf?
3. Schildern Sie die wesentlichen zukünftigen Entwicklungen, die das Controlling betreffen.
4. Wieso hat die Bedeutung des Risikomanagement zugenommen und welche zentralen Aufgaben hat das Risikocontrolling wahrzunehmen?
5. Welche weiteren Tendenzen zeichnen sich nach Ihrer persönlichen Meinung für das Controlling ab?
6. Welche Handlungsfelder ergeben sich daraus für das Controlling?

Literaturverzeichnis:

Adam, D.:	Planung und Entscheidung, 3. Aufl., Wiesbaden 1993.
Adam, D.:	Investitionscontrolling, 3. Aufl. München 2000.
Agthe, K.:	Stufenweise Fixkostendeckung im System des Direct Costing, in: Zeitschrift für Betriebswirtschaft 29 Jg. 1959, S. 404–418.
Albach, H.:	Kosten, Transaktionen und externe Effekte im betrieblichen Rechnungswesen, in: Zeitschrift für Betriebswirtschaft 11/1988, S. 1143–1170.
Ansoff, H. I.:	Managing Surprise and Discontinuity – Strategic Response to Weak Signals, in: Zeitschrift für betriebswirtschaftliche Forschung, Jg. 28, 1976, S. 129–152.
Arnold, W. G./Botta, V./ Hoefener, F./Pech, U.:	Rechnungswesen und Controlling. Bausteine des Rechnungswesens und ihre Verknüpfung, Herne 1998.
Auerbach, H.:	Internationales Marketing-Controlling, Stuttgart 1994.
Baden, A.:	Strategische Kostenrechnung, Wiesbaden 1997.
Baus, J.:	Controlling, Berlin 1996.
Bea, F. X./Dichtl, E. / Schweitzer, M.:	(Hrsg.): Allgemeine Betriebswirtschaftslehre, Bd. 2, 5. Aufl., Stuttgart 1991.
Bea, F. X./Haas, J.:	Strategisches Management, 2. Aufl., Stuttgart 1997.
Becker, J.:	Marketing-Konzeption, 6. Aufl., München 1998.
Bodenstein, G./Spiller, A.:	Marketing. Strategien, Instrumente und Organisation, Landsberg am Lech 1998.
Boes, M.:	Vorwort, in: Hector, B.: Riskmanagement in der Logistik, Hamburg 2006, S. 5.
Borszcz, A./Piechota, S. (Hrsg.):	Controlling-Praxis erfolgreicher Unternehmen, Wiesbaden 1998.
Botta, V.:	Kennzahlensysteme als Führungsinstrumente. Planung, Steuerung und Kontrolle der Rentabilität von Unternehmen, 4. Aufl., Berlin 1993.
Bramsemann, R.:	Handbuch Controlling, 3. Aufl., München 1993.
Buggert, W./Wielpütz, A.:	Target Costing – Grundlagen und Umsetzung des Zielkostenmanagements, München 1995.

Bussiek, J. /Fraling, R. /Hesse, K.:	Unternehmensanalyse mit Kennzahlen, Wiesbaden 1993.
Bussiek, J.:	Anwendungsorientierte Betriebswirtschaftslehre für Klein- und Mittelunternehmen, München 1994.
Bussiek, J.:	Informationsmanagement im Mittelstand. Erfolgspotenziale erkennen und nutzen, Wiesbaden 1994a.
Bundesverband Deutscher Unternehmensberater BDU e.V. (Hrsg.):	Controlling. Ein Instrument zur ergebnisorientierten Unternehmenssteuerung und langfristigen Existenzsicherung, Leitfaden für die Contollingpraxis und Unternehmensberatung, 4. Aufl., Berlin 2000.
b-wise GmbH:	Risikomanagement – Risiken erkennen, bewerten und beherrschen, in: http://www.business-wissen.de/controlling/risikomanagement/anwenden-umsetzen/risiken-erkennen-bewerten-und-beherrschen.html, Stand 06.04.2008.
Clausewitz, C. von:	Vom Kriege, 18. Aufl., Bonn 1973 (1. Aufl., Berlin 1832–1834).
Coenenberg, A. G./Fischer, T. M.:	Prozeßkostenrechnung – Strategische Neuorientierung in der Kostenrechnung, in: DBW 1/1991, S. 21–38.
Controller Magazin	Jahrgänge 2001 bis 2009.
Czenskowsky, T.:	Strategische Unternehmensplanung und Marktforschung, Diss., Bremen 1988.
Czenskowsky, T./Schweizer, S./ Zdrowomyslaw, N.:	Die Bedeutung kalkulatorischer Kosten für den Betriebsvergleich, in: Kostenrechnungspraxis 4/1997, S. 226–233.
Czenskowsky, T.:	Moderne Kostenrechnung zur Unterstützung des Business-to-Business-Marketing, in: Pepels, W. (Hrsg.): Business-to-Business-Marketing, Neuwied 1999, S. 471–483.
Czenskowsky, T.:	Das Controlling im After Sales Service-Management, in: Pepels, W. (Hrsg.): Kundendienstpolitik, München 1999a, S. 267–287.
Czenskowsky, T./Füser, K./ Thomas, F.:	Marketingkoordination, Köln 1999.
Czenskowsky, T./Piontek, J.:	Logistikcontrolling, Gernsbach 2007.
DATEV e.G. (Hrsg.):	Wie liest man die DATEV-BWA? (SKR 3/4), Nürnberg 1993.

Däumler, K.-D./Grabe, J.:	Kostenrechnung 2 Deckungsbeitragsrechnung, 5. Aufl., Herne 1994.
DATEV e.G. (Hrsg.):	Wie liest man einen Betriebsvergleich?, Nürnberg 1994.
DATEV e.G. (Hrsg.):	FIBU/BWA Musterauswertungen, Nürnberg 1995.
DATEV e.G. (Hrsg.):	Tabellen und Informationen für den steuerlichen Berater, Nürnberg 1996.
Deyhle, A./Hauser, M.:	Controller Praxis, Führung durch Ziele, Planung und Controlling, 16. Aufl., Offenburg/Wörthsee 2007.
Deyhle, A./Radinger, G.:	Controller Handbuch, Enzyklopädisches Lexikon für die Controller-Praxis, ABC-Analyse bis Corporate Governance, 6. Aufl., Offenburg/Wörthsee 2008.
Deyhle, A./Radinger, G.:	Controller-Handbuch, Enzyklopädisches Lexikon für die Controller-Praxis, Deckungsbeitrag bis IAS, 6. Aufl., Offenburg/Wörthsee 2008.
Deyhle, A./Radinger, G.:	Controller-Handbuch, Enzyklopädisches Lexikon für die Controller-Praxis, Intangible Assets bis Neue Produkte, 6. Aufl., Offenburg/Wörthsee 2008.
Deyhle, A./Radinger, G.:	Controller-Handbuch, Enzyklopädisches Lexikon für die Controller-Praxis, OLAP bis Szenarien, 6. Aufl., Offenburg/Wörthsee 2008.
Deyhle, A./Radinger, G.:	Controller-Handbuch, Enzyklopädisches Lexikon für die Controller-Praxis, Target Costing bis Ziele, 6. Aufl., Offenburg/Wörthsee 2008.
Ehrmann, H.:	Kompakt-Training Balanced-Scorecard, Ludwigshafen (Rhein) 2000.
Elbling, O./Kreuzer, C.:	Handbuch der strategischen Instrumente, Wien 1994.
Eschbach, H.:	Das Ende der Machtspielchen, in: Handelsblatt Wochenendausgabe Karriere und Management vom 11./12.02.2000, S. K 1.
Franke, R.:	Kennzahlen – das Spiegelbild des Betriebs, in: Franke, R./Zerres, M.: Planungstechniken. Instrumente für zukunftsorientierte Unternehmensführung, 4. Aufl., Frankfurt 1994, S. 39–55.
Franke, R.:	Nutzwertanalyse – wenn Zahlen versagen, in: Franke, R./Zerres, M.: Planungstechniken.

	Instrumente für zukunftsorientierte Unternehmensführung, 4. Aufl., Frankfurt 1994, S. 175–186.
Franke, R./Zerres, M.:	Planungstechniken. Instrumente für zukunftsorientierte Unternehmensführung, 4. Aufl., Frankfurt 1994.
Franz, K.-P.:	Target Costing-Konzept und kritische Bereiche, in: Controlling 3/1993, S. 124–130.
Freidank, C.CH./ Mayer, E. (Hrsg.):	Controlling-Konzepte. Neue Strategien und Werkzeuge für die Unternehmenspraxis, 5. Aufl., Wiesbaden 2001.
Friedag, H. R./Schmidt, W.:	Balanced Scorcard – Mehr als ein Kennzahlensystem, Freiburg im Breisgau 1999.
Friedinger, A./Wegner, A.:	Operative Vor- und Rückkopplung, in: Eschbach, R. (Hrsg.): Controlling, Stuttgart 1995, S. 435–458.
Grandjot, H.:	Risikomanagement aus betrieblicher Sicht in einem Logistikunternehmen, in: Hector, B. (Hrsg.): Riskmanagement in der Logistik, Hamburg 2006, S. 19–30.
Graßhoff, J.:	Controlling zu Begin des XXI Jahrhunderts – eine Herausforderung, in: Controlling grenzüberschreitend über Unternehmens-, Branchen- und Landesgrenzen: Kurzreferate zum Wissenschaftlichen Kolloquium am 8. November 1998 in Rostock. – Rostock: Universität, Lehrstuhl für Allgemeine Betriebswirtschaftslehre, Rechnungswesen, Controlling, Wirtschaftsprüfung, 1998 (Rostocker Arbeitspapiere zu Rechnungswesen und Controlling; 5).
Graumann, J./Weissmann, A.:	Konkurrenzanalyse und Marktforschung preiswert selbst gemacht, München 1998.
Grob, H. L.:	Investitionsrechnung mit vollständigen Finanzplänen, München 1989.
Hahn, D.:	Dezentrales Controlling, in: Horváth, P.; Reichmann, T. (Hrsg.): Vahlens Großes Controllinglexikon, München 1993, S. 159–160.
Hahn, D.:	Zentral-Controlling, in: Horváth, P.; Reichmann, T. (Hrsg.): Vahlens Großes Controllinglexikon, München 1993a, S. 674.
Hahn, D.:	PuK, Controllingkonzepte: Planung und Kontrolle, Planungs- und Kontrollsysteme, Pla-

	nungs- und Kontrollrechnung, Wiesbaden 1994.
Hahn, D.:	Problemfelder des Supply Chain Management, in: Wildemann, H. (Hrsg.): Supply Chain Management, München 2000.
Hammer, R. M.:	Unternehmensplanung, 4. Aufl., München 1991.
Handelsblatt	vom 11./12.02.2000, S. K 1.
Hans, L./Warschburger, V.:	Controlling, München 1996.
Hendersen, B. D.:	Die Erfahrungskurve in der Unternehmensstrategie, 2. Aufl., Frankfurt am Main 1984.
Hering, E./Zeiner, H.:	Controlling für alle Unternehmensbereiche, 3. Aufl., Stuttgart 1995.
Hering, E./Draeger, W.:	Handbuch der Betriebswirtschaft für Ingenieure, 3. Aufl., Berlin u. a. 1999.
Hering, E./Baumgärtl, H.:	Managementpraxis für Augenoptiker, Heidelberg 2000.
Hering, E./Rieg, R.:	Prozessorientiertes Controlling-Management, München 2001.
Hering, T.:	Zum Begriff „Controlling", in: Burchert/Hering/Keuper (Hrsg.): Controlling, Aufgaben und Lösungen, München/Wien 2001.
Hering, T.:	Investitionstheorie, 2. Aufl., München/Wien 2003.
Hering, T.:	Investitionstheorie, 3. Aufl., München/Wien 2008.
Hinterhuber, H. H.:	Strategische Unternehmensführung. I. Strategisches Denken, Berlin 1989.
Hofferberth, M.:	Vergütung von Controlling-Mitarbeitern, Studie belegt deutliche branchen- und länderspezifische Unterschiede, in: Controller Magazin, September/Oktober 2009, S. 92–93.
Hofmeister, R.:	Management by Controlling, Wien 1993.
Horváth, P.:	Revolution im Rechnungswesen: Strategisches Kostenmanagement, in: Horváth, P. (Hrsg.): Strategieunterstützung durch das Controlling: Revolution im Rechnungswesen?, Stuttgart 1990. S. 175–193.
Horváth, P./Mayer, R.:	Anmerkungen zum Beitrag von A.G. Coenenberg/T.M. Fischer: Prozeßkostenrechnung – Strategische Neuorientierung in der Kostenrechnung DBW, 51 Jg. (1991), S. 21–38, in: DBW 4/1991, S. 540–548.
Horváth, P./Seidenschwarz, W.:	Zielkostenmanagement, in: Controlling 3/1992, S. 142–150.

Horváth, P.:	Controlling, in: Horváth, P./Reichmann, T. (Hrsg.): Vahlens Großes Controllinglexikon, München 1993, S. 112–114.
Horváth, P./Niemand, S./ Wohlbold, M.:	Target Costing – State of the Art, in: Horváth, P. (Hrsg.): Target Costing, Stuttgart 1993, S. 1–27.
Horváth, P. et al.:	Prozeßkostenrechnung – oder wie die Praxis die Theorie überholt, in: Betriebswirtschaft 5/ 1993, S. 609–628.
Horváth, P.:	Controlling, 6. Aufl., München 1996.
Horváth & Partner:	Das Controllingkonzept, 4. Aufl., München 2000.
Horváth, P.:	Controlling, 11. Aufl., München 2009.
Hummel, T. R.:	Betriebswirtschaftslehre. Gründung und Führung kleiner und mittlerer Unternehmen, 2. Aufl., München 1995.
Jaspersen, T.:	Produkt-Controlling. Betriebswirtschaftliche und technische Verfahren zur Produktentwicklung, 2. Aufl., München 1995.
Joppe, J:	Motivation durch Zahlen, in: Handelsblatt Wochenendausgabe KarriereStrategie vom 31.3./1.4.2000, S. K 4.
Jung, H.:	Controlling, 2. Aufl., München 2007.
Jung, K./Nowitzky, I.:	Das besondere Risikopotential in der Logistik, in: Hector, B.: Riskmanagement in der Logistik, Hamburg 2006, S. 61–69.
Kajüter, P.:	Instrumente zum Risikomanagement in der Supply Chain, in: Stölzle, W./Otto, A. (Hrsg.): Supply Chain Controlling in Theorie und Praxis, Wiesbaden 2003, S. 107–135.
Kaplan, R. S./Norton, D. P.:	Balanced Scorecard, Ludwigshafen am Rhein 2000.
Keitsch, D.:	Risikomanagement, Stuttgart 2007.
Kilger, W.:	Flexible Plankostenrechnung und Deckungsbeitragsrechnung, 10. Aufl., Wiesbaden 1993.
Kirchner, M.:	Einführung eines Risikomanagementsystems, in: Der Betriebswirt, 1/2002, S. 15–26.
Kloss, I.:	Werbecontrolling, Gernsbach 2003.
Koch, H.:	Integrierte Unternehmensplanung, Wiesbaden 1982.
Kotsiwos, A.:	Sicherheit in der Logistik-Operation – Prävention als Maxime am Beispiel von Stückgutverkehren, in: Hector, B. (Hrsg.): Risk-

	management in der Logistik, Hamburg 2006, S. 87–102.
Kralicek, P.:	Kennzahlen für Geschäftsführer, 3. Aufl., Wien 1995.
Kreikebaum, H.:	Strategische Unternehmensplanung, 4. Aufl., Stuttgart 1991.
Krey, A.:	„Wunderwaffe" BSC im Spiegel der Branchen, in: Controller Magazin 4/2003, S. 325–333.
Kruschwitz, L.:	Investitionsrechnung, 7. Aufl., Berlin 1998.
Krystek, U.:	Unternehmenskrisen. Beschreibung, Vermeidung und Bewältigung überlebenskritischer Prozesse in Unternehmungen, Wiesbaden 1987.
Krystek, U./Müller-Stewens, G.:	Frühaufklärung für Unternehmen: Identifikation und Handhabung zukünftiger Chancen und Bedrohungen, Stuttgart, 1993.
Küpper, H.-U./Weber, J./ Zünd, A.:	Zum Verständnis und Selbstverständnis des Controlling, Thesen zur Konsensbildung, in: Zeitschrift für Betriebswirtschaft 3/1990, S. 281–293.
Küpper, H. U.:	Controlling, Konzeption, Aufgaben, Instrumente, 5. Aufl., Stuttgart 2008.
Loose, M./Schröder, S./ Schünemann, G.:	Sicherung von Projektqualität durch Telekooperation, in: Zeitschrift für Betriebswirtschaft, Ergänzungsheft 3/2001, S. 91–109.
Lukas, U.:	Risk Management auf neuen Wegen, in: http://www.tis-gdv.de/tis/tagungen/workshop/2003/lukas_logistik.pdf, Stand 18.03.2008.
Macharzina, K.:	Unternehmensführung. Das internationale Managementwissen. Konzepte- Methoden – Praxis, Wiesbaden 1993.
Männel, W.:	Frühzeitige Kostenkalkulation und lebenszyklusbezogene Ergebnisrechnung, in: Kostenrechnungspraxis 2/1994, S. 106–110.
Markowitz, H.:	Portfolio-Selection, in: Journal of Finance 3/1952, S. 77–91.
Matschke, M. J.:	Investitionsplanung und Investitionskontrolle, Herne 1993.
Mayer, R.:	Target Costing und die Prozeßkostenrechnung, in: Horváth, P. (Hrsg.); Target Costing, Stuttgart 1993, S. 75–92.

Meffert, H.:	Marketing. Grundlagen der Absatzpolitik, 7. Aufl. (Nachdruck), Wiesbaden 1993.
Meier, H.:	Unternehmensführung. Aufgaben und Techniken des betrieblichen Managements, Herne 1998.
Mersch, T.:	Weiche Zahlen, in: Handelsblatt Wochenendausgabe Karriere und Management vom 11./ 12.2.2000, S. K 2.
Mertens, P./Griese, J./ Ehrenberg, D.:	Virtuelle Unternehmen und Informationsverarbeitung, Heidelberg u.a 1998.
Meyer, C.:	Betriebswirtschaftliche Kennzahlen und Kennzahlensysteme, 2. Aufl., Stuttgart 1994.
Michel, R.; Torspecken, H.-D./ Jandt, J.:	Neuere Formen der Kostenrechnung mit Prozeßkostenrechnung, 4. Aufl., München 1998.
Müller, A.:	Grundzüge eines ganzheitlichen Controllings, München 1996.
Müller, A.:	Strategisches Management mit Balanced Scorecard, Stuttgart/Berlin/Köln 2000.
Müller, S.:	Controllingkompetenz für mittelständische Führungskräfte, Wiesbaden 1997.
Müller-Hedrich, B. W./ Schünemann, G./ Zdrowomyslaw, N.:	Investitionsmanagement, Systematische Planung, Entscheidung und Kontrolle von Investitionen, 10. Aufl., Renningen 2006.
Mugler, J.:	Betriebswirtschaftslehre der Klein- und Mittelbetriebe, 2. Aufl., Wien 1993.
Orths, H.:	Einkaufscontrolling als Führungsinstrument, Gernsbach 2003.
Ossadnik, W.:	Controlling, 2. Aufl., München 1998.
Peemöller, V.:	Controlling, Grundlagen und Einsatzgebiete, 3. Aufl., Herne 1997.
Peemöller, V.:	Strategisches Controlling, in: Datenverarbeitung Steuer Wirtschaft Recht (DSWR) 4/ 1999, S. 90–95.
Piontek, J.:	Controlling, München 1996.
Porter, M. E.:	Nationale Wettbewerbsvorteile. Erfolgreich konkurrieren auf dem Weltmarkt, München 1991.
Porter, M. E.:	Nationale Wettbewerbsvorteile. Erfolgreich konkurrieren auf dem Weltmarkt, Wien 1999.
Preißler, P. R:	Controlling auch im Klein- und Mittelbetrieb, Eschborn 1994.
Preißler, P. R.:	Controlling, 10. Aufl., München 1998.
Preißner, A.:	Marketing-Controlling, München 1996.
Preißner, A.:	Praxiswissen Controlling, München 1999.

Pribilla, P./Reichwald, R./
Goecke, R.:

Telekommunikation im Management: Strategien für den globalen Wettbewerb, Stuttgart 1996.

Probst, H.-J.:

Balanced Scorecard leicht gemacht. Warum sollen Sie mit weichen Faktoren hart rechnen?, Wien 2001.

Reichmann, T.:

Break-Even-Point-Analyse, in: Horváth, P.; Reichmann, T. (Hrsg.): Vahlens Großes Controllinglexikon, München 1993, S. 83–85.

Reichmann, T.:

Controlling mit Kennzahlen und Managementberichten, 5. Aufl., München 1997.

Reichmann, T.:

Controlling mit Kennzahlen und Managementberichten, Grundlagen einer systemgestützten Controlling-Konzeption, 7. Aufl., München 2006.

Reischauer, C.:

Kompliziert und verdreht, in: Wirtschaftswoche Nr. 32, 30.07.1998, S. 60–62.

Richards, R.:

Budgetplanung kompakt, München 2007.

Riebel, P.:

Einzelkosten- und Deckungsbeitragsrechnung, 7. Aufl., Wiesbaden 1994.

Rösler, F.:

Target Costing für die Automobilindustrie, Wiesbaden 1996.

Rolfes, B./Schierenbeck, H./
Schüller, S. (Hrsg.):

Risikomanagement in Kreditinstituten, 2. Aufl., Frankfurt/Main 1997.

Rollberg, R.:

Lean Management und CIM aus Sicht der strategischen Unternehmensführung, Wiesbaden 1996.

Scharnow, R.:

Ladungspflege und Risikofaktoren im Container, in: http://www.tis-gdv.de/tis/tagungen/ svt/svt03/09_ scharnow.pdf, Stand 11.04.2008.

Schierenbeck, H.:

Grundzüge der Betriebswirtschaftslehre, 11. Aufl., München 1993.

Schoeffler, S./Buzzell, R./
Heany, D.:

Impact of strategic planning on profit performance, in: Harvard Business Review, March/ April 1974, S. 137–145.

Schröder, E. F.:

Modernes Controlling, Handbuch für die Unternehmenspraxis, 6. Aufl., Ludwigshafen am Rhein 1996.

Schünemann, G.:

Chaotische Verhaltensmuster im Rahmen komplexer Programmplanungsmodelle, in: Wildemann, H. (Hrsg.): Produktion und Controlling, München 2000, S. 155–184.

Schünemann, G.:	Stichwort „Investitionsrechnung, statische Kalküle", in: Pepels, W. (Hrsg.): Das neue Lexikon der BWL, Berlin 2002, S. 184–187.
Schünemann, G.:	Investition und Unsicherheit, in: Pepels, W. (Hrsg.): Trainingsbuch zur ABWL, Troisdorf 2003, S. 108–117.
Schünemann, G.:	Stichwort „Investitionsrechnung, statische Kalküle", in: Birkner, K. (Hrsg.): Das neue Lexikon der BWL, 2. Aufl., Berlin 2005, S. 184–187.
Schünemann, G./ Zdrowomyslaw, N.	Der vollständige Finanzplan – Investitionsentscheidungen auf einfache Weise fundiert treffen, in: Betrieb und Wirtschaft 4/2002, S. 133–141 und Betrieb und Wirtschaft 5/ 2002, S. 177–183.
Schweizerische Vereinigung für Qualitäts- u. Management- Systeme:	Risikomanagement, in: http://www.sqs.ch/ 507. pdf#46, Stand 18.03.2008.
Seidenschwarz, W.:	Target Costing – durch marktgerechte Produkte zu operativer Effizienz, oder: wenn der Markt das Unternehmen steuert, in: Horváth, P. (Hrsg.): Target Costing, Stuttgart 1993, S. 29–52.
Siegwart, H.:	Kennzahlen für die Unternehmensführung, 4. Aufl., Bern 1992.
Staehle, W. H.:	Management. Eine verhaltenswissenschaftliche Perspektive, 7. Aufl., München 1994.
Steinle, C./Thiem, H./Lange, M.:	Die Balanced Scorecard als Instrument zur Umsetzung von Strategien, Praxiserfahrungen und Gestaltungshinweise, in: Controller Magazin 1/2001, S. 29–37.
Steinle, C./Daum, A. (Hrsg.):	Controlling Kompendium für Ausbildung und Praxis, 4. Aufl., Stuttgart 2007.
Steinmann, H./Schreyögg, G.:	Management. Grundlagen der Unternehmensführung. Konzepte – Funktionen – Fallstudien, 4. Aufl., Wiesbaden 1997.
Stemmler, L.:	Risikomanagement in der Supply Chain, Vortragsunterlage für das 1. Deutsche Logistik-Controlling-Forum in Köln, Stand 16.06.2005.
Stoffel, K.:	Controllership im internationalen Vergleich, Wiesbaden 1995.
Verlag Wirtschaft, Recht und Steuern (WRS, Hrsg.):	Controlling-Instrumente speziell für Klein- und Mittelbetriebe, Planegg o.J.

Vogel Industrie Medien GmbH & Co. KG:	Risiken für den Kontraktlogistiker, in: http://www.maschinenmarkt.vogel.de/_misc/print/print.cfm?ct=10&pk=97272&fk=0, Stand 12.04.2008.
Vollmuth, H. J.:	Controlling-Instrumente von A-Z, 2. Aufl., Planegg 1994.
Vollmuth, H. J.:	Führungsinstrument Controlling, 3. Aufl., Planegg 1994a.
Vollmuth, H. J.:	Bilanzen richtig lesen, besser verstehen, optimal gestalten. Bilanzanalyse und Bilanzkritik für die Praxis, Planegg/München 1995.
Vollmuth, H. J.:	Unternehmenssteuerung mit Kennzahlen, München 1999.
Weber, J.:	Anspruch und Wirklichkeit, in: Handelsblatt Wochenendausgabe KarriereStrategie vom 4./5.8.2000, S. K 4.
Weber, J.:	Von Top-Controllern lernen, Controlling in den DAX 30-Unternehmen, Weinheim 2008.
Weber, J./Schäffer, U.:	Einführung in das Controlling, 12. Aufl., Stuttgart 2008.
Weber, J.:	Erfolg der Controller, Wie Controller zum Unternehmenserfolg beitragen, Weinheim 2009.
Weber, J.:	Investitionscontrolling – ein Stiefkind der Controller, in: Controller Magazin, Ausgabe 31 Mai/Juni 2009, S. 32.
Weis, Hans Christian:	Marketing, 9. Aufl., Ludwigshafen/Rhein 1995.
Wilde, H./Soik, A.:	Investition und Unsicherheit, in: Pepels, W. (Hrsg.): ABWL, 2. erweiterte und überarbeitete Auflage, Köln 2001, S. 337–372.
Wildemann, H.:	Produktionscontrolling: Systemorientiertes Controlling schlanker Produktionsstrukturen, München 1995.
Wildemann, H.:	Impulsvortrag auf dem Diskurs „Bilanzfähige Logistik" am 9. September 1999 in München.
Wildemann, H:	Von Just-In-Time zu Supply Chain Management, in: Wildemann, H. (Hrsg.): Supply Chain Management, München 2000.
Wildemann, H:	Kernkompetenz – Management: Mit intelligenten Technologien Kunden binden, in: Wildemann, H. (Hrsg.): Kernkompetenzen und E-Technologien managen, Tagungsband, Münchner Management Kolloquium, München 2000a.

Witt, F.-J.:	Deckungsbeitragsmanagement, München 1991.
Witt, F.-J./Witt, K.:	Controlling für Mittel- und Kleinbetriebe, 2. Aufl., München 1996.
Witt, F.-J.:	Controlling, Stuttgart/Berlin/Köln 2000.
Witt, F.-J.:	Investitionskalküle auf dem Prüfstand, in: Controller Magazin 4/2003, S. 388–399.
Wirtschaftsprüfer-Handbuch:	Institut der Wirtschaftsprüfer in Deutschland E.V. (Hrsg.), Handbuch für Rechnungslegung, Prüfung und Beratung, Band II, 10. Aufl., Düsseldorf 1992.
Wöhe, G.:	Einführung in die Allgemeine Betriebswirtschaftslehre, 21. Aufl., München 2002.
Wolfstetter, G.:	Verfahren der Kostenrechnung, Köln 1998.
Zäpfel, G./Piekarz, B.:	Supply Chain Controlling, Wien 1996.
Zdrowomyslaw, N./Brunk, J.:	Der Betriebsvergleich als Führungsinstrument, in: Betrieb und Wirtschaft 24/1996, S. 885–889.
Zdrowomyslaw, N./Richter, C.:	Eigenkapital – Abgrenzungsproblematik und Bedeutung, in: Betrieb und Wirtschaft 3/1997, S. 81–89.
Zdrowomyslaw, N. u. a.:	Rechnungswesen in Aufgaben, Klausuren und Lösungen, München 1998.
Zdrowomyslaw, N./Dürig, W.:	Managementwissen für Klein- und Mittelunternehmen, München 1999.
Zdrowomyslaw, N.:	Jahresabschluss und Jahresabschlussanalyse, Praxis und Theorie der Erstellung und Beurteilung von handels- und steuerrechtlichen Bilanzen sowie Erfolgsrechnungen unter Berücksichtigung des internationalen Bilanzrechts, München 2001.
Zdrowomyslaw, N. unter Mitarbeit Götze, W.:	Kosten-, Leistungs- und Erlösrechnung, 2. Aufl., München 2001a.
Zentralverband Elektrotechnik- und Elektroindustrie e.V. (Hrsg.):	ZVEI-Kennzahlensysteme, 4. Aufl., Frankfurt/Main 1989.
Zerres, M.:	Szenario – ein Filmdrehbuch der Zukunft, in: Franke, R./Zerres, M.: Planungstechniken. Instrumente für zukunftsorientierte Unternehmensführung, 4. Aufl., Frankfurt 1994, S. 71–85.
Ziegenbein, K.:	Controlling, 6. Aufl., Ludwigshafen (Rhein) 1998.
Ziegenbein, K.:	Controlling, 9. Aufl., Ludwigshafen (Rhein) 2007.

Stichwortverzeichnis: